国家职业资格培训教材
技能型人才培训用书

机修钳工（初级）

第2版

国家职业资格培训教材编审委员会　组编
吴全生　主编

机械工业出版社

本书是依据《国家职业技能标准　机修钳工》（初级）的知识要求和技能要求，按照岗位培训需要的原则编写的。本书主要内容包括：机械设备的安装与调试、机械设备的零部件加工、机械设备的维修、传动机构的维修、典型零部件的维修、小型设备的维护保养。章首有培训目标，章末配复习思考题，书末有与之配套的试题库和答案，以及模拟试卷样例便于自查自测。

本书既可作为各级职业技能鉴定培训机构、企业培训部门的考前培训教材，又可作为读者考前复习用书，还可作为职业技术院校、技工院校的专业课教材。

图书在版编目（CIP）数据

机修钳工：初级/吴全生主编；国家职业资格培训教材编审委员会组编. —2版. —北京：机械工业出版社，2012.12（2024.7重印）

国家职业资格培训教材. 技能型人才培训用书

ISBN 978-7-111-39994-0

Ⅰ.①机…　Ⅱ.①吴…②国…　Ⅲ.①机修钳工—技术培训—教材　Ⅳ.①TG947

中国版本图书馆 CIP 数据核字（2012）第 239431 号

机械工业出版社（北京市百万庄大街 22 号　邮政编码 100037）

策划编辑：吴天培　马　晋　责任编辑：马　晋

版式设计：霍永明　责任校对：张　媛

责任印制：常天培

北京机工印刷厂有限公司印刷

2024 年 7 月第 2 版第 6 次印刷

169mm×239mm · 18.5 印张 · 356 千字

标准书号：ISBN 978-7-111-39994-0

定价：39.80 元

电话服务　　　　　　　　　　网络服务

客服电话：010-88361066　　机　工　官　网：www.cmpbook.com

010-88379833　　机　工　官　博：weibo.com/cmp1952

010-68326294　　金　书　网：www.golden-book.com

机工教育服务网：www.cmpedu.com

国家职业资格培训教材(第2版)

编 审 委 员 会

第2版序

在“十五”末期，为贯彻落实“全国职业教育工作会议”和“全国再就业会议”精神，加快培养一大批高素质的技能型人才，机械工业出版社精心策划了与原劳动和社会保障部《国家职业标准》配套的《国家职业资格培训教材》。这套教材涵盖41个职业工种，共172种，有十几个省、自治区、直辖市相关行业200多名工程技术人员、教师、技师和高级技师等从事技能培训和鉴定的专家参加编写。教材出版后，以其兼顾岗位培训和鉴定培训需要，理论、技能、题库合一，便于自检自测，受到全国各级培训、鉴定部门和广大技术工人的欢迎，基本满足了培训、鉴定和读者自学的需要，在“十一五”期间为培养技能人才发挥了重要作用，本套教材也因此成为国家职业资格鉴定考证培训及企业员工培训的品牌教材。

2010年，《国家中长期人才发展规划纲要(2010—2020年)》、《国家中长期教育改革和发展规划纲要(2010—2020年)》、《关于加强职业培训促就业的意见》相继颁布和出台，2012年1月，国务院批转了“七部委”联合制定的《促进就业规划(2011—2015年)》，在这些规划和意见中，都重点阐述了加大职业技能培训力度、加快技能人才培养的重要意义，以及相应的配套政策和措施。为适应这一新形势，同时也鉴于第1版教材所涉及的许多知识、技术、工艺、标准等已发生了变化的实际情况，我们经过深入调研，并在充分听取了广大读者和业界专家意见的基础上，决定对已经出版的《国家职业资格培训教材》进行修订。本次修订，仍以原有的大部分作者为班底，并保持原有的“以技能为主线，理论、技能、题库合一”的编写模式，重点在以下几个方面进行了改进：

1. 新增紧缺职业工种——为满足社会需求，又开发了一批近几年比较紧缺的以及新增的职业工种教材，使本套教材覆盖的职业工种更加广泛。

2. 紧跟国家职业标准——按照最新颁布的《国家职业技能标准》(或《国家职业标准》)规定的工作内容和技能要求重新整合、补充和完善内容，涵盖职业标准中所要求的知识点和技能点。

3. 提炼重点知识技能——在内容的选择上，以“够用”为原则，提炼出应重点掌握的必需的专业知识和技能，删减了不必要的理论知识，使内容更加精练。

4. 补充更新技术内容——紧密结合最新技术发展，删除了陈旧过时的内容，补充了新的技术内容。

5. 同步最新技术标准——对原教材中按旧的技术标准编写的内容进行更新，所有内容均与最新的技术标准同步。

6. 精选技能鉴定题库——按鉴定要求精选了职业技能鉴定试题，试题贴近教材、贴近国家试题库的考点，更具典型性、代表性、通用性和实用性。

7. 配备免费电子教案——为方便培训教学，我们为本套教材开发配备了配套的电子教案，免费赠送给选用本套教材的机构和教师。

8. 配备操作实景光盘——根据读者需要，部分教材配备了操作实景光盘。

一言概之，经过精心修订，第2版教材在保留了第1版教材精华的同时，内容更加精练、可靠、实用，针对性更强，更能满足社会需求和读者需要。全套教材既可作为各级职业技能鉴定培训机构、企业培训部门的考前培训教材，又可作为读者考前复习和自测使用的复习用书，也可供职业技能鉴定部门在鉴定命题时参考，还可作为职业技术院校、技工院校、各种短训班的专业课教材。

在本套教材的调研、策划、编写过程中，曾经得到许多企业、鉴定培训机构有关领导、专家的大力支持和帮助，在此表示衷心的感谢！

虽然我们已经尽了最大努力，但教材中仍难免存在不足之处，恳请专家和广大读者批评指正。

国家职业资格培训教材第2版编审委员会

第 1 版序一

当前和今后一个时期，是我国全面建设小康社会、开创中国特色社会主义事业新局面的重要战略机遇期。建设小康社会需要科技创新，离不开技能人才。“全国人才工作会议”、“全国职教工作会议”都强调要把“提高技术工人素质、培养高技能人才”作为重要任务来抓。当今世界，谁掌握了先进的科学技术并拥有大量技术娴熟、手艺高超的技能人才，谁就能生产出高质量的产品，创出自己的名牌；谁就能在激烈的市场竞争中立于不败之地。我国有近一亿技术工人，他们是社会物质财富的直接创造者。技术工人的劳动，是科技成果转化为生产力的关键环节，是经济发展的重要基础。

科学技术是财富，操作技能也是财富，而且是重要的财富。中华全国总工会始终把提高劳动者素质作为一项重要任务，在职工中开展的“当好主力军，建功‘十一五’，和谐奔小康”竞赛中，全国各级工会特别是各级工会职工技协组织注重加强职工技能开发，实施群众性经济技术创新工程，坚持从行业和企业实际出发，广泛开展岗位练兵、技术比赛、技术革新、技术协作等活动，不断提高职工的技术技能和操作水平，涌现出一大批掌握高超技能的能工巧匠。他们以自己的勤劳和智慧，在推动企业技术进步，促进产品更新换代和升级中发挥了积极的作用。

欣闻机械工业出版社配合新的《国家职业标准》为技术工人编写了这套涵盖 41 个职业的 172 种“国家职业资格培训教材”。这套教材由全国各地技能培训和考评专家编写，具有权威性和代表性；将理论与技能有机结合，并紧紧围绕《国家职业标准》的知识点和技能鉴定点编写，实用性、针对性强，既有必备的理论和技能知识，又有考核鉴定的理论和技能题库及答案，编排科学，便于培训和检测。

这套教材的出版非常及时，为培养技能型人才做了一件大好事，我相信这套教材一定会为我们培养更多更好的高技能人才做出贡献！

（李永安　中国职工技术协会常务副会长）

第1版序二

为贯彻“全国职业教育工作会议”和“全国再就业会议”精神，全面推进技能振兴计划和高技能人才培养工程，加快培养一大批高素质的技能型人才，我们精心策划了这套与劳动和社会保障部最新颁布的《国家职业标准》配套的《国家职业资格培训教材》。

进入21世纪，我国制造业在世界上所占的比重越来越大，随着我国逐渐成为“世界制造业中心”进程的加快，制造业的主力军——技能人才，尤其是高级技能人才的严重缺乏已成为制约我国制造业快速发展的瓶颈，高级蓝领出现断层的消息屡屡见诸报端。据统计，我国技术工人中高级以上技工只占3.5%，与发达国家40%的比例相去甚远。为此，国务院先后召开了“全国职业教育工作会议”和“全国再就业会议”，提出了“三年50万新技师的培养计划”，强调各地、各行业、各企业、各职业院校等要大力开展职业技术培训，以培训促就业，全面提高技术工人的素质。

技术工人密集的机械行业历来高度重视技术工人的职业技能培训工作，尤其是技术工人培训教材的基础建设工作，并在几十年的实践中积累了丰富的教材建设经验。作为机械行业的专业出版社，机械工业出版社在“七五”、“八五”、“九五”期间，先后组织编写出版了“机械工人技术理论培训教材”149种，“机械工人操作技能培训教材”85种，“机械工人职业技能培训教材”66种，“机械工业技师考评培训教材”22种，以及配套的习题集、试题库和各种辅导性教材约800种，基本满足了机械行业技术工人培训的需要。这些教材以其针对性、实用性强，覆盖面广，层次齐备，成龙配套等特点，受到全国各级培训、鉴定和考工部门和技术工人的欢迎。

2000年以来，我国相继颁布了《中华人民共和国职业分类大典》和新的《国家职业标准》，其中对我国职业技术工人的工种、等级、职业的活动范围、工作内容、技能要求和知识水平等根据实际需要进行了重新界定，将国家职业资格分为5个等级：初级(5级)、中级(4级)、高级(3级)、技师(2级)、高级技师(1级)。为与新的《国家职业标准》配套，更好地满足当前各级职业培训和技术工人考工取证的需要，我们精心策划编写了这套“国家职业资格培训教材”。

这套教材是依据劳动和社会保障部最新颁布的《国家职业标准》编写的，为满足各级培训考工部门和广大读者的需要，这次共编写了41个职业172种教材。

在职业选择上，除机电行业通用职业外，还选择了建筑、汽车、家电等其他相近行业的热门职业。每个职业按《国家职业标准》规定的工作内容和技能要求编写初级、中级、高级、技师(含高级技师)四本教材，各等级合理衔接、步步提升，为高技能人才培养搭建了科学的阶梯型培训架构。为满足实际培训的需要，对多工种共同需求的基础知识我们还分别编写了《机械制图》、《机械基础》、《电工常识》、《电工基础》、《建筑装饰识图》等近20种公共基础教材。

在编写原则上，依据《国家职业标准》又不拘泥于《国家职业标准》是我们这套教材的创新。为满足沿海制造业发达地区对技能人才细分市场的需要，我们对模具、制冷、电梯等社会需求量大又已单独培训和考核的职业，从相应的职业标准中剥离出来单独编写了针对性较强的培训教材。

为满足培训、鉴定、考工和读者自学的需要，在编写时我们考虑了教材的配套性。教材的章首有培训要点、章末配复习思考题，书末有与之配套的试题库和答案，以及便于自检自测的理论和技能模拟试卷，同时还根据需求为20多种教材配制了VCD光盘。

为扩大教材的覆盖面和体现教材的权威性，我们组织了上海、江苏、广东、广西、北京、山东、吉林、河北、四川、内蒙古等地相关行业从事技能培训和考工的200多名专家、工程技术人员、教师、技师和高级技师参加编写。

这套教材在编写过程中力求突出“新”字，做到“知识新、工艺新、技术新、设备新、标准新”，增强实用性，重在教会读者掌握必需的专业知识和技能，是企业培训部门、各级职业技能鉴定培训机构、再就业和农民工培训机构的理想教材，也可作为技工学校、职业高中、各种短训班的专业课教材。

在这套教材的调研、策划、编写过程中，曾经得到广东省职业技能鉴定中心、上海市职业技能鉴定中心、江苏省机械工业联合会、中国第一汽车集团公司以及北京、上海、广东、广西、江苏、山东、河北、内蒙古等地许多企业和技工学校的有关领导、专家、工程技术人员、教师、技师和高级技师的大力支持和帮助，在此谨向为本套教材的策划、编写和出版付出艰辛劳动的全体人员表示衷心的感谢！

教材中难免存在不足之处，诚恳希望从事职业教育的专家和广大读者不吝赐教，提出批评指正。我们真诚希望与您携手，共同打造职业培训教材的精品。

国家职业资格培训教材编审委员会

前言

本书是依据中华人民共和国人力资源和社会保障部最新制定（即2009年修订）的《国家职业技能标准　机修钳工》中初级工的工作内容、技能要求及相关知识的要求，本着岗位培训需要的原则，以“实用·够用”为宗旨，把技能作为主线，将理论知识和操作技能有机地结合起来而编写的。

本书与2006年出版的国家职业资格培训教材《机修钳工（初级）》相比，在继承其全部精华的基础上，又做了必要的补充、调整和完善，使内容更完整，标准更新，技能更突出，理论与技能结合得更紧密。本书内容中的分度头、摩擦轮传动机构及平面连杆机构等都是首次编入机修钳工初级培训教材，使得教材内容更加全面；教材中的标准与术语均采用了最新标准，有的已经与国际接轨；技能部分占整本书的比例大大增加；在写法上对同类内容无论是格式、框架，还是标题、层次，都保持着高度统一，易于读者掌握和记忆；理论在前，技能在后，理论提及，技能展现，理论与技能浑然一体，达到了学以致用的目的。本书更加全面系统、科学规范、重点突出，是培训、鉴定、考工和自学的实用教材。

本书由吴全生任主编，吴天颖任副主编，吴澜飚、李岩松、原宁、吴碧琨参加编写，和卫民任主审。吴全生编写了第二章、第四章和试题库；吴天颖编写了第五章；吴澜飚编写了第一章；李岩松编写了第三章；原宁、吴碧琨编写了第六章。

由于编者水平有限，书中难免有不足或错误之处，敬请读者批评指正。

编　者

目录

第一章

机械设备的安装与调试

培训目标 了解机修钳工常用维修工具的种类及用途；了解安全用电常识；掌握台式钻床、砂轮机等的安装要求；掌握砂轮机、台式钻床的调试项目与要求；掌握砂轮机、台式钻床的调试安全规程；能够进行台式钻床、砂轮机、锯床等小型设备的水平调整与固定；能够进行台式钻床传动带张紧力的调整；能够进行砂轮机的砂轮安装；能够进行台式钻床、砂轮机的试运行。

第一节 机修钳工常用工具及设备

机修钳工常用的设备、工具种类繁多，如孔加工设备、清洗用设备、轴承加热设备、起重设备等。常用工具有划线工具，錾削工具，锉削工具，锯削工具，拆卸、装配机械设备用的各种装配工具以及测量、钻孔、攻螺纹、刮削用的各种工具等。

下面例举介绍如下。

一、钳桌、台虎钳

钳桌用来安装台虎钳，放置工具和工件等，高度约 800 ~ 900mm，如图 1-1 所示。正面的挂图架可放置装配图和零件图。桌内可定置摆放常用工具，桌上配有照明灯具。

台虎钳是用来夹持工件的通用夹具如图 1-2 所示。

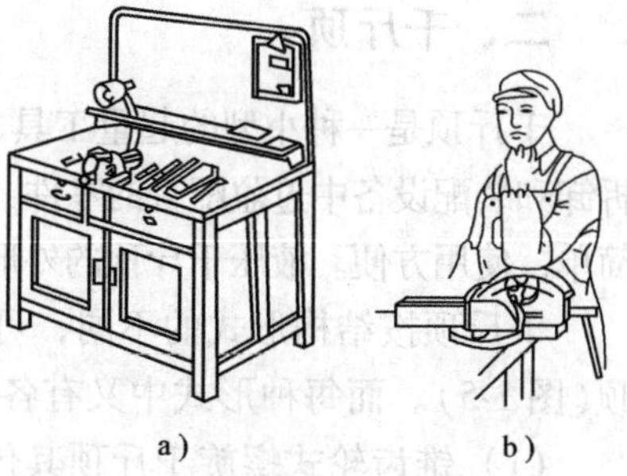

图 1-1 钳桌及虎钳的适宜高度
a）钳桌的高度 b）台虎钳高度

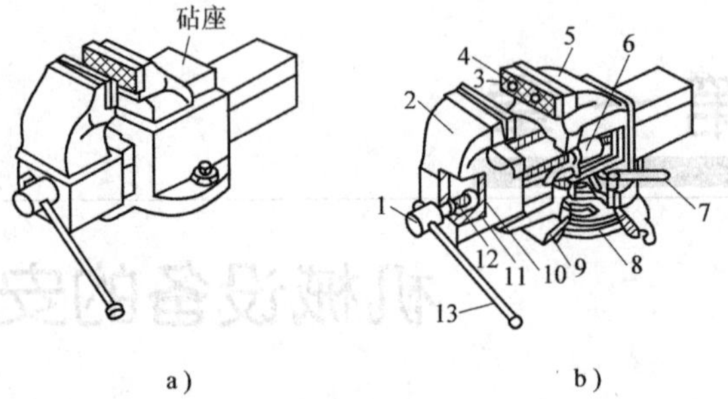

图 1-2　台虎钳

1—丝杠　2—活动钳身　3—螺钉　4—钳口
5—固定钳身　6—螺母　7、13—手柄　8—夹紧盘
9—转座　10—销　11—挡圈　12—弹簧

台虎钳分固定式和回转式两种。图 1-2a 为回转式台虎钳外形图，图 1-2b 为结构图。它的主体部分用铸铁制造，由固定钳身 5 和活动钳身 2 组成。活动钳身通过方形导轨与固定钳身的方孔导轨配合，可作前后滑动。丝杠装在活动钳身上，可以旋转，但不能轴向移动，它与安装在固定钳身内的螺母 6 配合。当摇动手柄 13 使丝杠旋转，便可带动活动钳身相对固定钳身作进退移动，起夹紧或放松工件的作用。弹簧 12 靠挡圈 11 和销 10 固定在丝杠上，当放松丝杠时，能使活动钳身在弹簧力的作用下及时退出。在固定钳身和活动钳身上各装有钢质钳口 4，并用螺钉 3 固定，钳口的工作表面刨有交叉的网纹，使工件夹紧后不易产生滑动，钳口经热处理淬硬，具有较好的耐磨性。固定钳身装在转座 9 上，并能绕转座轴心线转动，当转到所需位置时，扳动手柄 7 使夹紧螺钉旋紧，便可在夹紧盘 8 的作用下把固定钳身紧固。转座通过三个螺栓与钳台固定。台虎钳的规格以钳口的宽度表示，有 100mm、125mm、150mm 等几种。台虎钳安装在钳台时，必须使固定钳身的钳口处于钳台边缘以外，以保证能垂直夹持较长工件。

二、千斤顶

千斤顶是一种小型的起重工具。主要用来起重工件或重物。机修钳工用它可以拆卸和装配设备中过盈配合的零件，如锻压设备的滑动轴承等。千斤顶体积小，操作简单，使用方便。液压千斤顶的外形如图 1-3 所示。

千斤顶按结构形式的不同，可分为锥齿轮式螺旋千斤顶(图 1-4)和油压千斤顶(图 1-5)。而每种形式中又有各种不同型号和规格。

(1) 锥齿轮式螺旋千斤顶其传动系统(图 1-4)　当扳动摇把，通过可换向的棘轮组转动锥齿轮 2 时，另一锥齿轮通过半圆键带动螺杆 4 旋转，与螺杆 4 配合的螺母 5 在导向键 8 的约束下可作上升、下降运动，从而，带动升降套筒 3 上升或下降。

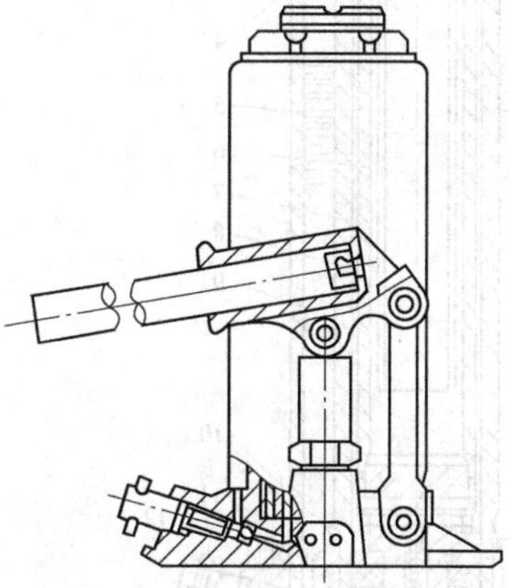

图 1-3 液压千斤顶

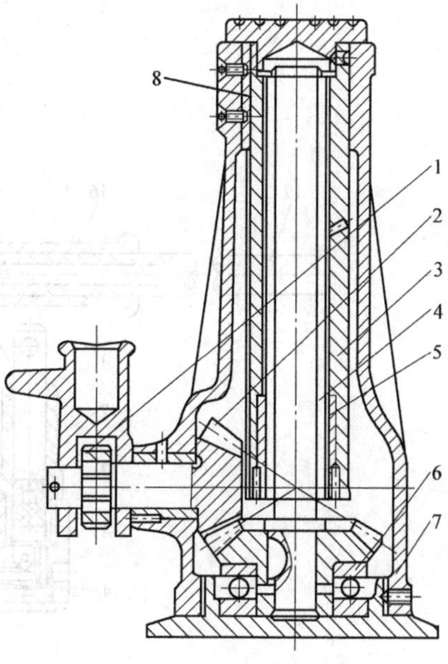

图 1-4 锥齿轮式螺旋千斤顶

1—棘轮组 2—锥齿轮 3—升降套筒 4—螺杆 5—螺母 6—轴承 7—壳体 8—导向键

（2）油压千斤顶的传动原理（图 1-5） 当油压千斤顶工作时，先锁闭回油开关 12，向上提拉油泵芯 1，壳体储油腔内的全损耗系统用油经单向阀 13 被吸入油泵体，当油泵芯向下运动时，被吸入油泵体内的油液即被压出，通过单向阀 14 进入活塞胶碗的底部，活塞杆 7 即被顶起。当活塞上升到额定高度时，在限位装置的作用下，活塞不再上升。在需要降落时，打开回油开关 12，单向阀 15 被松开，活塞缸内的全损耗系统用油通过单向阀 15 流回外壳内，活塞杆渐渐下降。设油泵芯端面面积为 A_1，活塞杆底部的面积为 A_2。当以 F 力向下压油泵芯时，油泵芯端面产生一个压力 p_1，油液以相同的压强 p 传递到活塞底部，使活塞底部产生一个压力 p_2。

油泵芯端面的压强 $p = p_1/A_1$；

活塞底部的压强 $p = p_2/A_2$；

因为两腔压强 p 都相等，所以：

$$\frac{p_1}{A_1} = \frac{p_2}{A_2}; \quad 即 \quad p_2 = \frac{A_2}{A_1} p_1$$

从上述可以看出，在一个较小的面积上作用较小的力 p_1，可以在较大的面积上获得较大的液压作用力 p_2，这就是油压千斤顶的工作原理。

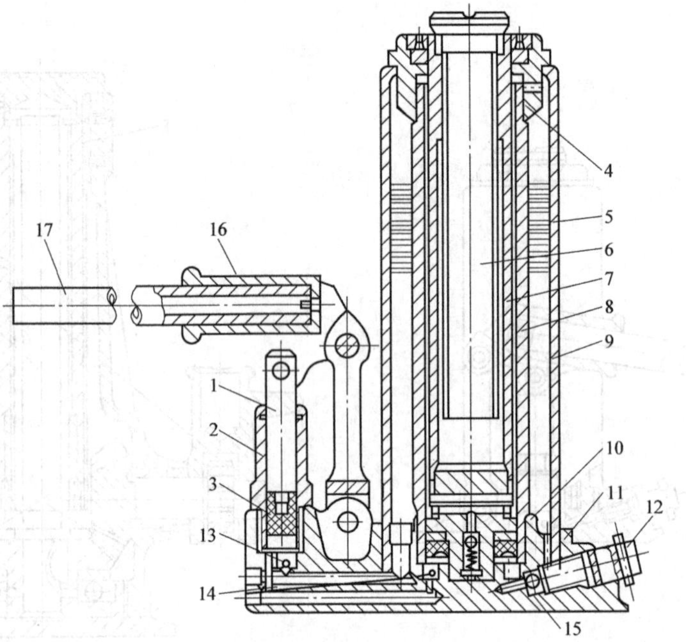

图1-5　油压千斤顶

1—油泵芯　2—油泵缸　3—活塞胶碗　4—顶帽　5—工作油　6—调整螺杆
7—活塞杆　8—活塞缸　9—外套　10—活塞胶碗　11—底盘　12—回油开关
13、14、15—单向阀　16—撬手　17—手把

三、手动葫芦

手动葫芦分为手拉葫芦和手扳葫芦两种。其中，环链手拉葫芦、钢丝绳手扳葫芦和环链手扳葫芦使用最为普遍。

1. 手拉葫芦(图1-6)

手拉葫芦是一种以手拉为动力的起重设备，广泛用于小型设备的拆、装和零部件的短距离的吊装作业中。起吊高度一般不超过3m，起吊重量一般不超过10t，最大可达20t。可以垂直起吊，也可以水平或倾斜使用。它具有体积小、重量轻、效率高、操作简易及携带方便等特点。

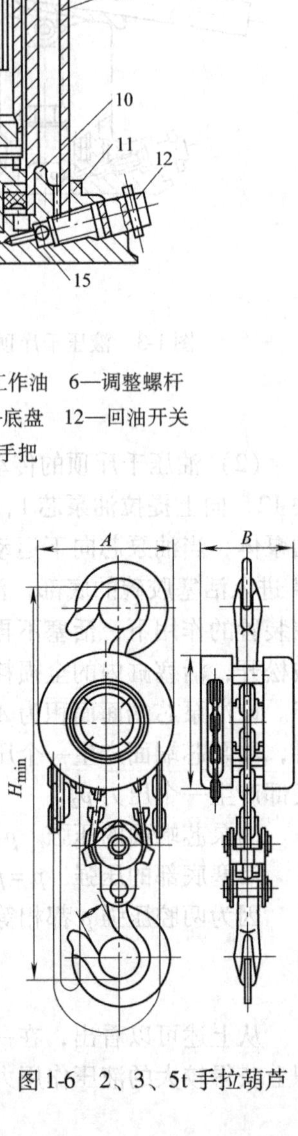

图1-6　2、3、5t手拉葫芦

HS型手拉葫芦传动系统：在图1-7中，当拽动手拉链条2时，手链轮6就随之转动，并将摩擦片4、棘轮5及制动器座3压成一体共同旋转，五齿长

轴12带动片齿轮8，四齿短轴9和花键孔齿轮10旋转，装置在花键孔齿轮10上的起重链轮11带动起重链条13上升，平稳地提升重物。手动链条停止拉动后，由于重物自身的重量使五齿长轴反向旋转，手链轮与摩擦片、棘轮和制动器座紧压在一起，摩擦片间产生摩擦力，棘爪阻止棘轮的转动而使重物停在空中，逆时针拽动手链条时，手链轮与摩擦片脱开，摩擦力消除，重物因自重而下降。反复进行操作，就能提升或降下重物。

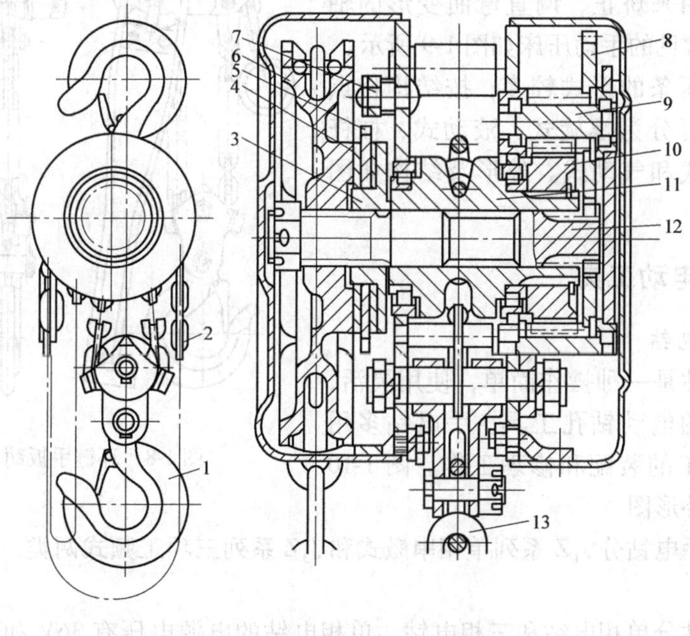

图1-7 HS型手拉葫芦传动

1—吊钩 2—手拉链条 3—制动器座 4—摩擦片 5—棘轮 6—手链轮 7—棘爪 8—片齿轮 9—四齿短轴 10—花键孔齿轮 11—起重链轮 12—五齿长轴 13—起重链条

2. 手扳葫芦

环链手扳葫芦也是常用的一种小型手动起重设备。同环链手拉葫芦比较，在结构上有些区别。图1-8为环链手扳葫芦的外形。

HB型手扳葫芦传动系统：起吊时，先转动手柄上的旋钮，使之指向位置牌上的“上”位置，再扳动手柄，拨爪便拨动拨轮，将摩擦片、棘轮、制动器座及压紧座压紧成一体，并带动齿轮轴及齿轮一起转动，联接在齿轮内花键上的起重链轮便带动起重链条上升，重物即被平稳地吊起。转动手柄上的旋钮指向“下”的位置，扳动手柄，制动器松开，重物由于重力的作用而下降，当手柄停止扳动时，重物就停止下降。

四、手动压床

手动压床不同于各吨位的机械式压力机，是一种以手动为动力、吨位较小的机修钳工常用的辅助设备。用在过盈联接中零件的拆卸压出和装配压入。有时，也可用来矫正、调直弯曲变形的轴类零件。常见的手动压床如图 1-9 所示。

手动压条的形式较多，按结构特点的不同，可分为螺旋式、液动式、杠杆式、齿条式和气动式。外形及结构如图 1-9 所示。

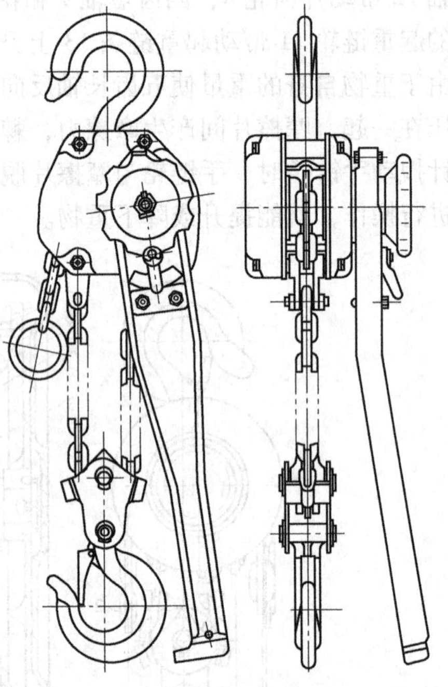

图 1-8　环链手扳葫芦

五、电动工具

1. 手电钻

手电钻是一种操作简单，使用灵活，携带方便的电动钻孔工具。手电钻多用于机修钳工的装配和修理工作。图 1-10 为手电钻外形图。

国产手电钻分 J_1Z 系列单相串激式和 J_3Z 系列三项工频式两类，每类又有多种型号。

手电钻分单相电钻和三相电钻，单相电钻的电源电压有 36V 和 220V 两种，三相电钻的电源电压为 380V。单相电钻按最大钻孔直径有 6mm、10mm、13mm、19mm 等规格。

传动系统：以 J_1Z—6 型手电钻为例，在图 1-11 中，单相串励电动机的轴端带有小齿轮 z_1，它带动中间轴上的双联齿轮 z_2，又经齿轮 z_3 带动钻轴上的齿轮 z_4，使钻轴得到旋转运动。

2. 电磨头

电磨头如图 1-12 所示，是一种高速磨削工具，适用于零件的修理、修磨和除锈，在夹具的装配调整中也可使用。当用布砂轮代替砂轮使用时，则可进行抛光作业。

六、风动工具

风动工具是一种以压缩空气为动力源的气动工具，通过压缩空气驱动风钻的钻头旋转、风动砂轮的砂轮旋转及风铲的铲头铲动。风动工具除具有体积小、重

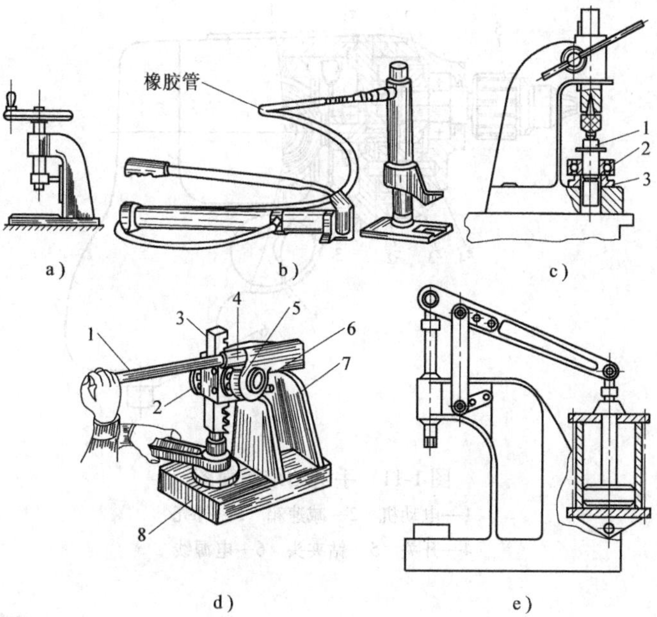

图 1-9　压力机

a）螺旋式　b）液动式　c）杠杆式　1—轴　2—轴承　3—衬垫

d）齿条式　1—手把　2—手轮　3—齿条　4—棘爪　5—棘轮　6—轴

7—床身　8—底座　e）气动式

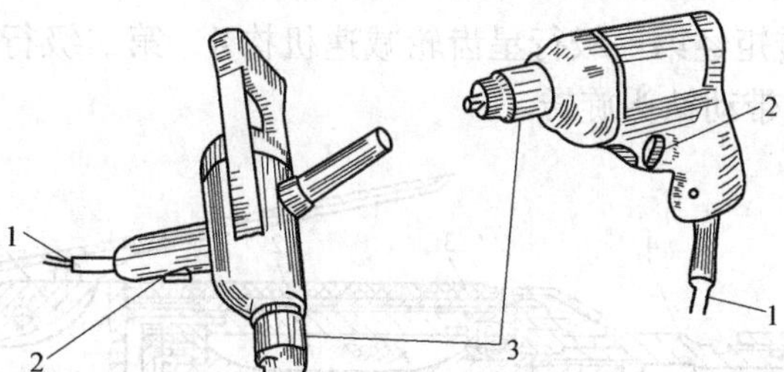

图 1-10　手电钻

1—电源线　2—按钮开关　3—钻夹头

量轻、操作简便及便于携带外，较电动工具还具有更安全的特点。

1. 风动砂轮

风动砂轮常用来清理工件的飞边、毛刺、去除材料多余的余量、修光工件表面、修磨焊缝和齿轮倒角等工作。使用时按工件的大小和修磨的部位来选择具体的风砂轮型号。

风动砂轮的外形及结构如图 1-13 所示。

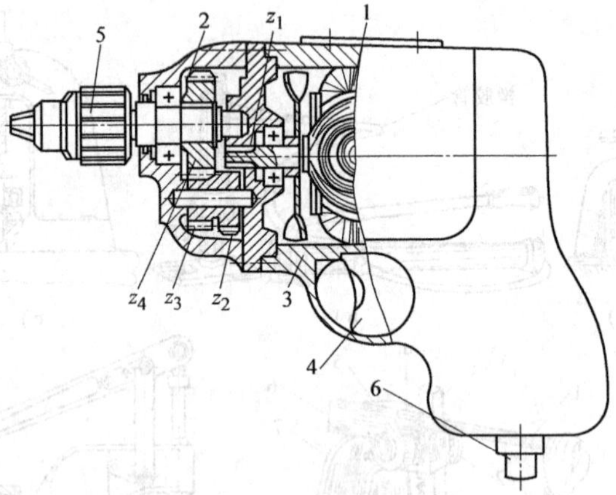

图 1-11 手电钻结构简图

1—电动机 2—减速箱 3—外壳

4—开关 5—钻夹头 6—电源线

2. 风钻

风钻常用来钻削工件上不便在机床上加工的小孔。风钻重量轻，操作简便、灵活、安全。

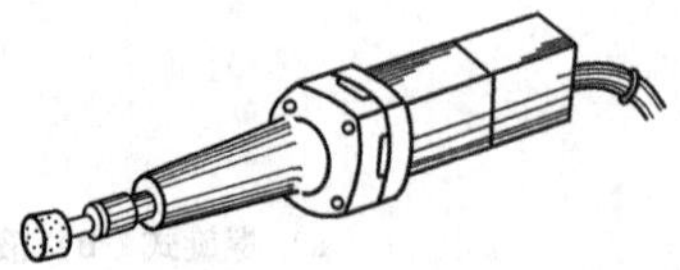

图 1-12 电磨头

图 1-14 所示为 Z13-1 型风钻的外形及结构。

传动系统：在图 1-14 中，压缩空气由管接头 15 进入，经按下开关 9 使风动发动机 6 旋转，风动发动机轴再将转矩经第一级行星齿轮减速机构 4、第二级行星齿轮减速机构 3 传递给钻夹头 1，带动钻头旋转。

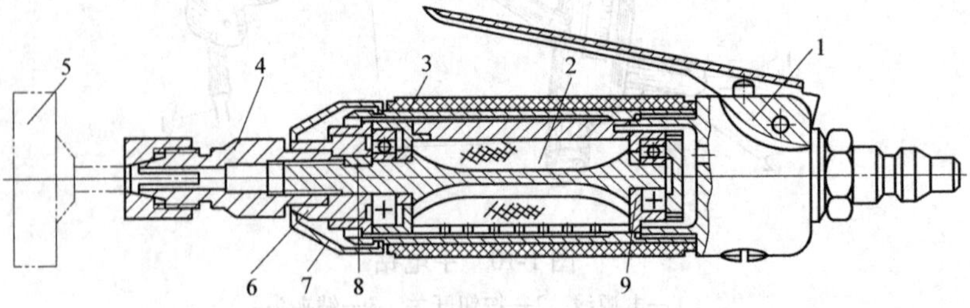

图 1-13 S40 型风动砂轮机

1—手柄组件 2—叶片式风动发动机 3—塑料套

4—弹性夹头 5—砂轮 6—联接套

7—导气罩 8—键 9—调整环

3. 风镐及风铲

风镐和风铲同是一种机械化的气动工具。当将风镐的钎子换成铲子时，风镐

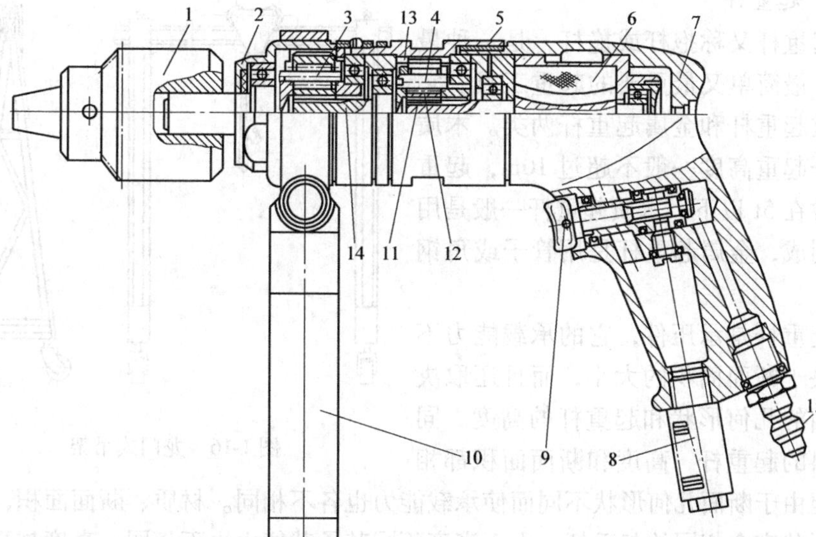

图 1-14　Z13-1 型风钻

1—钻夹头　2—内齿轮前套　3—二级行星齿轮减速机构　4—一级行星齿轮减速机构
5—中壳体　6—风动发动机　7—手柄　8—消声器　9—按钮开关组件
10—辅助手柄　11—风机轴头齿轮　12—行星齿轮　13—内齿轮
14—输出轴　15—管接头

就变成了风铲。风铲是以压缩空气为动力，驱动风铲气缸内的冲击机件使铲子产生冲击作用。机修钳工使用风铲来破碎坚固的土层、水泥层进行起吊和安装机械设备。有时也用风铲铲切工件的焊缝及毛刺等。

七、起重吊架

1. 单臂式起重吊架

单臂式起重吊架如图 1-15 所示，其起重量一般在 500kg 以下，用于车床溜板箱、铣床进给箱等部件的拆卸和近距离的运输。

2. 龙门式吊架

龙门式吊架如图 1-16 所示。在龙门式吊架框架顶梁上，装有可沿梁移动的手动或电动葫芦。吊架下面装有 4 个轮子，机动性很强，可以在没有起重设备的车间内及较窄的通道里起吊和移动重物。

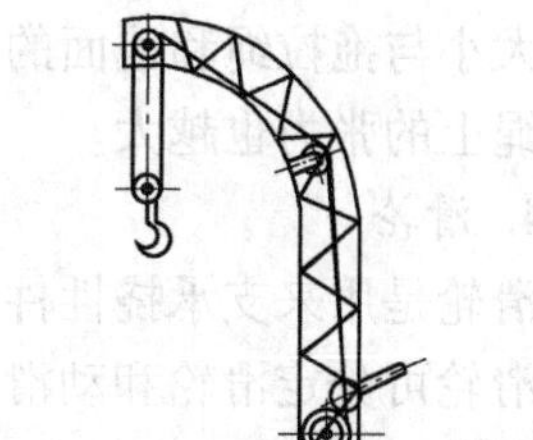

图 1-15　单臂式吊架

3. 起重杆

起重杆又称抱杆或桅杆，是一种最常用、最简单又最重要的起重工具。它有木质起重杆和金属起重杆两类。木质起重杆起重高度一般不超过10m，起重量通常在5t以下。木质起重杆一般是用松木制成，金属起重杆是用管子或角钢制成。

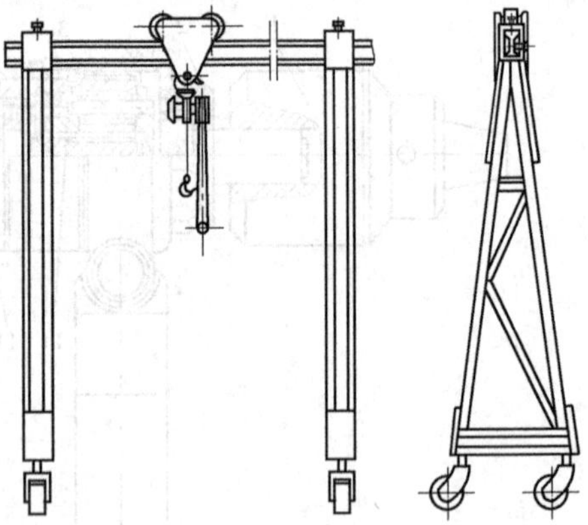

图1-16　龙门式吊架

起重杆是承压件，它的承载能力不仅取决于断面面积的大小，而且还取决于断面的几何形状和起重杆的高度。同一材料的起重杆，高度和断面面积都相同，但由于断面几何形状不同而使承载能力也各不相同。材质、断面面积，断面几何形状完全相同的起重杆，由于高度不同其承载能力也不相同，高度越高其承载能力就越小。

同一根起重杆，由于起吊的方法不一样，所能吊起的最大重量也不相同。如将起重杆垂直于地面放置，且起吊的重量对称时，起重杆所能吊起的重量就大。图1-17所示是起重杆两面挂滑轮时的情况。由于起重杆垂直于地面，两面挂滑轮，起重杆两侧是对称的载荷，理论上分析起重杆不受倾倒的力，所以拖拉绳不受力，因此起重杆所承受的载荷是起吊重量和起吊时牵引力的和。

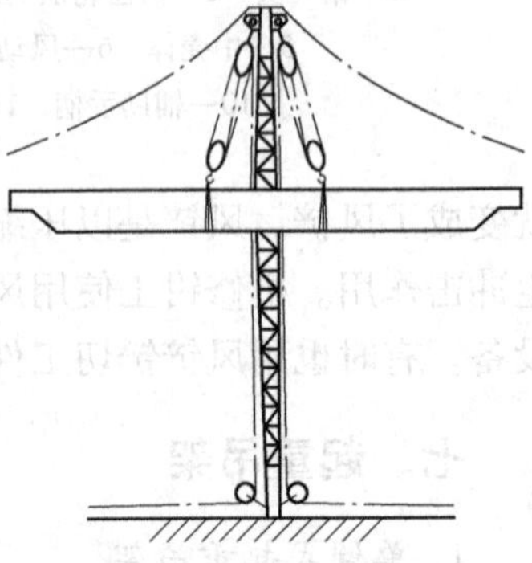

图1-17　起重杆两面挂滑轮时的情况

若起重杆是单面挂滑轮，情况就明显不同。起重杆受侧倾力矩，应由重物对面的拖拉绳上的张力来平衡，所以拖拉绳将承受一定的张力，其张力大小与拖拉绳和地面的夹角有关，夹角越大，拖拉绳上的张力也越大。

4. 滑轮

滑轮是用来支承挠性件并引导其运动的起重工具。

滑轮可分定滑轮和动滑轮两类。定滑轮只能改变力的方向，而不能省力，如导向滑轮。

一个定滑轮可与一个动滑轮组成滑轮组，因为定滑轮能改变力的方向，所以我们施力的方向向下而能使重物上升，并可用重物重量一半的力将重物吊起来。2个滑轮组并在一起叫做二二滑轮，3个滑轮组并在一起叫做三三滑轮，以此类推。

如图 1-18 所示，是一组正在起重的三三滑轮，它相当于 6 根绳子提升重物，若摩擦力忽略不计，则每段绳子上的张力只有重物重量的 1/6。因此我们只需用重物重量 1/6 的力，便可把重物提升起来，但施力点所移动的距离为重物上升距离的 6 倍。

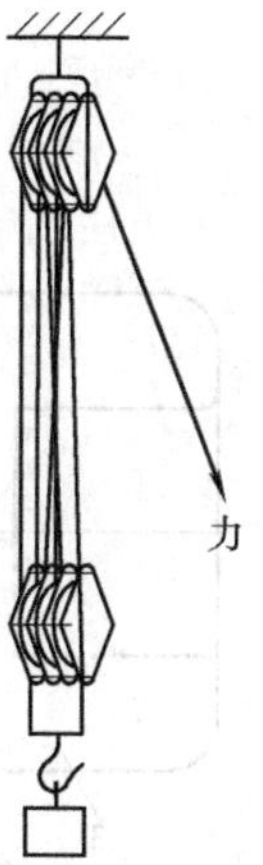

图 1-18　三三滑轮组

滑轮直径与所用钢丝绳直径有一定的比例关系，在计算钢丝绳直径时，只是按抗拉强度来考虑的。实际上钢丝绳与滑轮接触的那一段，除受拉力之外，还要弯曲。弯曲应力的大小与钢丝绳的柔软程度和滑轮直径有关，钢丝绳越软，滑轮直径越大，所引起的弯曲应力越小。但实际上钢丝绳不会太软，滑轮直径也不可能很大。为此，要把滑轮直径规定在一个虽然会引起钢丝绳受到一定弯曲应力，但影响又不大的范围内。一般来说，以滑轮直径为钢丝绳直径的 16 倍为宜。

八、起重设备

1. 单梁起重机

单梁起重机是车间内一种轻小型小吨位起重设备。其体积小、重量轻、价格低廉、使用方便，一般为车间的公用设备。它由单梁和葫芦组成。葫芦分电动葫芦和手动葫芦。下面简要介绍电动葫芦。

国产电动葫芦按起吊索具结构的不同分为环链式电动葫芦和钢丝绳式电动葫芦。

图 1-19 所示为钢丝绳式电动葫芦。图 1-20 为电动葫芦的起升机构总成。图 1-21 为起升机构结构。图 1-22 为起升机构减速器。

在图 1-21 中，带制动装置的锥形转子电动机，其锥形转子接通电源后产生磁拉力，磁拉力克服弹簧的压力，使风扇制动轮脱开后端盖，电动机起动运转。在图 1-20 中，运动经弹性联轴器 1、刚性联轴器 2，传给减速器输入轴 3，在图

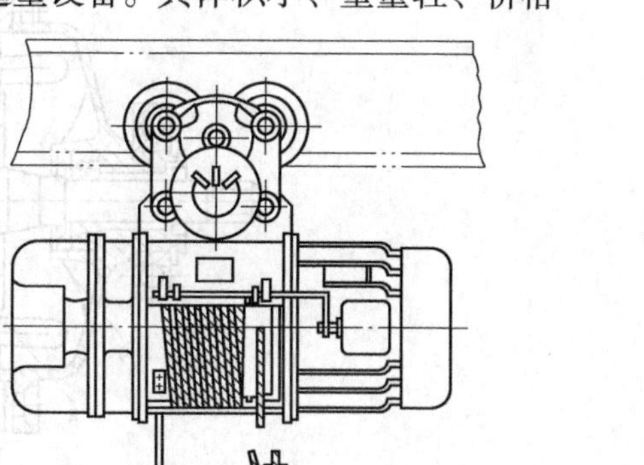
图 1-19　钢丝绳式电动葫芦

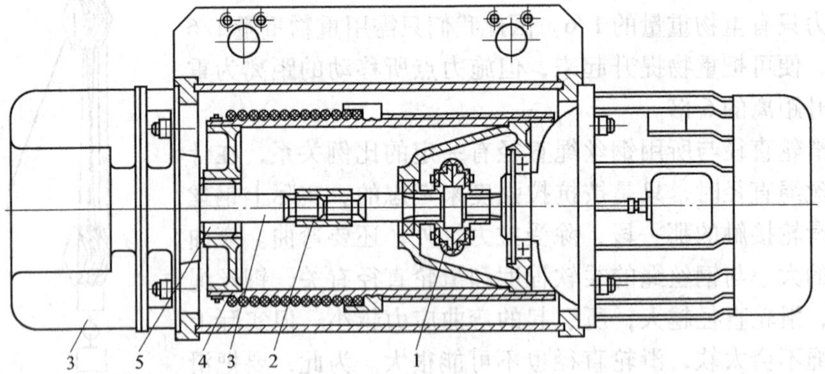

图 1-20 起升机构总成

1—弹性联轴器 2—刚性联轴器 3—轴 4—卷筒 5—空心轴

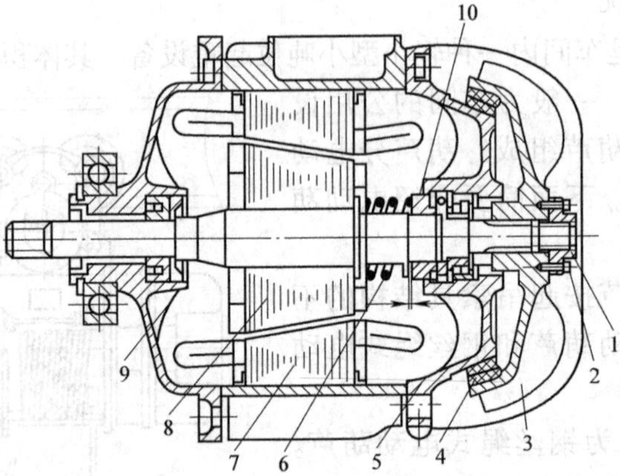

图 1-21 起升机构结构

1—锁紧螺母 2—螺钉 3—风扇制动轮 4—锥形制动环 5—后端盖 6—弹簧 7—定子 8—转子 9、10—支承圈

1-22 中，运动经三级外啮合斜齿轮减速传动，将运动传至输出轴空心轴，在图 1-20 中，空心轴 5 驱动卷筒 4 旋转，使绕在卷筒上的钢丝绳带动吊钩装置上升或下降。

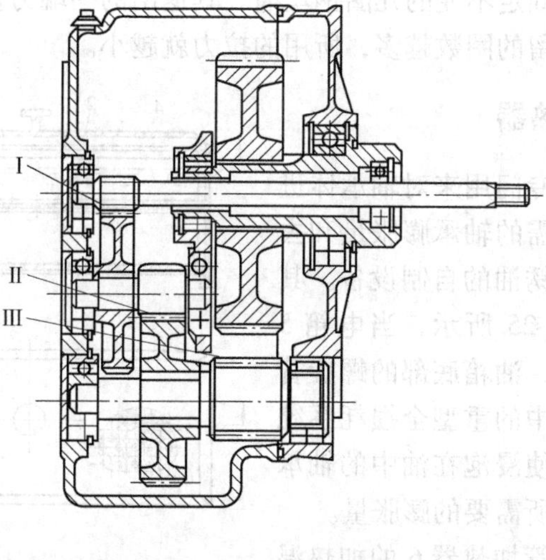

图 1-22 起升减速器

2. 卷扬机

卷扬机可分为电动和手动两种。电动卷扬机如图 1-23 所示，其主要由电动机、减速器、制动器、卷筒和机架等部件组成。

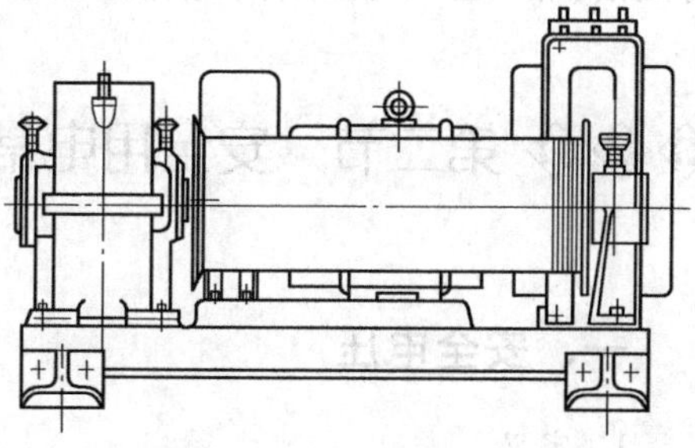

图 1-23 电动卷扬机

使用卷扬机时，首先要固定好机体，以防工作时发生移动或倾倒。其次要检查电气接地是否可靠，各部件有无损坏，转动部分的润滑状况是否良好。卷筒上的钢丝绳头要固定好，卷筒上所剩余的钢丝绳不能少于 4 圈。卷绳时要一圈一圈紧靠、不能有间隙。卷圈上的钢丝绳层数不能太多，不允许超过卷筒两边的凸缘。卷扬机前面第一个导向轮应安装在卷筒中垂线的方向上，且从卷筒中心线到导向轮的距离，至少要大于卷筒直径的 20 倍。

3. 绞磨

绞磨如图 1-24 所示。它是一种用人力牵引，提升的机械。其主要结构由磨体、卷筒、棘爪、棘轮、推杆等部件组成。

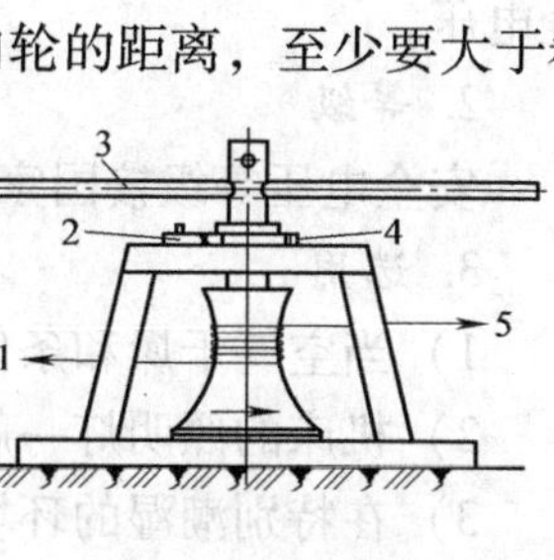

图 1-24 绞磨
1—牵引力 2—棘爪 3—推杆
4—棘轮 5—手拉力

使用绞磨时，须先将磨体固定牢固，以防工作时产生偏斜。其次对各部件进行检查，特别是防倒棘轮一定要灵活可靠，严防倒转伤人。绞磨缠钢丝绳的方法与卷扬机不同，它是一端卷入另一端退出，在卷筒上只留固定不变的几圈钢丝绳。其退出的一端力量很小，用人力紧紧拉住。卷筒上所保留的圈数越多，所用的拉力就越小。

九、轴承加热器

轴承加热器是专门用来对轴承体进行加热，以得到所需的轴承膨胀量和去除新轴承表面的防锈油的自制设备。其外形及结构如图1-25所示，当电箱5中开关接通电源后，油箱底部的螺旋管加热器6便对油箱中的重型全损耗系统用油3进行加热，使浸泡在油中的轴承温度升高，而产生所需要的膨胀量。

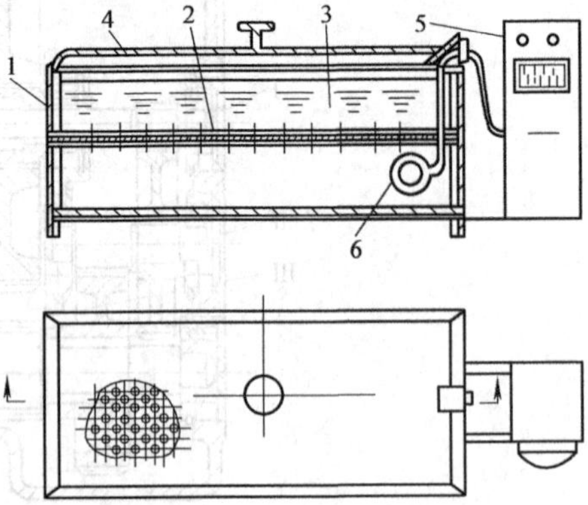

图1-25　轴承加热器

1—油箱　2—油盘　3—重型全损耗系统用油　4—盖　5—电箱　6—螺旋管加热器

油箱底部螺旋管加热器6的加热温度范围为0～600℃，加热的温度点根据膨胀量的不同可预先设定。电箱5中装有调节式测温计，当油温升高到预先设定的温度后，即自动停止加热。油槽还附有油槽(箱)盖4，用来保持油温及减少油槽内油的挥发。

第二节　安全用电常识

一、安全电压

1. 定义

人体不带任何防护接触带电体而不发生危险时，这个带电体的电压称之为安全电压。

2. 等级

安全电压等级按国家规定通常有五种，即：42V、36V、24V、12V、6V。

3. 选用

1）当空气干燥和条件较好时，则安全电压采用24V或36V。

2）机床的照明灯一般采用36V。

3）在特别潮湿的环境中，安全电压应选用12V。

二、安全保护措施

1. 保护接地

保护接地就是将正常情况下不带电的金属外壳与大地用导线连接。

通常在电源的中性点不接地的配电系统中采保护接地，如图 1-26a 所示。这样当金属外壳带电（漏电）时，由于接地装置的接地电阻远远小于人体的电阻，所以漏电电流会通过接地电阻导入大地，几乎不从人体通过，从而保证了人体不会有触电的危险。

2. 保护接零

保护接零就是把金属外壳与零线（中性线）用导线连接。

通常在电源中性点接地的配电系统中采用保护接零，如图 1-26b 所示。这样当电源的某一项发生事故导致金属外壳带电时，该相与零线之间将产生极大的电流，致使该相的熔丝熔断，从而使带电金属外壳与电源断开，这样就保证了人身安全。

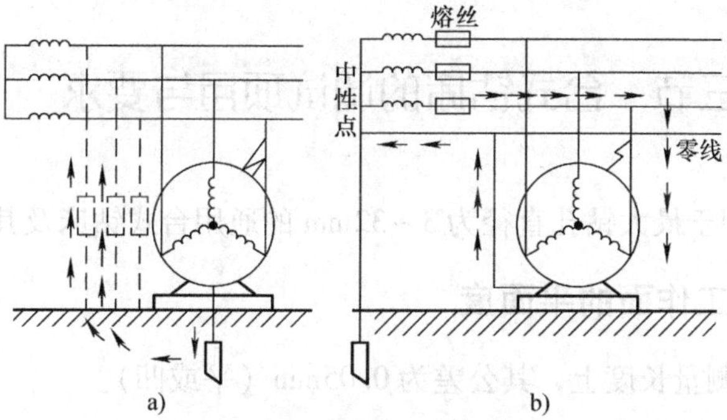

图 1-26　安全保护措施

a）保护接地　b）保护接零

三、防触电安全知识

1）操作者应了解安全用电知识。

2）不懂的电器不要乱动。

3）远离带电体及危险区，千万不要触及电气设备的带电部分。

4）严格遵守操作规程，使用电动工具时，必须戴好绝缘防护用品。

5）加强安全教育，坚持定期检查，及时发现不安全因素及时排除。

6）严格按国家的规定安装电气设备，做好安全保护措施。

7）非电工人员不得随便打开机床配电箱及乱动电气设备。

8）正确使用防雷设施。

四、电气设备的安全维护保养

1）经常清扫擦拭配电箱和电动机，清扫、擦拭之前务必切断电源。

2）按钮、转换开关等电气开关应严防进油、水、切削液或铁屑，若发现这些情况，应立刻切断电源并予以排除。

3）电动机轴承应定期换油。

4）若在工作中发现电气设备出现故障，则应立即停机，切断电源，请维修电工来检查排除。

五、发生触电事故后的急救

1）使触电者脱离电源，并立即切断电源。

2）视触电者触电后的状态，相应采取静卧休息、医务所抢救、人工呼吸及胸外按压心肺复苏等措施。

3）以最快的速度报告专职医生，以便及时救治伤者。

第三节 台式钻床的调试项目与要求

本部分适用于最大钻孔直径为3～32mm的通用台式钻床及其变型产品。

一、底座工作面的平面度

在300mm测量长度上，其公差为0.05mm（平或凹）。

二、工作台面的平面度

在300mm测量长度上，其公差为0.05mm（平或凹）。

三、回转工作台的轴向圆跳动（仅适用于有回转工作台的机床）

当回转工作台直径为ϕ300mm时，其公差为0.08mm。

四、主轴外锥或锥孔轴线的径向圆跳动

1. 外锥

公差为0.015mm。

2. 内锥

（1）靠近主轴端面　其公差为0.020mm。

（2）距主轴端面100mm外　其公差为0.035mm。

五、主轴回转轴线对底座工作面的垂直度

1. 在横向平面内

指示表测头两触点间的距离为300mm，其公差为0.10mm。

2. 在纵向平面内

指示表测头两触点间的距离为300mm，其公差为0.10mm。

六、主轴回转轴线对工作台面的垂直度

1. 在横向平面内

指示表测头两触点间的距离为300mm，其公差为0.10mm。

2. 在纵向平面内

指示表测头两触点间的距离为300mm，其公差为0.10mm。

七、主轴套筒移动对底座工作面的垂直度

1. 在横向平面内

100mm长度内公差为0.07mm。

2. 在纵向平面内

100mm长度内公差为0.07mm。

八、主轴套筒移动对工作台面的垂直度

100mm长度内公差为0.07mm。

第四节 砂轮机的安装要求

一、安装位置

砂轮机的安装位置要求合理又合适：

1）较大的车间应设置专用的砂轮机房。

2）若受诸多条件限制不能设置专用的砂轮机房，则应在砂轮机正面设置防护挡板，其高度应不低于1.8m，且要求挡板牢固可靠。

二、砂轮的平衡

1）当砂轮直径≥200mm时，则砂轮装上法兰盘后应先进行静平衡。

2）经过整形修整后的砂轮或发现砂轮工作不平衡，则应重复进行静平衡。

三、砂轮与卡盘的匹配

1）砂轮法兰盘直径不得小于被安装砂轮直径的1/3。

2）当砂轮磨损到直径比法兰盘直径大10mm时，应更换新砂轮。

3）在砂轮与法兰盘之间应加装软垫，其直径应大于卡盘直径2mm，其厚度为1~2mm。

四、砂轮机的防护罩

1）砂轮防护罩的开口角度在主轴水平面以上，其最大开口角度不得超过90°。

2）当防护罩在主轴水平以上开口大于等于30°时，必须设置挡屑屏板。

3）挡屑屏板应安装于防护罩开口正端，其宽度应大于砂轮防护罩宽度，且应牢固地固定在防护罩上。

4）砂轮圆周表面与挡板的间隙应小于6mm。

5）防护罩应安装得牢固可靠，不得随意拆卸或丢弃不用。

五、砂轮机的工件托架

1）当砂轮直径>150m时，则砂轮机必须设置可调托架。

2）砂轮与托架之间的距离应小于被磨工件最小外形尺寸的1/2，但最大不应超过3mm。

六、砂轮机的接地保护

砂轮机的外壳必须设有良好的接地保护装置。

第五节　砂轮机的调试安全规程

一、调试前

1）砂轮机应由专人负责，并要经常检查，确保设备正常运转。

2）砂轮在安装之前，应通过观看或用木棒轻轻敲击来判断其是否有裂纹。

3）更换新砂轮前一定要先切断电源。

4）安装砂轮时，螺母不得上的过松或过紧，使用前必须检查螺母是否松动。

5）砂轮机必须有牢固合适的防护罩，托架距砂轮不得超过5mm，否则不得使用。

6）砂轮安装好后，一定要空转试验2~3min，对其运转平衡及保护装置的可靠性进行检查，如有异常，被安排在配电柜旁的另一人立即切断电源，以防发生事故。

7）使用者必须配戴防护镜，不准戴手套，人不得正对砂轮，而应站在侧面。

二、调试中

1）开动砂轮机时，必须先空运转 40～60s 待转速稳定后方可磨削，磨削刀具时人应站在砂轮的侧面。

2）严禁两人同时使用一片砂轮。

3）刃磨时，刀具应略高于砂轮中心位置，用力要均匀适度。

4）砂轮不准沾水，要保持干燥。

5）不得单手持工件进行磨削。

6）不允许在砂轮机上磨削较大、较长的工件。

三、调试后

1）磨削完毕，应关闭电源。

2）清除防护罩内积尘。

3）及时用金刚石笔修整砂轮磨削面。

4）当砂轮磨薄、磨小时，应及时更换。

第六节　台式钻床的调试安全规程

一、调试前

1）必须详细阅读使用说明书，熟悉机床的结构、各手柄的功能、传动和润滑系统。

2）按照润滑说明在机床各处加注润滑油，检查各个部分的情况是否正常。

3）正确安装钻夹具，锥套应符合标准。

4）装夹工件应牢固可靠。

二、调试中

1）工作台升降时，应松开支架夹紧手柄，升降完成后，应夹紧手柄。

2）工作台旋转到所需的角度后，应重新锁紧。

3）安装或拆卸钻头时，必须扶持住钻头，以免其掉落。

4）主轴箱升或降至所需位置后，应锁紧主轴箱夹紧手柄和保险圈。

5）变换主轴转速和进给量时，必须停机，但钻头未退出工件时，不准停机。

6）钻孔时，禁止用手拿着工件钻孔。

7）使用台式钻床时，禁止戴手套。

8）在钻孔时，严禁用纱布清除切屑，也不允许用嘴吹或者用手擦拭。

三、调试后

1）擦净工作台、立柱表面，涂上全损耗系统用油。

2）将手柄放在非工作位置，并切断电源。

◈◈◈ 第七节　机械设备安装与调试的技能训练实例

• 训练1　台式钻床的安装水平调整

1）将主轴箱置于正前方行程的最高位置，并锁紧。

2）再将工作台置于正后方行程的下部位置，并锁紧。

3）沿横向和纵向分别将水平仪放置在底座中央，其读数均应不超过0.10mm/1000mm。

• 训练2　台式钻床几何精度的检测

本训练所使用方法适用于最大钻孔直径3～32mm的通用台式钻床及其变型产品。

1. 底座工作面的平面度

如图1-27所示，检测及误差值的确定方法如下。

1）分别将主轴箱和工作台置于正前方行程的最高位置和正后方行程的下部位置，并锁紧。

2）在底座工作面的a、b、c三个基准点上分别放置一块等高垫块。

3）将平尺放在a、c点等高垫块上，然后在e点处放一可调量块，调整其与平尺下检验面接触。

4）再将平尺放在b、e点量块上，在d点也放一可调量块，调整其与平尺下检验面接触。

5）最后用指示表检测工作台面与平尺下检验面间的距离，则指示表读数的最大差值即为平面度误差。

2. 工作台面的平面度

如图 1-28 所示，检测及误差值的确定方法如下。

分别将主轴箱和工作台置于正前方行程的最高位置和正前方行程的下部位置，并锁紧。

(1) 方工作台

1) 在底座工作面的 a、b、c 三个基准点上分别放置一块等高垫块。

2) 将平尺放在 a、c 点等高垫块上，在 e 点处放一可调量块，调整其与平尺下检验面接触。

5) 再将平尺放在 b、e 点量块上，在 d 点也放一可调量块，调整其与平尺下检验面接触。

4) 最后用指示表检测工作台面与平尺下检验面的距离，则指示表读数的最大差值即为平面度误差。

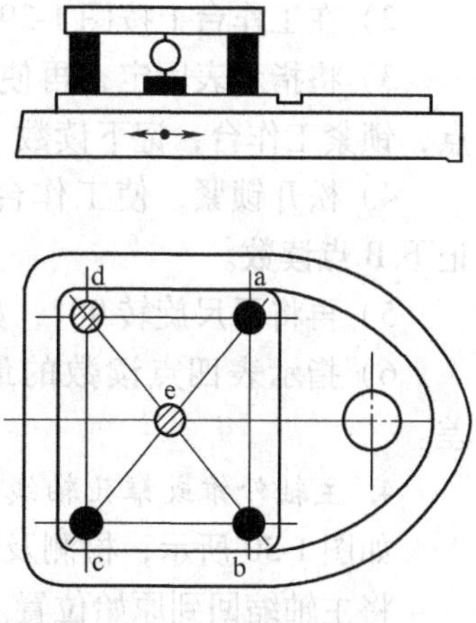

图 1-27　底座工作面的平面度检测简图

(2) 圆工作台　圆工作台用类似检测直线度的方法进行检测。

1) 在工作台面上，通过工作台中心按图 1-28 所示四个方向分别放两个等高的量块，其上再放一平尺。

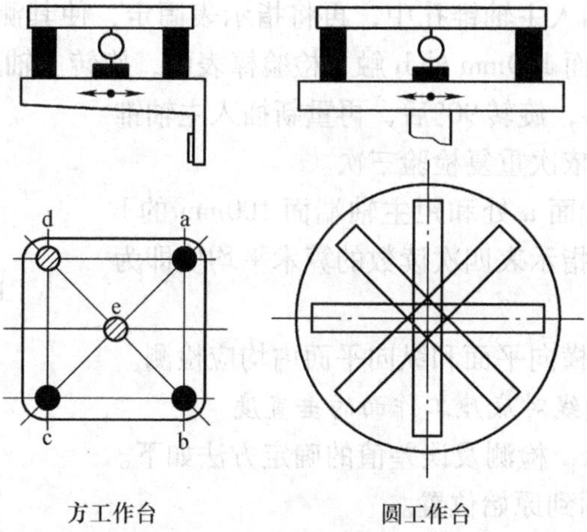

图 1-28　工作台面的平面度检测简图

2) 用指示表检测工作台面与平尺下检验面间的距离。

3) 四个方向的误差分别计算。指示表读数的最大差值即为平面度误差。

3. 回转工作台的轴向圆跳动（仅用有回转工作台的机床）

如图 1-29 所示，检测及误差值的确定方法如下。

1) 分别将主轴箱和工作台置于正前方行程的最高位置和正前方行程的下部位置，并锁紧。

2）在工作台上按图 1-29 所示位置放一平尺。

3）将指示表固定，再使其测头触及平尺检验面的 A 点，锁紧工作台，记下读数。

4）松开锁紧，使工作台回转 180°后，再将其锁紧，记下 B 点读数。

5）再将平尺旋转 90°，如上同样方法再检验一次。

6）指示表四点读数的最大差值即为轴向圆跳动误差。

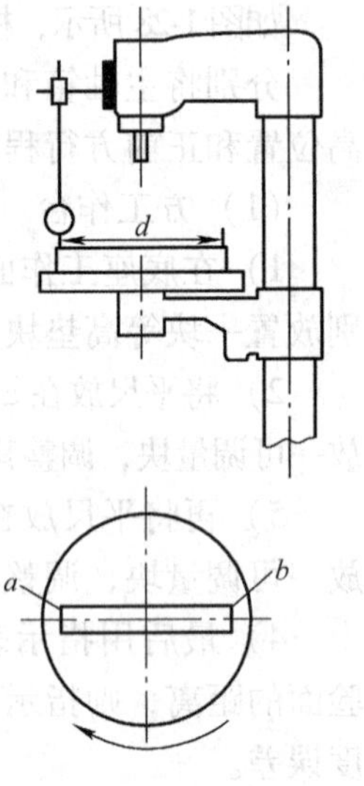

图 1-29　回转工作台的轴向圆跳动检测简图

4. 主轴外锥或锥孔轴线的径向圆跳动

如图 1-30 所示，检测及误差值的确定方法如下。

将主轴缩回到原始位置。

（1）主轴外锥

1）将指示表测头垂直触及外锥面的中间位置。

2）旋转主轴进行检验，指示表读数的最大差值即为径向圆跳动。

（2）主轴锥孔轴线

1）将检验棒插入主轴锥孔中，再将指示表固定，使其测头分别在靠近主轴端面 a 和距主轴端面 100mm 处 b 触及检验棒表面，旋转主轴进行检测。

2）拔出检验棒，旋转 90°后，再重新插入主轴锥孔中，按上述方法依次重复检验三次。

3）靠近主轴端面 a 处和距主轴端面 100mm 的 b 处，要分别计算。指示表四次读数的算术平均值即为径向圆跳动误差。

注：在机床的横向平面和纵向平面内均应检测。

5. 主轴回转轴线对底座工作面的垂直度

如图 1-31 所示，检测及误差值的确定方法如下。

1）将主轴缩回到原始位置。

2）分别将主轴箱和工作台置于正前方行程的最高位置和正后方行程的下部位置，并锁紧。

3）在底座工作面上放一平尺，将指示表的角形表杆固定在主轴的端部，并使指示表的测头分别依次在横向平面内（图 1-31a）和在纵向平面内（图 1-31b）触及平尺检验面。

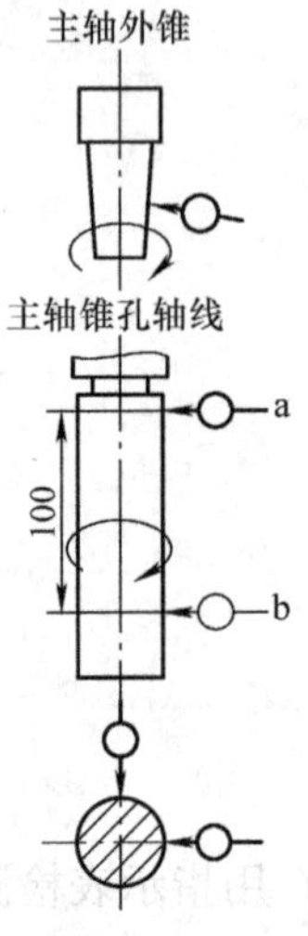

图 1-30　主轴外锥或锥孔轴线的径向圆跳动检测简图

4）旋转主轴 180°进行检测。

5）在横向平面内和在纵向平面内的误差应分别计算，指示表的读数差即为

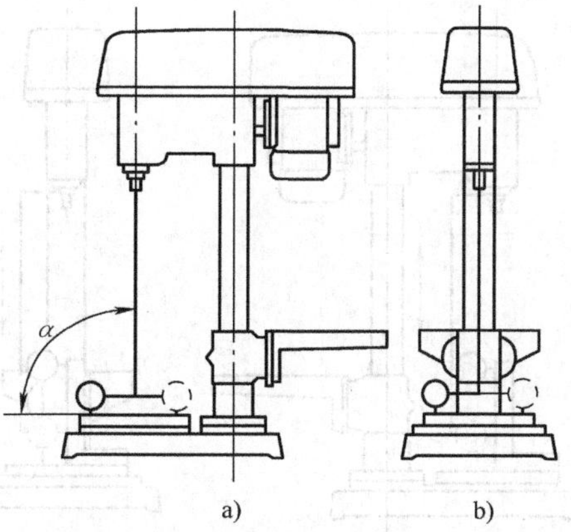

图 1-31 主轴回转轴线对底座工作面的垂直度检测简图

垂直度误差。

6. 主轴回转轴线对工作台面的垂直度

如图 1-32 所示，检测及误差值的确定方法如下。

1）将主轴缩回到原始位置。

2）分别将主轴箱和工作台置于正前方行程的最高位置和正前方行程的下部位置，并锁紧。

3）在工作台面上放一平尺，将指示表的角形表杆固定在主轴的端部，并使指示表的测头分别在横向平面内（图 1-32a）和在纵向平面内（图 1-32b）触及平尺检验面。

4）旋转主轴 180°进行检测。

5）在横向平面内和在纵向平面内的误差应分别计算，指示表读数的差值即为垂直度误差。

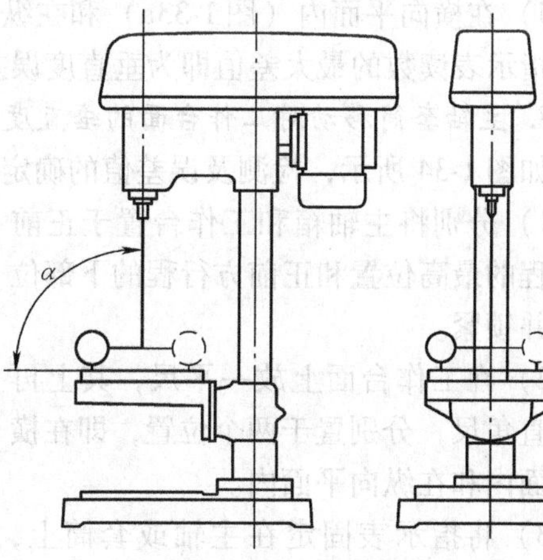

图 1-32 主轴回转轴线对工作台面的垂直度检测简图

7. 主轴套筒移动对底座工作面的垂直度

如图 1-33 所示，检测及误差值的确定方法如下。

1）分别将主轴箱和工作台置于正前方行程的最高位置和正后方行程的下部位置，并锁紧。

2）在底座工作面上放一平尺，其上再放一直角尺，分别置于两个位置，即在横向平面内和在纵向平面内。

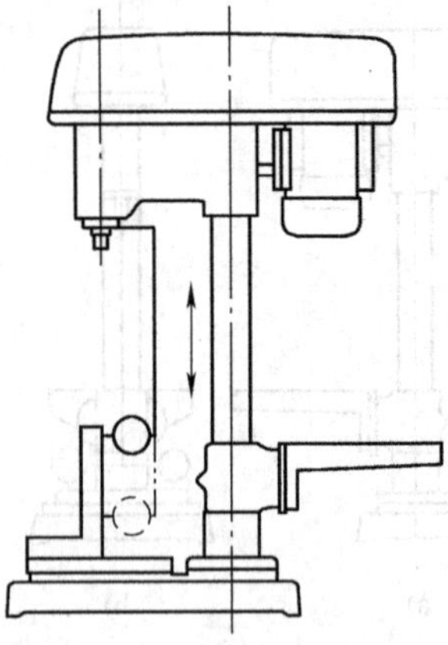

图1-33　主轴套筒移动对底座工作面的垂直度检测简图

3）将指示表固定在主轴或套筒上，使其测头触及直角尺表面。

4）移动主轴套筒，在全行程进行检测。

5）在横向平面内（图1-33a）和在纵向平面内（图1-33b）的误差应分别计算，指示表读数的最大差值即为垂直度误差。

8. 主轴套筒移动对工作台面的垂直度

如图1-34所示，检测及误差值的确定方法如下。

1）分别将主轴箱和工作台置于正前方行程的最高位置和正前方行程的下部位置，并锁紧。

2）在工作台面上放一平尺，其上再放一直角尺，分别置于两个位置，即在横向平面内和在纵向平面内。

3）将指示表固定在主轴或套筒上，使其测头触及直角尺检验面。

4）移动主轴套筒，在全行程上进行检测。

5）在横向平面内（图1-34a）和在纵向平面内（图1-34b）的误差应分别计算，指示表读数的最大差值即为垂直度误差。

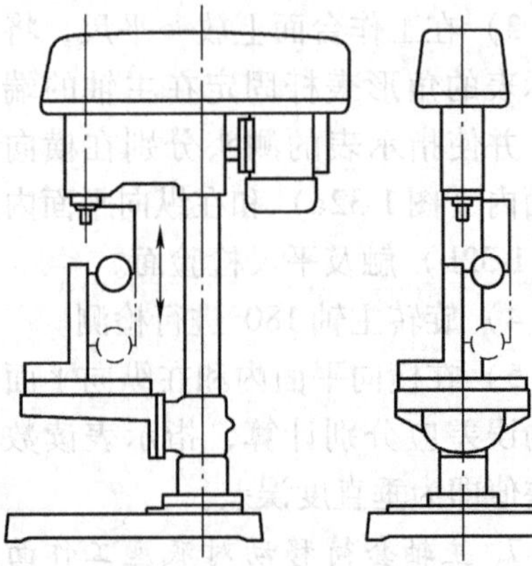

图1-34　主轴套筒移动对工作台面的垂直度检测简图

训练3　台式钻床传动带张紧力的调整

1）按下V带罩开启按钮，打开台式钻床上部的V带罩，如图1-35所示。

2）松开电动机紧固手柄，把电动机左移，使V带放松，如图1-36所示。

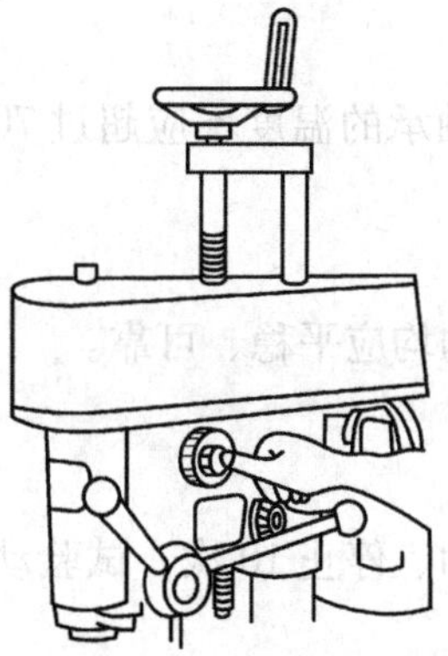

图1-35 打开V带罩

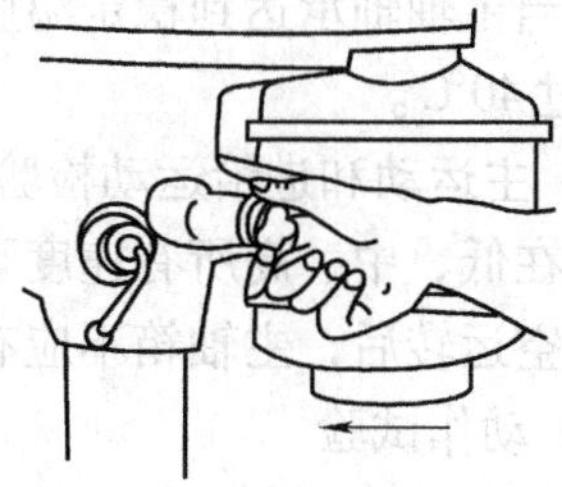

图1-36 松开紧固手柄

3）调整V带位置，使主轴转速符合或接近切削用量要求的转速，如图1-37所示。

4）将电动机右移张紧V带。

5）大拇指稍用力按压V带中部，检查V带的松紧程度，其松紧以大拇指感觉富有弹性为宜（若松，则稍稍右移电动机；若紧，则稍稍左移电动机，直到松紧合适为止），如图1-38所示。

6）锁紧电动机固定手柄。

7）用手下压V带罩，使其回位，如图1-39所示。

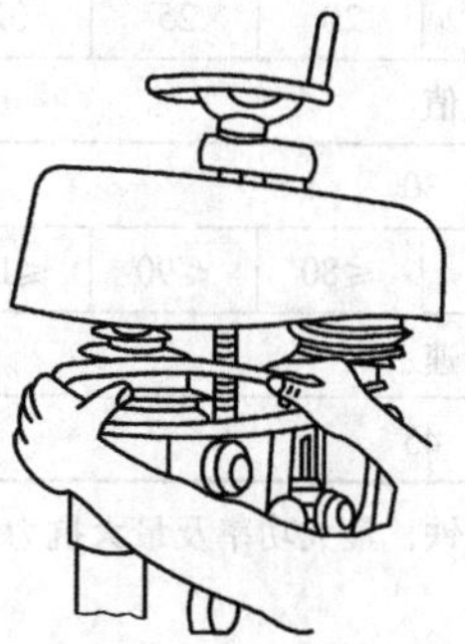

图1-37 调整V带

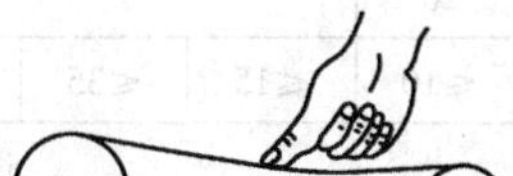

图1-38 检查V带松紧

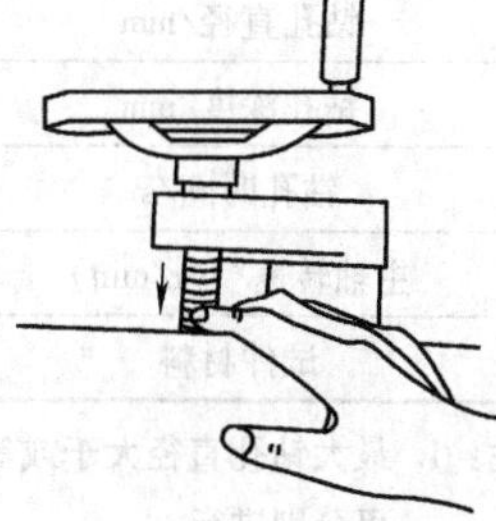

图1-39 传动带罩回位

• 训练4 台式钻床的试运转

1. 机床空运转试验

（1）温升试验

1）从最低速度起，依次作低、中、高速运转，每一级速度的运转时间不应少于2min。

2）以最高速度运转不少于1h。

3）当主轴轴承达到稳定温度时，靠近主轴轴承的温度不应超过70℃，温升不能超过40℃。

（2）主运动和进给运动检验

1）在低、中、高所有速度下，机床工作机构均应平稳、可靠。

2）空运转后，主轴箱不应有渗、漏油现象。

（3）动作试验

1）任选一种适当的主运动速度进行连续起动、停止10次，试验动作的可靠性。

2）变换各级运动速度，检查变速机构的灵活性、可靠性。

3）分别松开主轴箱和工作台支架的锁紧手柄，均不得有自锁现象。

4）检验装卸刀具、附件的可靠性和方便性。

2. 机床的负荷试验

（1）按表1-1选择加工参数。逐渐改变进给量，逐步使机床达到电动机的额定功率，其目的是进行机床主传动系统的最大功率试验和最大抗力试验；

（2）试验中，机床全部机构均应工作正常，不应出现带轮打滑、试件加工表面呈现明显的振级及电气系统工作失常等现象。

表1-1 机床负荷试验加工参数

项目	机床最大钻孔直径/mm						
	3	6	12	16	20	25	32
钻孔直径/mm	主参数值						
钻孔深度/mm	20	30					
钻孔时间/s	≤10	≤15	≤35	≤45	≤80	≤90	≤100
主轴转速/（r/min）	适当转速						
试件材料	HT200	45					

注：1. 最大钻孔直径大于或等于6mm的机床，其试件材料可选用灰铸铁，最大功率及最大抗力试验可分别进行。

2. 刀具为高速钢标准麻花钻。

3. 机床的精度检验（略）

训练5 砂轮机砂轮的安装

1）砂轮在安装之前，应通过观察或用木棒轻轻敲击来判断其是否有裂纹。

2）砂轮与砂轮法兰盘必须匹配，砂轮法兰盘直径不得小于被安装砂轮直径的 1/3。

3）在砂轮与法兰盘之间应加装软垫，其直径应大于卡盘直径 2mm，其厚度为 1 ~2mm。

4）砂轮安装时，必须找正砂轮中心，同时应该用法兰盘紧固，装上法兰盘以后应检验砂轮外圆是否与主轴同心，砂轮至少有一个侧面对主轴中心线垂直。

5）安装砂轮后，务必装好防护罩，之后才能起动设备。

• 训练 6　砂轮机的试运转

（1）振动测试　在砂轮机的机壳上部左、中、右共 3 个测量点实测的振动最大值即为测得的振动值。

（2）砂轮安装轴的径向圆跳动的测量

1）将指示表固定，使其测头于砂轮机安装轴的端部距螺纹 5mm 处，垂直触及表面。

2）缓慢转动砂轮安装轴进行检测，指示表读数的最大差值即为安装轴的径向圆跳动量。

（3）噪声测量　应符合相应标准的规定。

（4）粉尘浓度的测量　应符合相应标准的规定。

（5）温升试验　砂轮机施加额定频率的额定电压，在额定功率下运转 30min，检验砂轮机的温升及温度，按绝缘等级检测各部分的温升、温度值，均不应超过相应的规定。

（6）绝缘电阻试验　应符合相应标准的规定。

（7）耐压试验　应符合相应标准的规定。

• 训练 7　锯床的安装水平调整

锯床安装水平调整时，依据锯床种类的不同，其水平仪的放置位置也不同。

1. 水平仪放置位置

（1）卧式带锯床　水平仪应放置在工作台面中央位置进行检测。

（2）立式带锯床　先将工作台置于其行程的中间位置，然后将水平仪放置在工作台面中央位置进行检测。

（3）卧式圆锯床　在靠近导轨的中间位置，按纵向和横向放置水平仪进行检测。

2. 误差要求

（1）纵向　误差不应大于 0. 04mm/1000mm。

（2）横向　误差不应大于 0. 04mm/1000mm。

● 训练8 正确使用台虎钳

在使用台虎钳时应遵循以下规则:

1) 钳台上的台虎钳安装要牢靠，钳台要配装安全网。

2) 台虎钳装夹工件时应用手扳动手柄，不要用锤子敲击手柄或随意套上长管子扳手柄，不得借助其他工具加力。

3) 强力作业时，应尽量使力朝向固定钳身。

4) 不允许在活动钳身和光滑平面上进行敲击作业。

5) 对丝杠、螺母等活动部件的表面应经常清洁、润滑，以防生锈。

● 训练9 正确使用千斤顶

1. 使用千斤顶时，应遵循以下规则

1) 所要承载重物的质量不得超过千斤顶的负载能力。

2) 千斤顶应垂直安放在重物下面，当工作地面较软时，应加垫坚韧木板(块)，以防陷入和倾斜。

3) 用齿条千斤顶工作时，止退棘爪必须紧贴棘轮。

4) 牢记操作要点:

摆平立正千斤顶，工件顶杆加木板，

顶住重心莫斜偏，边起边垫才安全。

2. 以拆卸J31—400t压床的滑块连杆部件为例

1) 认定滑块连杆部件的总重量约5t，选取10t油压千斤顶。

2) 认真检查油压千斤顶动作的灵活性及有无泄漏。

3) 在压床工作台面的中央放一枕木，再将千斤顶放在枕木上，适度调整千斤顶的初始高度，并在油压千斤顶调整螺杆端部垫一坚韧的木板，摆平立正千斤顶，顶于滑块下底部的中央。

4) 将手柄开槽的一端套入千斤顶回油开关，顺时针转动，将开关拧紧，然后再把手柄插入揿手孔内，作上下揿动。

5) 当滑块稍微顶起一点的时候，停止手柄的揿动。

6) 拆卸滑块连杆部件的连杆盖。

7) 在滑块底面与工作台面之间垫入低于千斤顶高度的安全可靠的垫块。

8) 将手柄带槽一端再次套入油压千斤顶回油开关，逆时针慢慢打开回油开关，滑块连杆部件降落至垫块上表面。

9) 重复步骤4)、5)、7)、8)。

10) 拆卸、移出滑块连杆部件。

11) 起重工作完毕应整理现场。

3. 维护保养

1）千斤顶属起重工具，应严格进行定期拆卸检查，检查传动件、密封件、结构件及液压元件有无裂纹、破损及泄漏等，并及时进行维护修理。

2）油压千斤顶的工作油应定期进行补充。

3）千斤顶应妥善存放，不应被压、被砸。

训练 10　正确使用手拉葫芦

1. 操作要点

支点钩挂要可靠，吊起重心要捆牢，

拉吊链条相平行，微量起升察隐情，

中间卡住勿硬拽，稳拉匀拽向上升。

2. 操作步骤

1）根据工件重量选取起重量合适的手拉葫芦，将葫芦挂钩挂在可靠的支撑点上，检查葫芦动作灵活自如。

2）检查工件的捆绑安全可靠，起升高度在手拉葫芦的行程范围之内。

3）逆时针拽手拉葫芦链条，降下吊钩，将捆绑工件的钢丝绳扣头套在吊钩之中。

4）顺时针拽手拉链条，并保持与吊链方向平行，升起吊钩，当张紧起重链条时，微量起升工件，先观察有无异常变化，再顺时针手拉链条，稳妥地吊起工件。

5）当需要降下工件时，逆时针拽手拉链条，工件便缓缓下降。

6）当工件落至目的地后，继续下降一段距离，摘下吊钩，起重工作结束。

3. 注意事项

1）用前应仔细检查吊钩、链条、轮轴及制动器，棘爪弹簧应保证制动可靠。

2）严禁超载使用。

3）操作时，应站在起重链轮同一平面内拉动链条，用力要均匀、和缓，保持链条理顺。拉不动时，不要用力过猛和抖动链条，应先查找原因。

4. 维护保养

1）手拉葫芦属起重设备，必须严格按规定进行定期检查维护，对破损件要及时进行修换。

2）对润滑部位、运动表面应经常加注润滑油。

3）手拉葫芦如不用，存放时不要被其他重物压坏。

复习思考题

1. 机修钳工的常用工具及设备有哪些?
2. 何谓安全电压?
3. 安全电压分为几个等级?
4. 如何选用安全电压?
5. 何谓保护接地?
6. 何谓保护接零?
7. 防触电安全知识包括哪些?
8. 发生触电事故后如何急救?
9. 台式钻床调试项目及要求有哪些?
10. 砂轮机的安装要求包括哪些?
11. 砂轮机的调试安全规程包括哪些?
12. 台式钻床的调试安全规程包括哪些?
13. 台式钻床的安装水平如何调整?
14. 台式钻床各项几何精度如何检测?
15. 台式钻床传动带张紧力如何调整?
16. 试述台式钻床的试运转。
17. 砂轮机的砂轮如何安装?
18. 试述砂轮机的试运转。
19. 锯床的安装水平如何调整?

第二章

机械设备的零部件加工

培训目标 掌握划线、錾削、锉削、钻孔、锪孔、铰孔、攻螺纹、套螺纹、刮削、研磨的相关专业知识和基本操作技能；掌握分度头的结构和工作原理；了解金属切削的切削原理、切削角度、切削用量；了解尺寸公差和测量知识；了解表面粗糙度的有关知识。

第一节 划 线

在毛坯或半成品工件上用划线工具按要求划出所需的点、线，用以表示工件要加工的部位和界限，这种操作称为划线。

划线目的是为机械加工提供依据，检查毛坯外形尺寸是否合乎要求及借料划线挽救有缺陷的毛坯。机修钳工常用的配划线需在划线的基础上，阅读装配图，从装配图中找出划线工件与相关工件的装配关系，从而划出加工部位界限的正确位置。

一、分类

划线分平面划线和立体划线。平面划线是在工件的同一表面上进行的划线。立体划线是在工件的几个不同方向的表面上进行的划线。机修钳工在工作中常采用配划线和仿形划线。

二、常用的工具

(1) 直接划线的工具 如图 2-1 所示，是用来在工件上直接划线的工具。它包括划针、划规、单脚划规、划线盘、游标高度卡尺，样冲和锤子等。

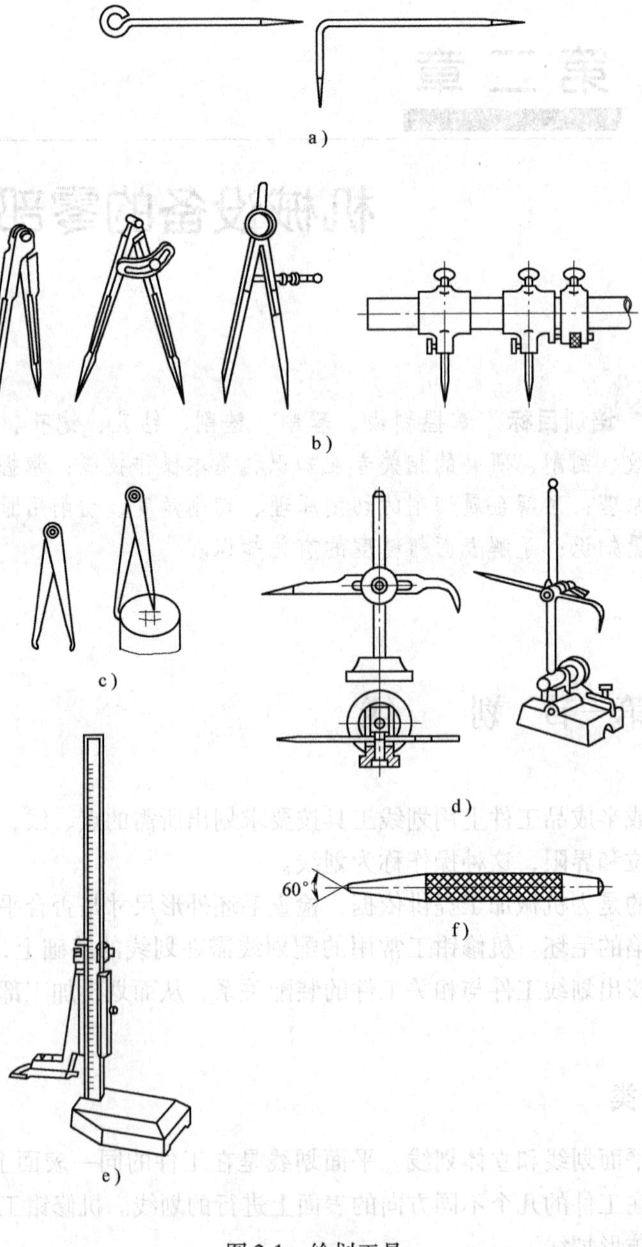

图 2-1　绘划工具

a）划针　b）划规　c）单脚划规　d）划线盘　e）游标高度卡尺　f）样冲

1）划针如图 2-1a 所示，一般用 $\phi3 \sim \phi4$mm，长约 250mm 的弹簧钢丝，一端磨成 15°~20°尖角或尖角部焊上硬质合金制成。划针常用来与金属直尺、直角尺或样板等工具配合使用进行划线。

2）划规如图 2-1b 所示，是用工具钢或中碳结构钢制成。在两脚尖处焊上硬质合金。划规常用来划圆、划圆弧、等分线段、等分角度及量取尺寸。长划规是专门用来划直径超过 250mm 的圆或圆弧的。

3）单脚划规如图 2-1c 所示，用来在不使用分度头的情况下，找圆柱形工件的圆心。使用时，要注意单脚划规的弯脚离工件端面的距离应保持每次相同，否则，所求中心偏差较大。

4）划线盘如图 2-1d 所示，用来找正工件的位置及划线。

5）游标高度卡尺如图 2-1e 所示，也是一种直接划线工具，分度值一般为 0.02mm。

6）样冲如图 2-1f 所示，用来在零件划好的线上打出一些小而均匀的样冲眼作标记，防止工件在搬运、装夹和加工过程中将划好的线抹掉。打出的中心样冲眼也便于划圆和圆弧及钻孔时钻头对准中心。

（2）辅助划线工具 辅助划线工具是用来支撑工件、夹持工件、量取长度值和角度值的。主要包括划线平板（划线平台）、金属直尺、方箱、分度头、直角尺、V 形铁、C 形夹头、千斤顶和各种垫铁等。

1）划线平板如图 2-2 所示，它的工作表面是用来放置和支撑工件的。表面精度一般为 3 级。铸铁平板经精刨加工即可满足此项要求。

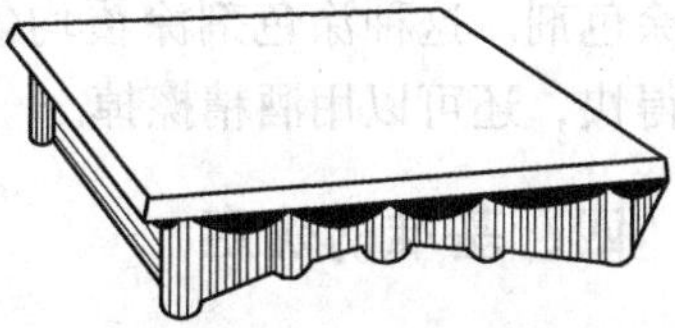

图 2-2 划线平板

2）方箱如图 2-3 所示；直角尺如图 2-4 所示；分度头如图 2-5 所示；V 形铁如图 2-6 所示，它们都是用来夹持工件进行划线的。

方箱的六个工作表面相邻面互相垂直。直角尺的两个测量面垂直度精度较高。分度头可以在 360°范围内准确分度。

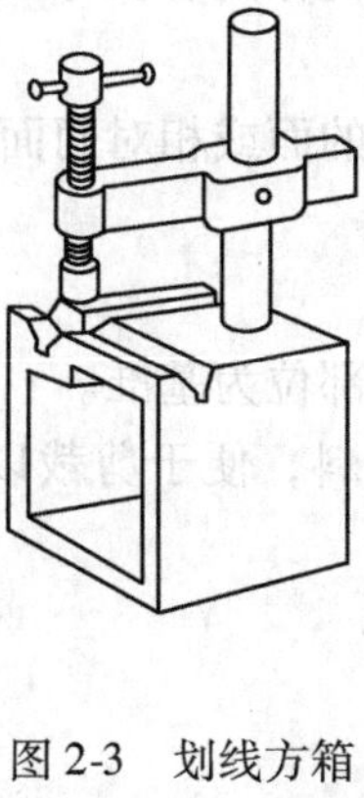

图 2-3 划线方箱

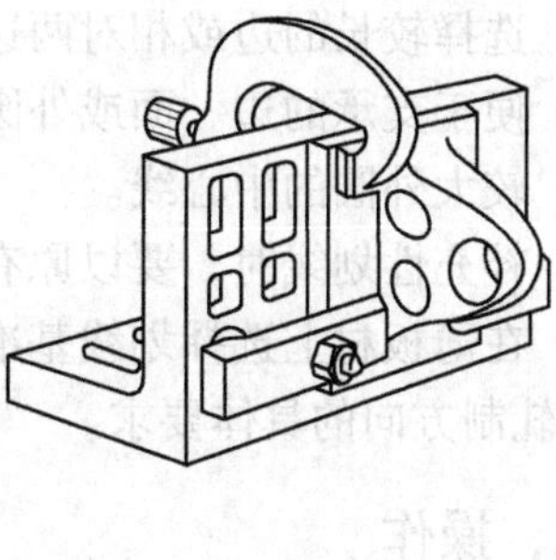

图 2-4 直角尺

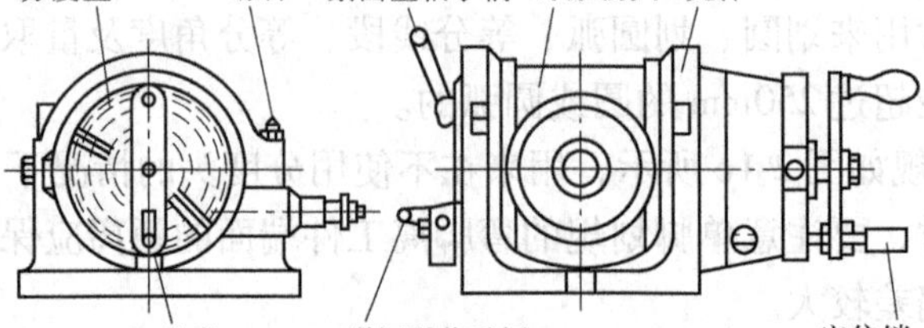

图 2-5　分度头

三、涂料

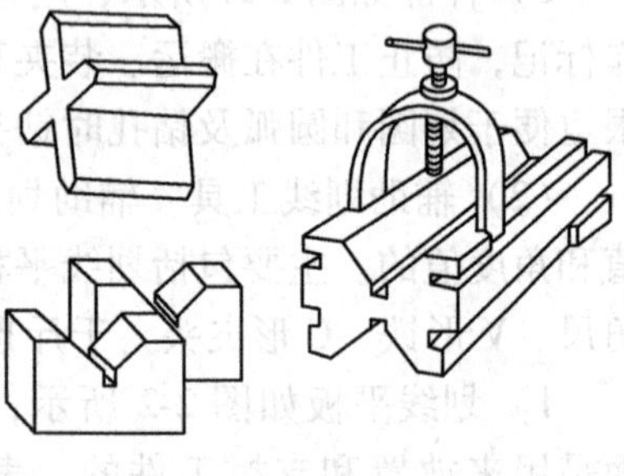

图 2-6　V 形铁

它是用来在工件的划线部位涂色，以使划出的线条醒目。常用的涂色剂及应用如下：

1）铸件、锻件毛坯常用石灰水作涂色剂。用粉笔作涂色剂也很方便。

2）已加工表面常用酒精溶液加蓝色漆片作涂色剂。这种涂色剂涂覆均匀、吸附力强、干得快，还可以用酒精擦掉。

四、基准的确定

划线时，工件上用来确定其他点、线、面位置所依据的点、线、面称为划线基准。

划线基准确定可遵循如下原则：

1）划线基准应与设计基准一致。

2）配划基准是配划工件的装配基准。

3）选择已精加工并且加工精度最高的边、面或有配合要求的边、面、外圆、孔槽和凸台的对称线。

4）选择较长的边或相对两边的对称线或是较大的面或相对两面的对称线。

5）便于支承的边、面或外圆。

6）较大外圆的中心线。

7）补充性划线时，要以原有的线或有关的装夹部位为基准。

8）在薄板材上选择划线基准时，要考虑节约用料，便于剪裁以及工艺文件上材料轧制方向的具体要求。

五、操作

1. 要点（口诀）

划线基准首选定，零件摆位并放牢，
线条清晰冲眼准，机械加工才可靠。
机修钳工配划线，相互关系要找好，
位置准确印记清，加工制造精度高。

2. 步骤

读图→准备工具、量具及辅具→检查毛坯→划线→自检→整理。

◈◈◈ 第二节　分　度　头

分度头是辅助划线工具之一（也是铣床的主要附件之一）本节以万能分度头为例介绍分度头的使用方法。

一、分度头结构及传动系统

万能分度头结构及传动系统如图 2-7 所示。

1. 主轴（9）

1）主轴 9 是空心的，两端均为莫氏 4 号锥孔，前锥孔用来装带有拨盘的顶尖，后锥孔用来装入心轴。

2）主轴的前端外部有一段定位锥体，用来与自定心卡盘的连接盘（法兰盘）配合。

3）主轴可随回转体 8 在分度头基座 10 的环形导轨内转动。

4）主轴除安装成水平位置外，还可在 -6°~90°之间内任意倾斜，其角度调整步骤是：

①　松开两个螺母 4。

②　调整至所需要的角度后，再将两个螺母 4 予以紧固。

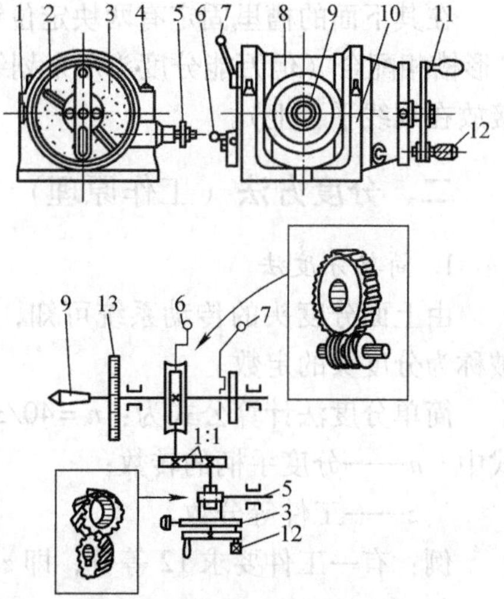

图 2-7　万能分度头结构及传动系统

1—紧固螺钉　2—分度叉　3—孔盘　4—螺母　5—交换齿轮轴　6—蜗杆脱落手柄　7—主轴锁紧手柄　8—回转体　9—主轴　10—基座　11—分度手柄　12—分度定位销　13—刻度盘

2. 刻度盘（13）

（1）刻度盘 13 被固定在主轴前端，可与主轴一起转动。

（2）刻度盘上有 0°~360°的刻度，可用来作直接分头。

3. 分度盘（3）

分度盘上有数圈在圆周上均布的定位孔。

4. 紧固螺钉(1)

用来紧固分度盘。

5. 主轴锁紧手柄(7)

其位置在分度头左侧，分度时使手柄松开，分度完毕后锁紧主轴。

6. 蜗杆脱落手柄(6)

其位置也在分度头左侧，它可使蜗杆和蜗轮脱开或啮合（蜗杆和蜗轮的啮合间隙由偏心套来调整）。

7. 分度手柄(11)

其位置在分度头的右侧，转动此手柄通过一对直齿斜齿轮（传动比为1∶1）传至一对蜗杆蜗轮（传动比为1∶40）使主轴旋转。

8. 交换齿轮轴(5)

其位置在分度盘右侧，它是用于安装交换齿轮的，它通过一对螺旋齿轮（速比为1∶1）和空套在分度手柄轴上的分度盘3相联系。

9. 分度头基座(10)

在其下面的槽里固定有两块定位键，借助这两块定位键可与铣床工作台面的T形槽相配合（但万能分度头用来划线时，两块定位键用不着，因万能分度头直接放在划线平台上）。

二、分度方法（工作原理）

1. 简单分度法

由上面分度头的传动系统可知，分度手柄转40转，主轴才转1转，“40”被称为分度头的定数。

简单分度法计算公式为：$n=40/z$

式中 n——分度手柄的转数；

z——工件等分数。

例：有一工件要求12等分，即$z=12$，求每次分度手柄的转数。

$$n=40/z=\frac{40}{12}=3\ \frac{8}{24}$$

即划完第一个等分线后，分度头手柄摇3转，再在24的孔圈上转过8个孔距，就可划出第二个等分线，依次类推，即可划出第三、第四……第十一等分线。

2. 差动分度法

当用单式分度法无法分度时，即可采用差动分度法，如图2-8所示。

差动分度就是用交换齿轮把分度头主轴和侧轴连接起来，并松开分度盘的紧固螺钉，此时，当分度手柄转动的同时，分度盘随着分度手柄以相反（或相同）方向转动，这样，分度手柄的实际转数是分度手柄相对分度盘的转数与分度盘本身转数之和。

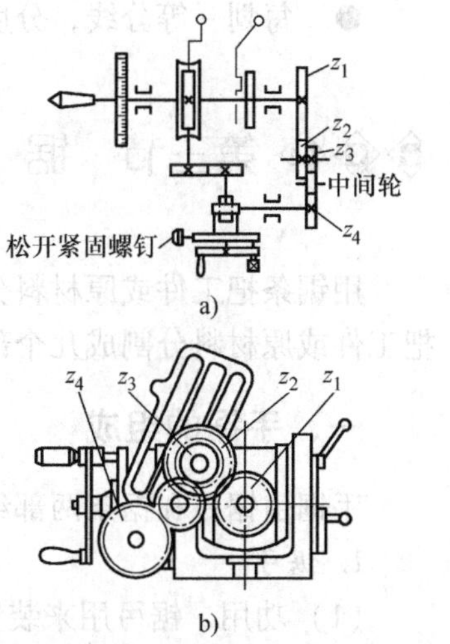

图 2-8 差动分度交换齿轮装置

其计算公式：

每次分度头手柄的转数 $n = 40/z_1$

传动比 $i = \dfrac{40\ (z_1 - z)}{z_1}$

式中 n——分度手柄的转数；

z——工件等分数；

z_1——工件假设等分数。

操作步骤：

1）假定等分数 z_1。

2）按假定等分数 z_1 计算分度手柄转数和确定所用孔圈数。

3）按计算公式计算交换齿轮后，并确定中间轮数，见表 2-1。

表 2-1 分度头交换齿轮装置

z_1 和 z 相比	传动比 i	手柄和分度盘回转方向	一对交换齿轮	二对交换齿轮
$z_1 > z$	正	相同	加一个中间轮	不加中间轮
$z_1 < z$	负	相反	加两个中间轮	加一个中间轮

4）进行差动分度。

注：选定的假定等分数 z_1 的数值只可进行简单分度；z_1 可大于也可小于实际等分数 z；当采用 $z_1 < z$ 时，分度盘和分度手柄转向相反，这样可避免传动系统间隙对分度的影响。

例：工件实际等分数为 111，即 $z = 111$，求分度头手柄转数 n 和传动比 i 等于多少？

1）假设等分数 $z_1 = 120$

2）$i = \dfrac{40\ (z_1 - z)}{z_1} = \dfrac{40\ (120 - 111)}{120} = \dfrac{80 \times 90}{60 \times 40}$

$n = \dfrac{40}{z_1} = \dfrac{40}{120} = \dfrac{20}{60}$，故选$\dfrac{20}{60}$

从上面计算可知：

● 采用两对交换齿轮，即主动轮为：80、90，从动轮为 60、40。

● 因为 $z_1 > z$，故手柄和分度盘的回转方向相同，从表 2-1 中可知，两对交换齿轮不加中间轮。

● 每划一等分线，分度盘手柄在60孔圈圆周上转过20个孔距。

◈◈◈ 第三节 锯 削

用锯条把工件或原材料分割成几个部分的加工方法叫做锯削。钳工采用手锯把工件或原材料分割成几个部分。

一、手锯的组成

手锯由锯弓和锯条两部组成。

1. 锯弓

(1) 功用 锯弓用来装置并张紧锯条。

(2) 分类及组成 通常有活动式和固定式两种形式。

1) 活动式（可调节式）。活动式的锯弓通过调整可以安装几种不同规格长度的锯条，如图2-9所示。

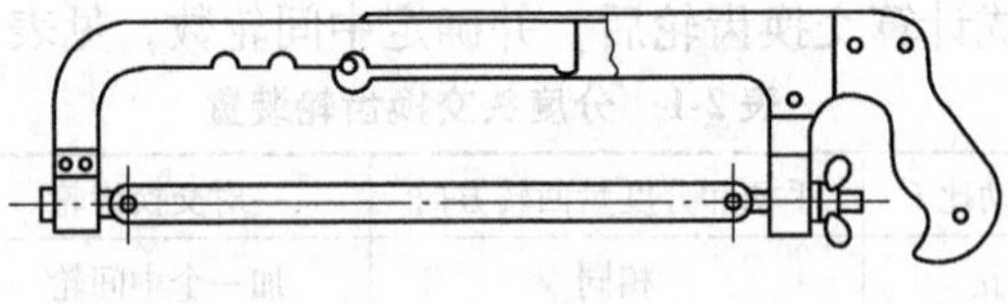

图2-9 活动式（可调节式）锯弓

其组成如下：

① 弓架由后段和前段组成，前段可在后段中伸缩，前段中有三个半圆缺口，均能和圆销相配合，组成三种不同长度的弓架，即可以安装三种长度规格的锯条。

② 在固定夹头与活动夹头之间安装锯条，旋紧蝶形螺母即可把锯条拉紧。

③ 固定夹头和活动夹头分别装在方孔导管中，当需要装锯条时，可把固定夹头和活动夹头分别从方孔导管脱出，旋转90°之后，再装入方孔导管，最后旋转蝶形螺母，即可拉紧锯条。

2) 固定式。固定式的锯弓只能安装一种长度的锯条，如图2-10所示。

其组成如下：

① 由手柄、固定夹头、弓架、活动夹头、方形导套和蝶形螺母所组成。

② 在固定夹头和活动夹头上面都有两条互相垂直的槽和两个互相垂直的孔，把锯条嵌进槽内，再将销子通过夹头上孔穿进锯条上的安装圆孔，这样即可两个互相垂直方向上装置锯条。

③ 锯条的安装方向可与弓架平行，也可与弓架垂直。

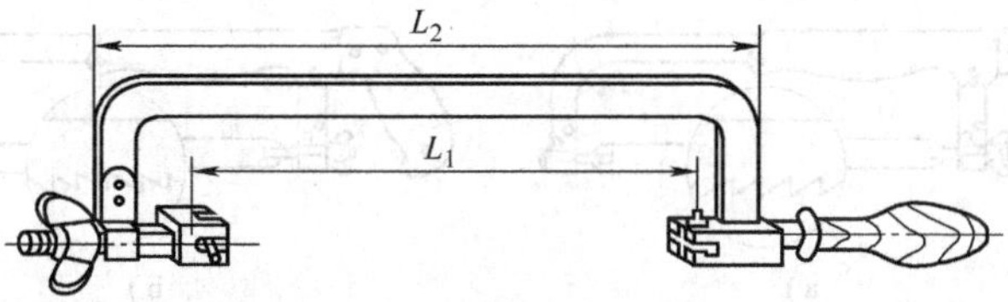

图 2-10　固定式的锯弓

④　通过活动夹头前端的螺纹，旋紧蝶形螺母，即可将锯条拉紧。

2. 锯条

（1）材料　锯条是一种已经规格化的标准刀具，通常使用碳素工具钢、合金工具钢或渗碳钢冷轧并经淬火制成。

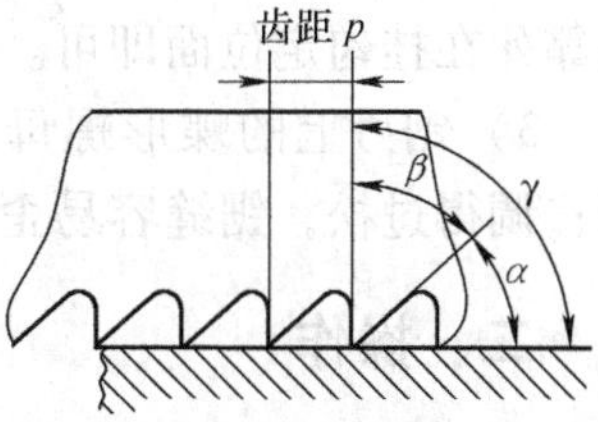

图 2-11　锯齿的形状

（2）锯齿形状及其排列。

1）形状角度　一般采用楔角 $\beta_o = 50°$，后角 $\alpha_o = 40°$，前角 $\gamma_o = 0°$，如图 2-11 所示。

2）锯齿排列　锯齿排列形式通常做成交叉形和波浪形两种，锯齿在制造时按一定的规律向左右撇开，形成锯路，以便在锯削时减少摩擦并能顺利的锯削，如图 2-12 所示。

（3）分类及其应用　按锯齿的齿距（p）可将锯条分成三类。

1）粗齿。适于锯削软材料和厚的材料。

①　齿距（p）。$p = 1.4 \sim 1.8\text{mm}$。

②　应用（适用材料）。软钢、铝、纯铜等。

2）细齿。适于锯削硬材料和薄的材料。

①　齿距（p）。$p = 0.8 \sim 1\text{mm}$。

②　应用（适用材料）。硬性金属、小而薄的型钢、板料、薄壁管子等。

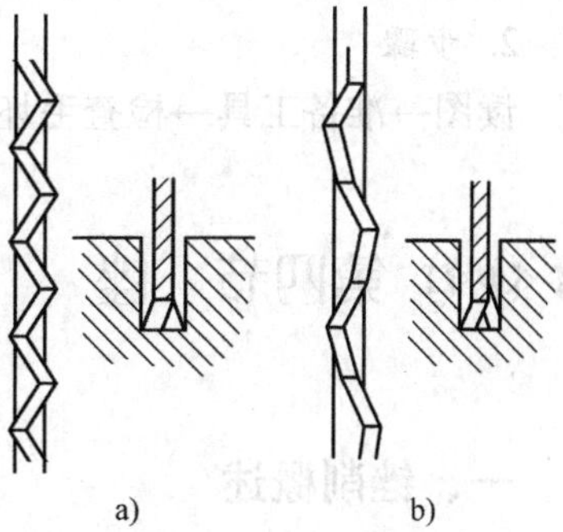

a)　　b)

图 2-12　锯齿排列型式

a）交叉形　b）波浪形

3）中齿。适于锯削介于粗齿和细齿适用材料之间的材料。

①　齿距（p）。$p = 1.2\text{mm}$。

②　应用（适用材料）。普通钢材、铸铁、黄铜、厚壁管子、较厚的型钢等。

（4）锯条的安装

1）手锯是在向前推进时进行切削的，安装锯条时，锯齿必须向前，如图 2-13 所示。

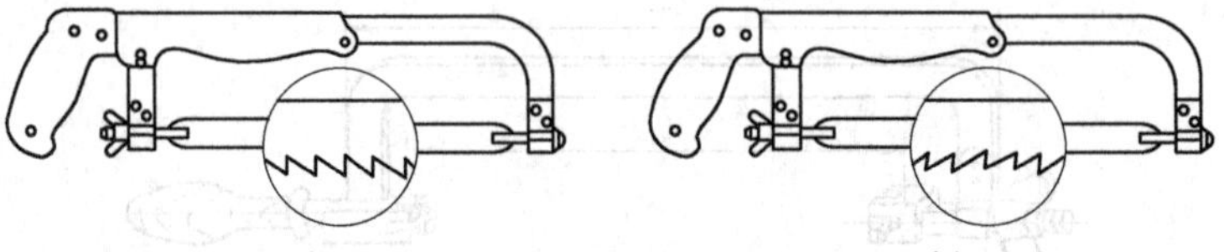

图 2-13 锯条的安装
a) 正确 b) 错误

2) 锯条平面要保持与锯弓中心平面平行，以防锯削时锯缝歪斜。一般使锯条靠死在挂勾定位面即可。

3) 锯弓上的蝶形螺母可调节锯条的松紧。锯条调得过紧，锯削时容易折断；调得过松，锯缝容易歪斜，可调整至用手扳锯条感觉硬实不弯即可。

二、操作

1. 要点（口诀）

按线起锯切口正，前扶后推身前倾；
去使匀力回轻拽，锯口平整不走歪；
锯缝偏斜莫强行，调头重锯再找正。

2. 步骤

读图→准备工具→检查毛坯→锯削→自检→整理。

第四节 锉 削

一、锉削概述

用锉刀对工件进行切削加工的方法，称为锉削。锉削可用于加工工件的内平面、外平面、内曲面、外曲面及各种复杂形状的表面。还可以配键、做样板、修整个别零件的几何形状等。锉削精度可高达 0.01mm 左右，表面粗糙度可达 $Ra0.8\mu m$ 左右。

锉削按加工表面形状的不同可分为平面锉削、曲面锉削和球面锉削。

平面锉削的方法可分为交叉锉法、顺向锉法和推锉法。交叉锉法是锉刀在与工件中心线成45°~50°角的两个方向上交叉进行锉削。顺向锉削法是顺着工件的一个方向推锉进行锉削。推锉法是将锉刀放横、双手握锉、顺着工件推锉刀进行锉削。

曲面锉削分为内圆弧锉削和外圆弧锉削，锉削内圆弧用圆锉或半圆锉。锉削时，锉刀作横向锉削，并不断地随圆弧面作摆动。锉外圆弧面用平锉，锉法可用顺向锉法或横向锉法。

二、锉刀

锉刀用碳素工具钢 T13 或 T12 制成，经热处理后切削部分硬度达 62 ~ 72 HRC。

（1）锉刀的构造　锉刀由锉身和锉柄两部分组成。锉刀各部分名称如图 2-14 所示。

1）锉刀面是进行锉削的主要工作面。锉刀面在前端作成凸弧形，上下两面都制有锉齿，便于进行锉削。

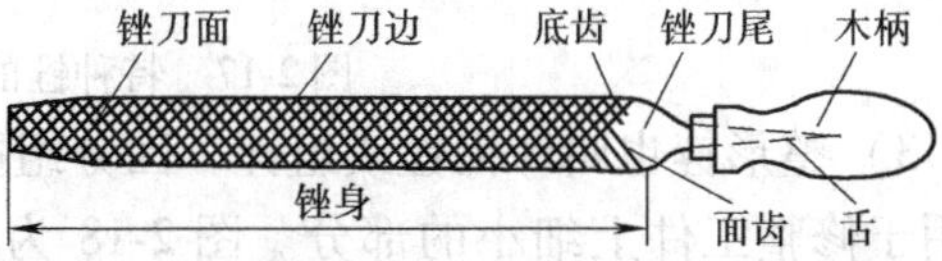

图 2-14　锉刀各部分名称

2）锉刀边是指锉刀的两个侧面，有的没有锉纹，有的其中一边制有锉纹。没有锉纹的一边叫光边，它可使锉削内直角的一个面时，不会碰伤另一相邻的面。

3）锉刀舌是用来装锉刀柄的。锉刀柄是木质的，在安装孔的一端应套有铁箍。

（2）锉齿和锉纹　锉齿是锉刀用以锉削的齿形，有剁齿和铣齿两种。剁齿系由剁锉机剁成。锉削时每个锉齿相当于一把錾子，对金属材料进行錾削。

锉纹是锉齿排列的图案。锉刀的齿纹有单齿纹和双齿纹两种。

1）单齿纹是指锉刀只有一个方向的齿纹，如图 2-15 所示。单齿纹多为铣制齿，正前角切削，齿的强度弱，全齿宽同时参加切削，需要较大的切削力，因此适用于锉削软材料。

2）双齿纹是指锉刀上有两个方向排列的齿纹。双齿纹大多为剁齿，先剁上去的为底齿纹（齿纹浅），后剁上去的为面齿纹（齿纹深）。使面齿纹和底齿纹的方向和角度不一样，如图 2-15b 所示。这样形成的锉齿，沿锉刀中心线方向形成倾斜和有规律地排列。锉削时，每个齿的锉痕交错而不重叠，锉面比较光滑。锉削时切屑是碎断的，使锉削省力。锉齿强度也高，适于锉硬材料。

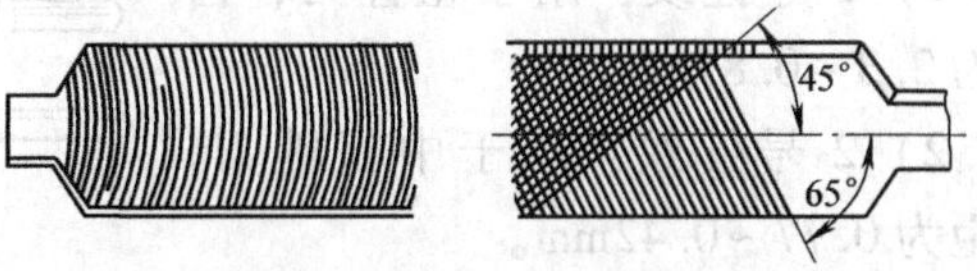

a）　　b）

图 2-15　锉刀的齿纹

a）单齿纹　b）双齿纹

（3）锉刀的种类　锉刀分钳工锉、异形锉和整形锉三类。

1）钳工锉按其断面形状不同，又分扁锉（板锉）、方锉、三角锉、半圆锉和圆锉五种，如图2-16所示。

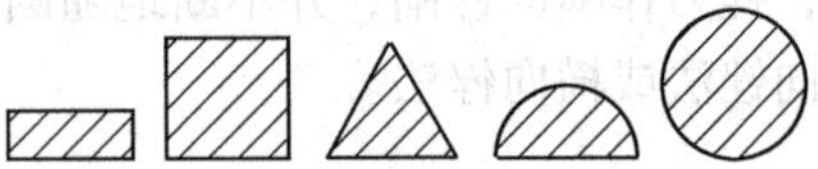

图2-16 普通锉的断面形状

2）异形锉是用来加工零件的特殊表面的。有刀形锉、菱形锉、单面三角锉、椭圆锉、棱边锉等，如图2-17所示。

图2-17 特种锉的断面形状

3）整形锉也叫什锦锉或组锉，因分组配备各种断面形状的小锉而得名。主要用于修整工件上细小的部分。图2-18为整形锉的各种形状，通常以5把、6把、8把、10把或12把为一组。

（4）锉刀的规格 分锉刀的尺寸规格和锉齿的粗细规格。

锉刀的尺寸规格，不同的锉刀用不同的参数表示。圆锉刀的尺寸规格以直径表示；方锉刀的规格以方形尺寸表示；其他锉刀以锉身长度表示。如扁锉常用的有100mm、150mm、200mm、250mm、300mm等。

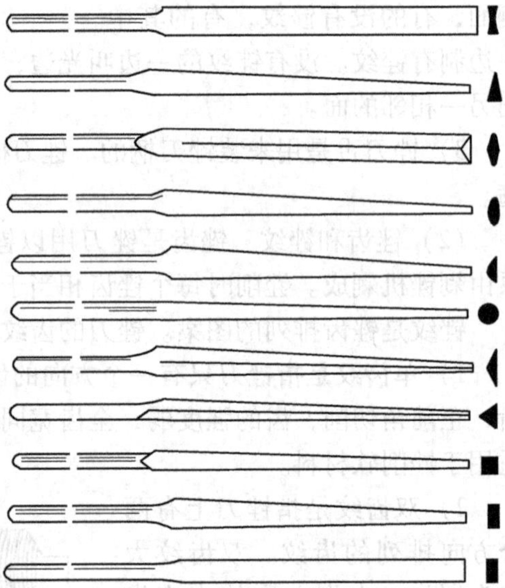

图2-18 整形锉

锉齿的粗细规格是按锉刀齿纹的齿距大小来表示的。其粗细等级分为以下几种：

1）1号锉纹：用于粗锉刀，齿距为2.3～0.83mm。

2）2号锉纹：用于中粗锉刀，齿距为0.77～0.42mm。

3）3号锉纹：用于细锉刀，齿距为0.33～0.25mm。

4）4号锉纹：用于双细锉刀，齿距为0.25～0.2mm。

5）5号锉纹：用于油光锉，齿距为0.2～0.16mm。

（5）锉刀的选择 每种锉刀都有它一定的用途，锉削前必须认真选择合适的锉刀。如果选择不当，就不能充分发挥它的效能或过早的丧失切削能力，不能保证锉削质量。

正确的选择锉刀要根据加工对象的具体情况，从如下几方面考虑：

1）锉刀断面形状要和工件形状相适应，如图 2-19 所示。

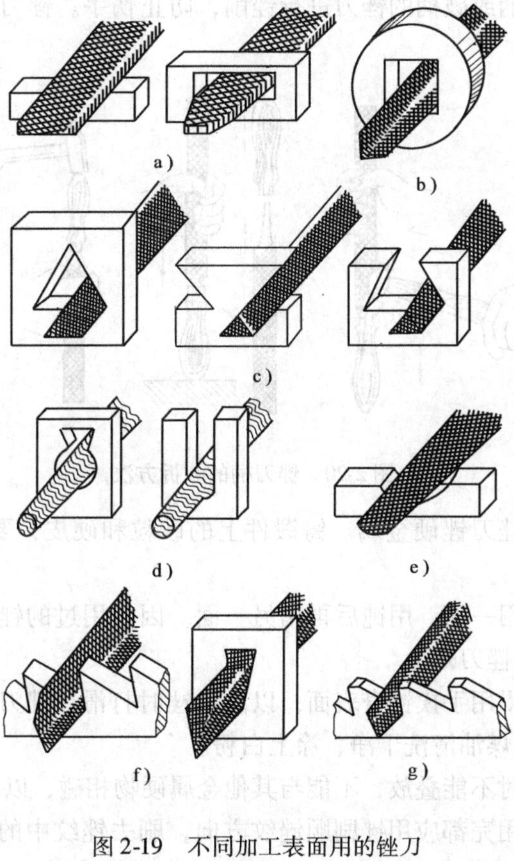

图 2-19　不同加工表面用的锉刀

a）扁锉　b）方锉　c）三角锉　d）圆锉　e）半圆锉　f）菱形锉　g）刀形锉

2）锉纹的选择取决于工件加工余量的大小、加工精度和表面粗糙度要求的高低、工件材料的软硬等。粗锉刀适用于锉削加工余量大、加工精度低和表面粗糙度要求低的工件；细锉刀适用于锉削加工余量小、加工精度高和表面粗糙度要求高的工件。

锉削软材料时，要用专用的软材料锉刀，即单齿纹锉刀或粗齿锉刀。因其容屑空间大，不易堵塞。如果用细齿锉刀锉软材料，则很快因切屑堵塞容屑槽而失去切削能力。

3）锉刀尺寸规格的选择取决于工件加工面尺寸的大小和加工余量的大小。加工面尺寸较大，加工余量也较大时，宜选用较长锉刀；反之，则选用较短的锉刀。

（6）锉刀的使用规则　正确地使用和保养锉刀可以延长其使用寿命，保证安全生产。使用时必须遵守下列规则：

1）不准用无柄或破柄的锉刀进行锉削，防止伤手。锉刀柄的正确装拆方法如图2-20所示。

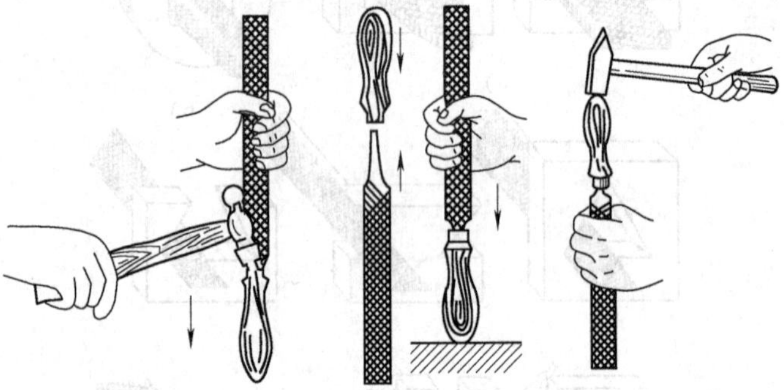

图2-20　锉刀柄的装拆方法

2）不得用新锉刀锉硬金属。铸锻件上的砂粒和硬皮，要先用砂轮磨掉后，才能锉削。

3）锉刀应先用一面，用钝后再用另一面。因为用过的锉面容易锈蚀，两面同时都用，会缩短锉刀寿命。

4）锉削中不得用手摸锉身表面，以防再锉时打滑。锉刀严禁接触油类，粘着油脂的锉刀要用煤油清洗干净、涂上白粉。

5）锉刀放置时不能叠放，不能与其他金属硬物相碰，以免损坏锉齿。

6）锉刀每次用完都应用锉刷顺锉纹方向，刷去锉纹中的残留锉屑。使用过程中发现锉屑嵌在锉纹中，也要及时刷去。若嵌入的锉屑大，要用铜片去除。图2-21所示为锉屑清除方法。

7）不能将锉刀当锤子或撬杠使用，否则极易损坏锉刀。

三、操作

1. 要点（口诀）

前腿微弓后腿绷，两手握锉身前倾；
侧体端臂施推力，锉距相等锉刀平；
重心移动带双臂，交叉锉削面光整；
回锉抬刀不伤面，稳落轻起又一程。

2. 步骤

读图→准备工具、量具及辅具→检查毛坯→锉削→检查→整理。

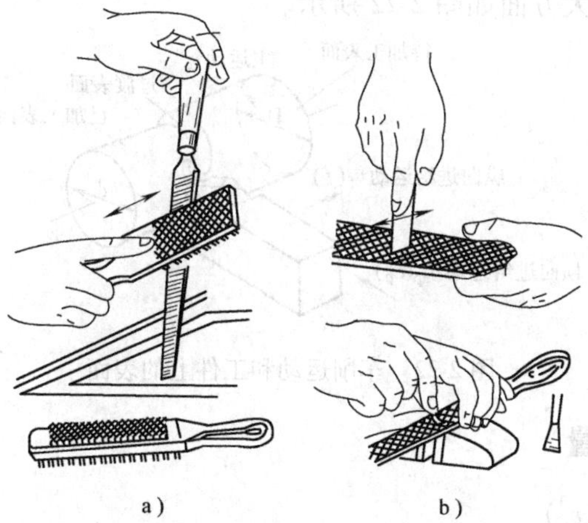

图 2-21 清除锉屑
a）用钢丝刷 b）用铜片

第五节 金属切削知识

一、运动分类

1. 主运动

由机床或人力提供的主要运动，称之为主运动。它促使刀具和工件之间产生相对运动，从而使刀具前面接近工件。

2. 进给运动

由机床或人力提供的运动，它使刀具与工件之间产生附加的相对运动，再加上主运动，即可不断地或连续地切除切屑，从而得出具有所需几何特性的已加工表面。

二、工件上的表面分类

1. 待加工表面

待加工表面即指工件上有待切除的表面。

2. 已加工表面

已加工表面即指工件上经刀具切削后形成的表面。

3. 过渡表面

过渡表面即指工件上由切削刃形成的那部分表面，在下一切削行程，刀具或工件下一转里它将被切除，或者由下一切削刃将其切除。

上述讲到的两大方面如图 2-22 所示。

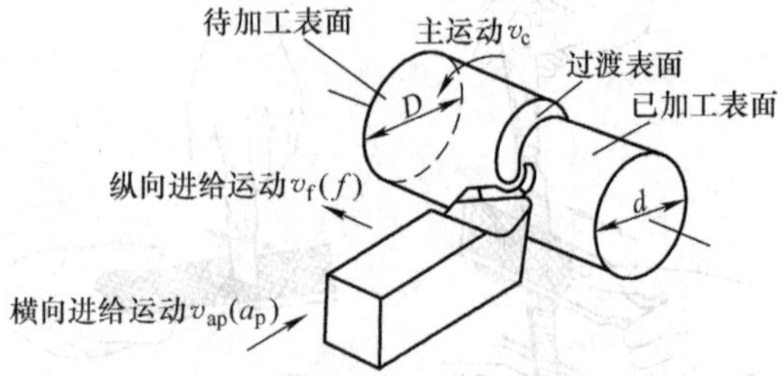

图 2-22　车削运动和工件上的表面

三、切削用量

1. 切削速度（v_c）

切削速度就是指在切削加工时，刀具切削刃选定点相对于工件的主运动的瞬时速度，其单位为 m/s。

2. 进给量（f）

进给量就是指工件或刀具的主运动每转一转或每往复一行程时（或每齿），刀具切削刃相对工件在进给运动方向的移动量，其单位为 mm/r。

3. 背吃刀量（a_p）

背吃刀量就是指在通过切削刃基点并垂直于工作平面的方向上测量的吃刀量，其单位为 mm。

四、刀具的几何角度

以车刀为例，车刀的组成、辅助平面及车刀的几何角度分别如图 2-23、图 2-24 及图 2-25 所示。

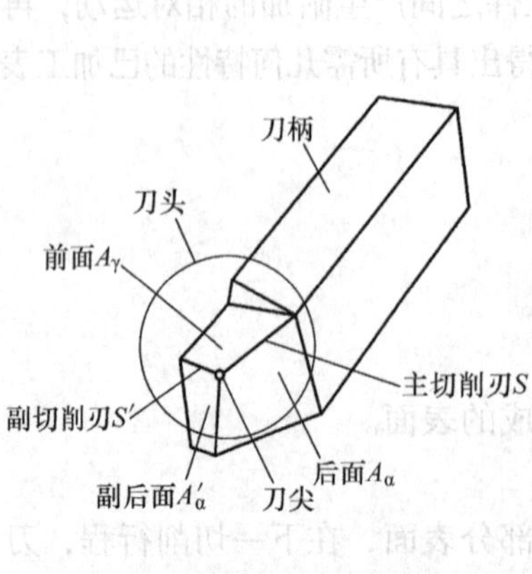

图 2-23　车刀的组成

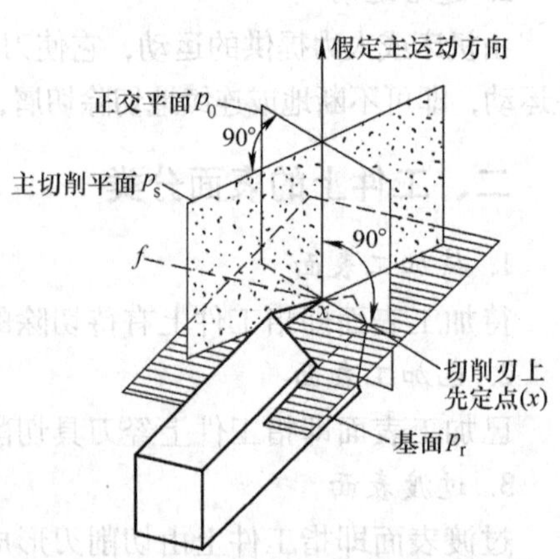

图 2-24　辅助平面

主要有以下几个角度：

1. 前角 γ_o

前角 γ_o 是指在主剖面内，前面与基面之间的夹角。

2. 后角 α_o

后角 α_o 是指在主剖面内，后面与切削平面之间的夹角。

3. 主偏角（κ_r）

主偏角 κ_r 是指主切削平面与假定工作平面间的夹角。

4. 副偏角（κ_r'）

副偏角 κ_r' 是指副切削平面与背平面间的夹角。

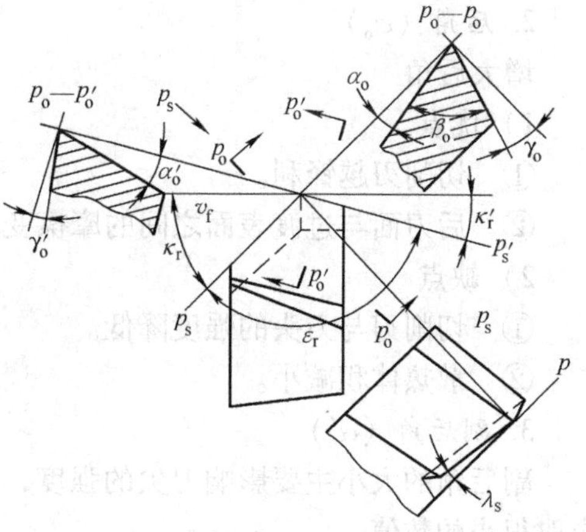

图 2-25 车刀的几何角度

5. 刃倾角（λ_s）

刃倾角 λ_s 是指在切削平面内，主切削刃与基面之间的夹角。

6. 副后角（α_o'）

副后角 α_o' 是指在副剖面内，副后面与副切削平面之间的夹角。

除上述 6 个主要角度外，还有刀尖角（ε_r）、楔角（β_o）、副前角（γ_o'），它们可以通过计算而得到，故称它们为派生角。

五、刀具几何参数对切削性能的影响

主要是说明上述 6 个主要角度对切削性能的影响。

1. 前角 γ_o

（1）增大前角

1）优点

① 可减小切削力的三个分力。

② 可减少切削热。

③ 可减少切削功率的消耗。

2）缺点

① 刀头强度下降。

② 不易散热。

③ 不易断削。

（2）前角太小或采用负前角 缺点是：

1）切削时振动大。

2）加工表面粗糙。

2. 后角（α_o）

增大后角

1）优点

① 切削刃越锋利。

② 后刀面与过渡表面之间的摩擦变小。

2）缺点

① 切削刃与刀头的强度降低。

② 散热体积减小。

3. 副后角（α_o'）

副后角的大小主要影响刀尖的强度，通常 α_o'等于后角 α_o，但对薄片刀具 α_o'应取很小的数值。

4. 主偏角（κ_r）

（1）主偏角选大值的优点

① 减小切削力

② 背向力 F_p 减小。

③ 切屑易折断。

（2）主偏角选小值的优点

① 降低切削温度。

② 提高刀具寿命。

5. 副偏角（κ_r'）

（1）副偏角选小值的优点

① 降低工件表面粗糙度值。

② 提高刀具强度。

（2）副偏角选小值的缺点　副偏角太小会引起振动。

6. 刃倾角（λ_s）

（1）加大刃倾角的绝对值　其优点是可使切削刃变得很锋利。

（2）负刃倾角

① 使刀头强固。

② 避免刀尖受冲击。

③ 提高刀具寿命。

第六节　錾　　削

錾削是用锤子打击錾子对金属工件进行切削的加工方法。

机修钳工的錾削多用于錾油槽、切板料及去除很少多余金属的粗加工。

一、錾子

錾子是一种切削工具，一般用优质碳素工具钢锻成，经淬火、回火处理、刃磨后使用。

（1）种类（图2-26）

1）扁錾是使用最多的一种錾子，主要用来去毛刺、去废边、平整表面及分割板材。

2）狭錾主要用来錾槽，分割曲线形板材。

3）油槽錾是用来錾削平面和曲面上的润滑油槽。

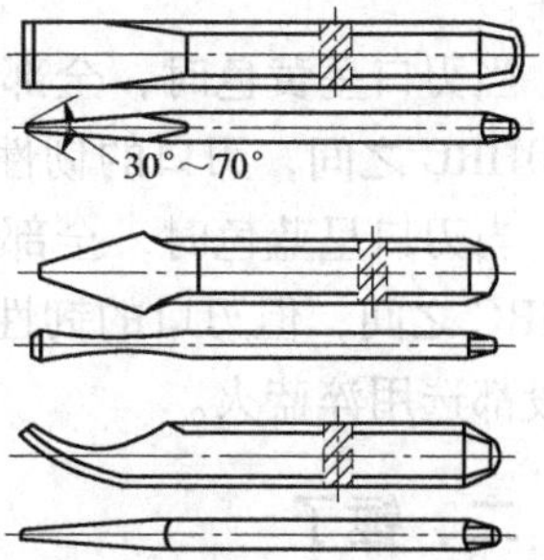

图2-26 錾子种类

（2）构造 錾子由錾顶、錾身、錾刃三部分组成。錾顶部分的形状如图2-27所示。顶面略带球面，且棱边倒角。錾子顶面至錾身呈锥体过渡，这样可使锤击力的方向通过锤击点平稳的对向錾刃中心，使锤击不易偏重，錾刃不易损坏，錾削平整。錾身的形状应制成扁平形或棱形，以便錾子在手中握持控制方向时不致转动。錾身的长短可根据需要确定，一般扁錾的总长度约为180～200mm。錾刃由两个刃面组成。扁錾的切削部分扁平，刃口略带弧形，狭錾的切削刃较短，刃口的两侧有倒锥，目的是防止錾削时錾子被槽卡死。油槽錾的切削刃也很短，并呈圆弧形。

錾子的楔角一般选用60°～70°，碳钢和合金材料的錾削，楔角为50°～60°，软金属的錾削（如低碳钢），楔角为30°～50°。

（3）热处理 錾子的热处理包括錾子的淬火和回火两部分。以T8工具钢为例，如图2-28所示。

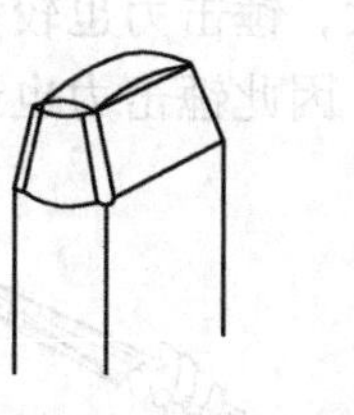
图2-27 錾顶

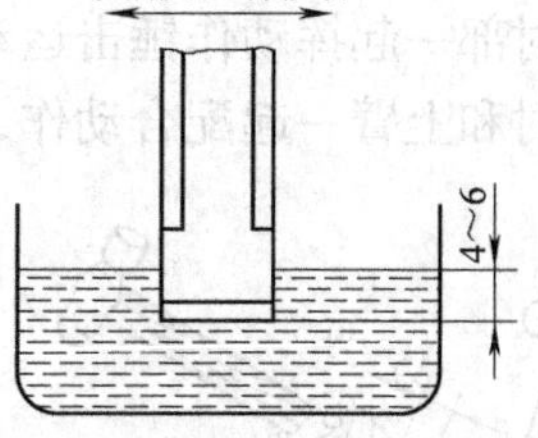

图2-28 錾子淬火示意图

淬火是把錾子切削刃部位放到炉中加热到750～780℃（呈暗樱红色），保持一定时间后取出，迅速垂直地放入冷水中，插入深度约4～6mm，并沿水面作小幅度的水平移动，目的是加速冷却，提高锋口的硬度，同时使淬硬部分和不碎硬部分不致于有明显的界限，錾子不易在界限部分断裂。

錾子的回火是利用錾身上部原有的热量进行的。当錾子露出水面部分由暗樱红色变成黑色时，马上从水中取出，并注意观察刃口的颜色，刚出水时，呈白色，刃口温度逐渐上升，颜色也会由白变黄，再由黄色变成蓝色。此时把錾子全部投入水中，冷却到室温，完成回火操作。回火的目的是使锋口部分保持一定的韧性。

当刃口呈黄色时，全部放入水中冷却叫淬黄火。淬黄火，刃口的硬度在50~60HRC之间，刃口的韧性低些。

当刃口呈蓝色时，全部放入水中冷却叫淬蓝火。淬蓝火的刃口硬度在45~50HRC之间，但刃口的韧性较淬黄火的韧性好，使用寿命长，且刃口不易崩裂。一般都选用淬蓝火。

二、锤子

锤子是一种敲击工具。用来敲击錾子及拆装工件。

（1）种类　按锤头重量大小分为0.25kg、0.5kg、1kg等几种。

（2）构造　如图2-29所示。锤头用碳素工具钢经淬硬处理。木柄用较坚韧的木材，长约350mm，装入锤孔后，用斜铁楔紧，防止锤头脱落。

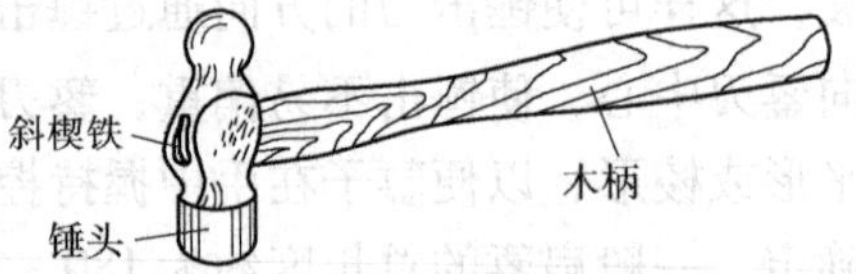

图2-29　锤子

（3）握法、挥法　如图2-30所示及图2-31所示。锤子的握法习惯分“紧握法”和“松握法”两种，握持点至锤头的距离一般等于自己小臂的长度。握持点至木柄尾端宜留出15~30mm。锤子的重量可根据自己的臂力选定。挥锤方法分腕挥法、肘挥法和臂挥法。如图2-32所示。腕挥法是靠手腕的动作挥锤，挥锤时小臂随手腕稍作摆动，这种挥锤法打的稳、准，但锤击力较小。肘挥法是用手腕和肘部一起挥动作锤击运动，挥动的幅度较大，锤击力也较大。臂挥法是用手腕、肘和上臂一起配合动作，挥动的幅度最大，因此锤击力也最大。

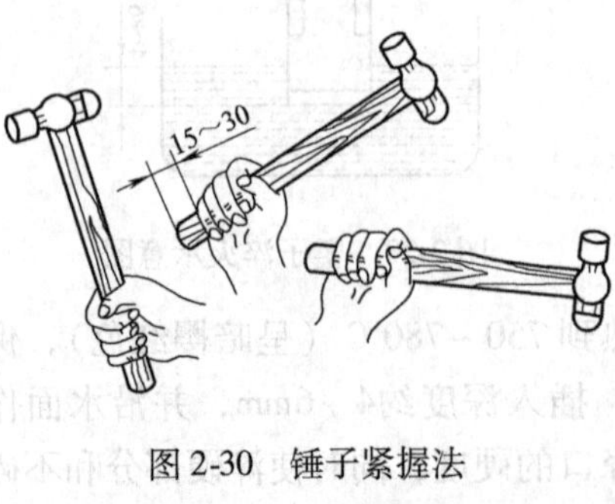

图2-30　锤子紧握法

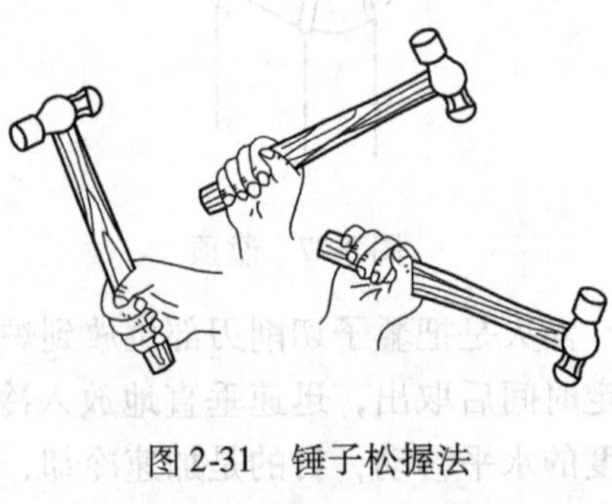
图2-31　锤子松握法

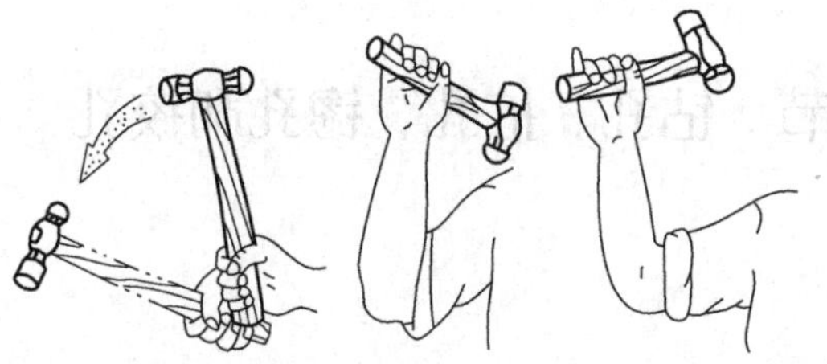

a)　　b)　　c)

图 2-32　挥锤方法

a）腕挥　b）肘挥　c）臂挥

三、操作

錾削时，根据具体情况选择适当的錾子、锤子、握錾方法、挥锤方法以及正确的站位姿势，以求操作起来省力、安全、高效率地进行錾削。

在錾削过程中，后角保持5°~8°，最为恰当。

1. 要点（口诀）

钳口切线要对齐，握錾轻松站好位；
錾削角度摆对时，目视錾口猛挥锤；
锤击錾顶向前推，锤头起落稳准狠；
錾到末尾力宜小，安全操作尤重要。

2. 步骤

读图→准备工具、量具→錾削→自检→整理。

四、錾子刃磨

1）刃磨时右手的拇指和食指握持錾身，将錾刃轻放在高于砂轮水平中心的外圆表面上。

2）左手拇指和食指则握住錾身，使其沿砂轮表面全宽作往复直线移动（也可微带摆动，以产生刃口略带弧形效果），并控制錾子的方向和位置，以保证磨出所需的楔角。

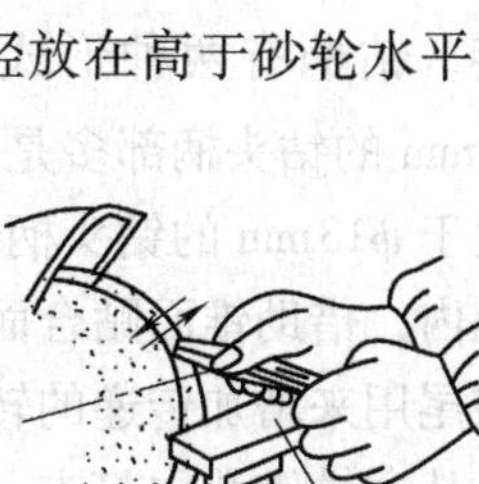

图 2-33　錾子刃磨

3）刃磨时，右手对錾子的压力不宜过大，往复移动时要平稳、均匀，要经常蘸水冷却，防止刃口退火。

4）两切削面应交换着刃磨，以保证切削刃两侧对称。

5）刃磨时，还必须注意砂轮机上搁架与砂轮间的距离不能过大，以防錾子被带入砂轮，挤在砂轮与搁架之中，造成砂轮爆裂等安全事故。

第七节 钻孔、扩孔、锪孔和铰孔

一、钻孔

钻孔是用钻头在实体材料上加工孔的方法。它主要用于螺纹过孔，铰前底孔、镗前底孔、螺纹底孔及铆钉孔等精度较低和表面质量要求不高的孔类加工。

(1) 精度　钻孔的尺寸公差等级可达IT10~IT11，表面粗糙度值一般为Ra50~12.5μm。

(2) 钻头　钻头是一种标准刀具。钻孔时，钻头通过两条对称排列的切削刃对材料进行切削，完成孔加工。钻头有扁钻、中心钻和麻花钻等几种。应用最多的是麻花钻。

1) 构成：麻花钻用高速钢W18Cr4V材料制成，钻头直径大于6~8mm时，柄部用45钢制造，也有在切削刃部焊硬质合金材料制成，以钻削硬度较大的材料。高速钢钻头淬火硬度达62~68HRC，柄部硬度也达30~35HRC。它的表面可分为柄部、颈部和工作部分，如图2-34所示。柄部用作使钻头和钻床主轴相连接，钻柄有两种形式，直径小于φ13mm的钻头柄部多是圆柱形，借助钻夹头把它安装并夹紧在钻床主轴上。直径大于φ13mm的钻头柄部多是莫氏锥柄，见表2-2所列，能直接插入钻床主轴锥孔内，借助锥面贴合面间产生的摩擦力传递转矩，借助锥面传递轴向力。柄部的扁尾用来增加传递的转矩，避免钻头在主轴孔或钻套中打滑，并便于用楔铁把钻头从主轴锥孔中打击。颈部为磨制钻头时砂轮退刀工艺槽，一般在此处刻印钻头规格及商标。工作部分由切削部分和导向部分组成。

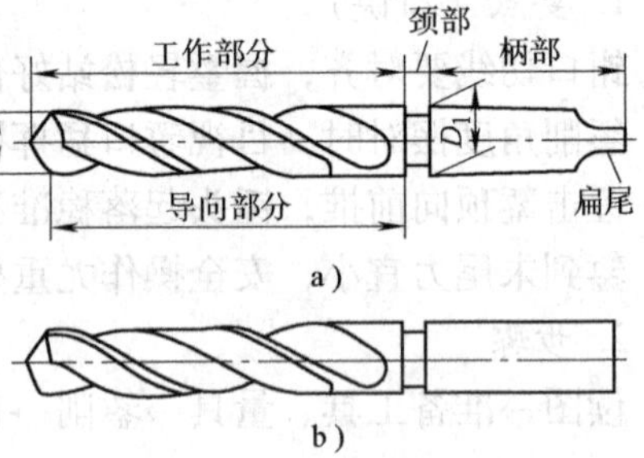

图2-34　麻花钻
a) 锥柄的　b) 直柄的

表2-2　莫氏锥柄的钻头直径　（单位：mm）

莫氏锥柄号	1	2	3	4	5	6
钻头直径 D	6~15.5	15.6~23.5	23.6~32.5	32.6~49.5	49.6~65	~80

2) 切削部分的几何参数：图2-35表示麻花钻切削部分的前面、主后隙面、

副后隙面，主切削刃、横刃和副切削刃的位置。钻头在切削时，这些面和刃又形成了顶角、前角、后角、螺旋角和横刃斜角等。

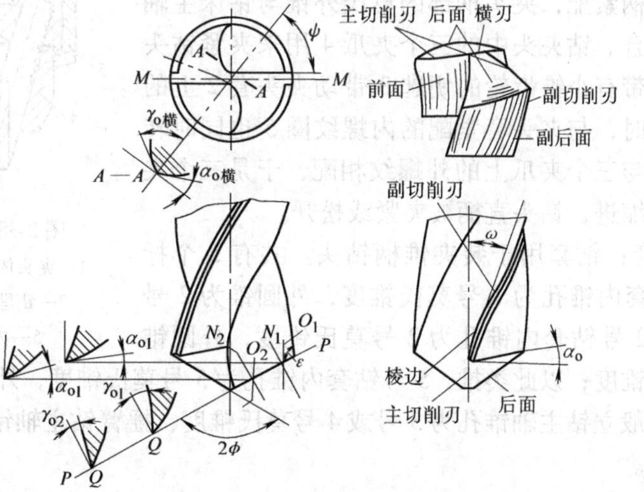

图 2-35　麻花钻的几何参数

3）刃磨：在砂轮上修磨钻头的切削部分，以得到所需的几何形状及角度，叫钻头的刃磨，如图 2-36 所示。

刃磨的操作要点：

钻刃摆平轮面靠，钻轴左斜出顶角，

由刃向背磨后面，上下摆动尾别翘，

左右刃面交替磨，两边对称要确保。

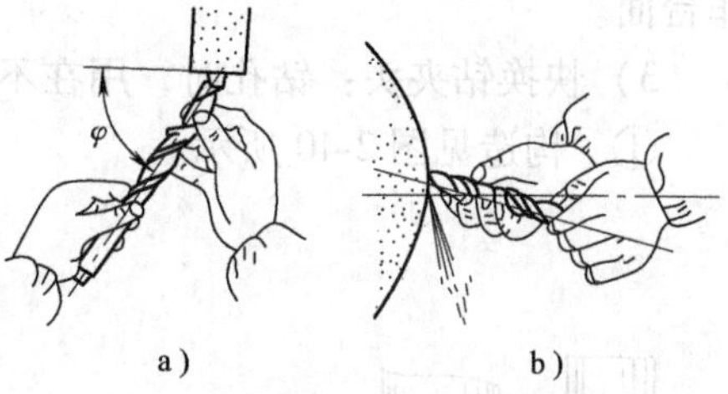

图 2-36　钻头的刃磨

4）修磨：为适应不同的钻削状态，而达到不同的钻削目的，在砂轮上对麻花钻原有的切削刃、边和面进行修改磨制，以得到所需的几何形状，叫作麻花钻的修磨。横刃经修磨后，减少了轴向阻力和挤刮现象，定心作用也得到改善，横刃的修磨如图 2-37 所示。

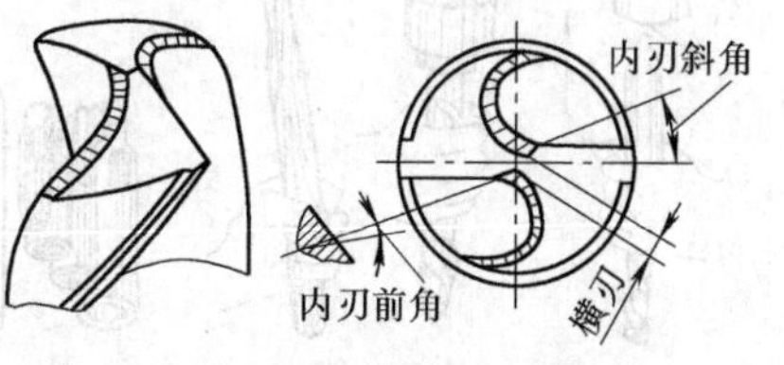

图 2-37　横刃修磨

横刃修磨的操作要点：

钻轴左倾 15°，尾柄下压 55°。

外刃、轮侧夹"τ"角，钻心缓进别烧糊。

（3）工具　常用的工具有钻夹头、钻头套以及快换钻夹头等。

1）钻夹头：钻夹头用来装夹 ϕ13mm 以内直柄钻头。

① 构造见图2-38所示。

② 使用方法：在图2-38中，夹头体上端的锥孔用以与夹头柄紧配，夹头柄部的莫氏外锥与钻床主轴莫氏锥孔配合。钻夹头中的三个夹爪4用来夹紧钻头的直柄。当带有小锥齿轮的钥匙3带动夹头套2上的锥齿轮转动时，与夹头套紧配的内螺纹圈5也同时转动，螺纹圈与三个夹爪上的外螺纹相配，于是三个夹爪便伸出或缩进，钻头直柄被夹紧或松开。

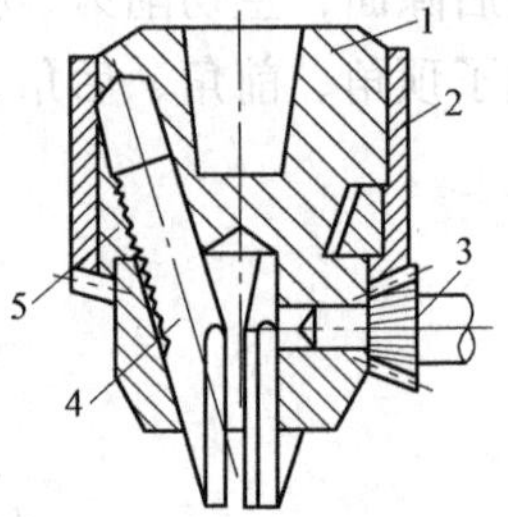

图2-38 钻夹头
1—夹头体 2—夹头套
3—钥匙 4—夹爪
5—内螺纹圈

2）钻套：钻套用于装夹锥柄钻头。共有5个标号：1号钻套内锥孔为1号莫氏锥度，外圆锥为2号莫氏锥度；2号钻套内锥孔为2号莫氏锥度，外圆锥为3号莫氏锥度；以此类推，5号钻套内锥孔为5号莫氏锥度，外圆锥为6号莫氏锥度。一般立钻主轴锥孔为3号或4号莫氏锥度，摇臂钻主轴锥孔为5号或6号莫氏锥度。

① 构造如图2-39c所示。

② 使用方法如图2-39所示为：图2-39a为安装钻套；图2-39b为拆卸钻头套。拆卸时，将楔铁的圆弧面向上插入主轴或过渡钻套的长槽孔中，加力，同时用手握住钻头或在钻头与工作台面之间垫上木板，以防钻头掉落后损伤钻头或工作台面。

3）快换钻夹头：钻孔时，用在不停机的情况下更换钻夹头。

① 构造见图2-40所示。

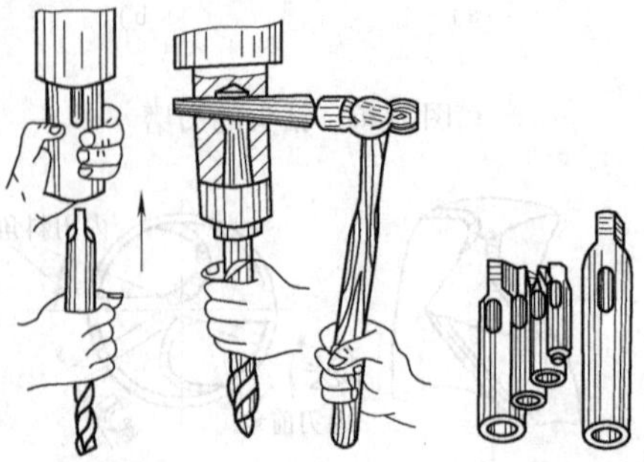

图2-39 钻套及其拆装

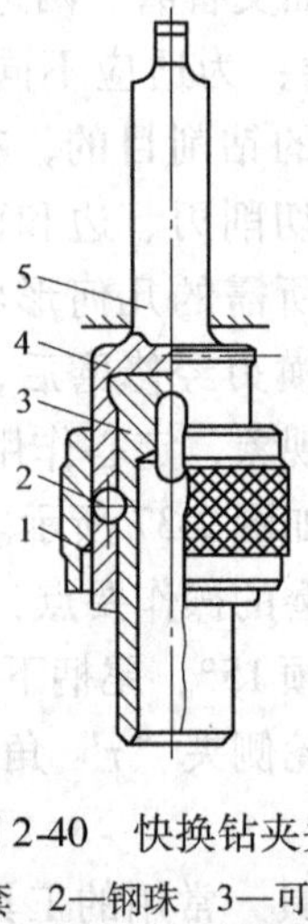

图2-40 快换钻夹头
1—滑套 2—钢珠 3—可换钻套
4—弹簧卡环 5—夹头体

② 使用方法：钻夹体的莫氏锥柄装在主轴锥孔内。3 是可换钻套，根据加工孔的需要做若干个，并预先装好所需刀具。可换钻套的外圆表面有 2 个凹坑，嵌入钢珠 2 时，便可传递转矩，滑套 1 的内孔与夹头体为间隙配合。当需要更换钻头时，不必停机，只要用手把滑套向上推，两粒钢珠受离心力的作用贴于滑套端的大孔表面。此时，便可将装有钻头的可换钻套取出，再插入另一装有不同直径钻头的可换套，并放下滑套，使两粒钢珠重新嵌入可换套的两个凹坑内，将可换套夹紧，带动刀具转动。弹簧卡环 4 有上、下两个，用以限制滑套上下移动时的位置。

（4）切削液　对不同的材料，在钻孔时，注入充足的切削液有利于切削热的散发，防止刃部产生积屑瘤和加工表面硬化，同时能减少切削摩擦，降低钻削阻力，提高钻头的切削能力和孔壁的表面质量。

（5）切削用量及其选择　钻削过程中，切削速度、进给量和吃刀量三要素称为钻削切削用量。

选择原则：在保证达到加工精度、表面粗糙度和保证钻头合理寿命的条件下，使生产效率最高，同时又不允许超过机床的功率和机床、刀具及工件夹具等的强度和刚度。具体选择，可查表2-3、表2-4 求得。

表 2-3　钻钢料时的切削用量表（用切削液）

钢材的性能	进给量 f/（mm/r）													
	0.20	0.27	0.36	0.49	0.66	0.88								
	0.16	0.20	0.27	0.36	0.49	0.66	0.88							
	0.13	0.16	0.20	0.27	0.36	0.49	0.66	0.88						
好	0.11	0.13	0.16	0.20	0.27	0.36	0.49	0.66	0.88					
↓	0.09	0.11	0.13	0.16	0.20	0.27	0.36	0.49	0.66	0.88				
↓		0.09	0.11	0.13	0.16	0.20	0.27	0.36	0.49	0.66	0.88			
↓			0.09	0.11	0.13	0.16	0.20	0.27	0.36	0.49	0.66	0.88		
差				0.09	0.11	0.13	0.16	0.20	0.27	0.36	0.49	0.66	0.88	
					0.09	0.11	0.13	0.16	0.20	0.27	0.36	0.49	0.66	0.88
						0.09	0.11	0.13	0.16	0.20	0.27	0.36	0.49	0.66
							0.09	0.11	0.13	0.16	0.20	0.27	0.36	0.49
钻头直径 d/mm	切削速度 v_c/（m/min）													
≤4.6	43	37	32	27.5	24	20.5	17.7	15	13	11	9.5	8.2	7	6
≤9.6	50	43	37	32	27.5	24	20.5	17.7	15	13	11	9.5	8.2	7
≤20	55	50	43	37	32	27.5	24	20.5	17.7	15	13	11	9.5	8.2
≤30	55	55	50	43	37	32	27.5	24	20.5	17.7	15	13	11	9.5
≤60	55	55	55	50	43	37	32	27.5	24	20.5	17.7	15	13	11

注：钻头为高速钢标准麻花钻。

表 2-4　钻铸铁时的切削用量表

铸铁硬度（HBW）	进给量 f/（mm/r）												
140～152	0.20	0.24	0.30	0.40	0.53	0.70	0.95	1.3	1.7				
153～166	0.16	0.20	0.24	0.30	0.40	0.53	0.70	0.95	1.3	1.7			
167～181	0.13	0.16	0.20	0.24	0.30	0.40	0.53	0.70	0.95	1.3	1.7		
182～199		0.13	0.16	0.20	0.24	0.30	0.40	0.53	0.70	0.95	1.3	1.7	
200～217			0.13	0.16	0.20	0.24	0.30	0.40	0.53	0.70	0.95	1.3	1.7
218～240				0.13	0.16	0.20	0.24	0.30	0.40	0.53	0.70	0.95	1.3
钻头直径 d/mm	切削速度 v_c/（m/min）												
≤3.2	40	35	31	28	25	22	20	17.5	15.5	14	12.5	11	9.5
≤8	45	40	35	31	28	25	22	20	17.5	15.5	14	12.5	11
≤20	51	45	40	35	31	28	25	22	20	17.5	15.5	14	12.5
>20	55	53	47	42	37	33	29.5	26	23	21	18	16	14.5

注：钻头为高速钢标准麻花钻。

当加工条件特殊时，可参考上面两表作一定的修正或根据试验确定。

（6）操作　钻孔一般都将工件拿到立钻、台钻或摇臂钻处加工。钻削时，要注意零件的定位、夹紧钻头的找正及切削用量的选择。

机修钳工的钻孔也常用手电钻和风钻在现场实施。

1）要点（口诀）

①　用手电钻钻削平面上的孔

对准垂直站好位，双手用力照直钻；
钻头钻孔成一线，钻到末位要轻推。

②　在圆柱形工件上钻孔

主轴锥棒找同轴，锥棒V块要相吻；
工件V块定好位，再来钻孔一定对。

③　钻削半圆孔（骑马孔）

材料不同阻力变，冲眼略向硬一边；
钻头选短增刚性，横刃磨窄减斜偏。

2）步骤

读图→准备工具、辅具及量具→检查毛坯→钻孔→自检→整理。

二、扩孔

扩孔是用扩孔工具扩大孔径的加工方法。扩孔常作为孔的半精加工，也普遍用作铰孔前的预加工。

（1）精度　扩孔加工孔的公差等级可达IT10～IT9，表面粗糙度值可达 $Ra12.5\sim3.2\mu m$。

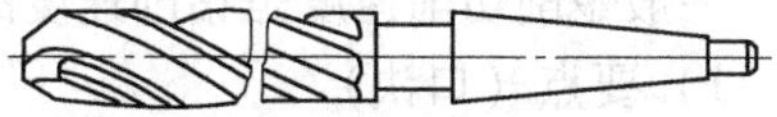
图 2-41 扩孔钻

（2）扩孔钻　如图 2-41 所示，它是一种标准刀具。标准扩孔钻头一般有三个以上的刀齿。刀齿增多，与孔壁接触的棱边就增加，从而改善了扩口的导向作用，使切削平稳，孔轴线直线性也较好。同时，扩孔背吃刀量减小，刀具的容屑空间也相应减小，因而使钻头的钻心部分加粗，提高了刀具刚性，使扩孔过程中，钻头不易歪斜。

（3）加工规范

1）扩孔的切削速度一般为钻孔的 1/2。进给量为钻孔的 1.5～2 倍。

2）用麻花钻扩孔，扩前孔径为 0.5～0.7 倍的扩孔直径；用扩孔钻扩孔，扩前孔径为 0.9 倍的扩孔直径。

3）要求较高且后续还要进行铰孔加工的孔，除先用小钻头钻出一孔外，可分二次不同直径进行扩孔，以保证铰前孔质量。

4）用麻花钻扩孔，应适当减小钻头外刃边处的后角，以防因进给切削力减小引起扎刀。对塑性材料的扩孔，还必须相应地修磨前面，减小外刃边处的前角，增加该处切削刃的强度。

（4）操作

1）要点（口诀）用麻花钻扩孔。

利用钻刃找中心，压紧工件定好位；

快进慢钻加冷却，扩孔精度保证对。

2）步骤

读图→准备工具→扩孔→自检→整理。

三、锪孔

在孔口表面加工出圆柱形、圆锥形的埋头孔或锪平孔口端面的加工叫锪孔。孔端锪出的各种几何形状，能适应各种连接件几何形状的要求。

锪孔的刀具叫锪钻。按被加工表面的形状，锪钻分以下三种。

（1）柱形锪钻　在切削部分的前端有导柱，导柱与工件原有孔成功配合，锪孔时起定心导向作用。柱形锪钻有整体式和装卸式两种。

（2）锥形锪钻　有 60°、75°、90°和 120°四种锥角的锪钻。为满足锥形埋头孔的不同要求，也可用麻花钻头来改制。

（3）端面锪钻　主要用来加工孔端处的端面。端面锪钻头多数为装配式，有多齿、套式和镶硬质合金刀片式等几种。如果工件孔径较小，可将刀杆头部的一段制成导向柱，以保持锪钻刀杆的强度。

（4）操作

一般锪削切削速度是钻削速度的1/2～1/3。

1）要点（口诀）

通过底孔定中心，工件定位并夹紧；

手动进刀要把稳，低速慢进到尺寸。

2）步骤

读图→准备工具、辅具→检查毛坯→锪孔→自检→整理。

四、铰孔

从工件孔壁上切除微量金属层，以提高其尺寸精度并降低表面粗糙度值的方法称为铰孔。铰孔能提高粗加工孔的精度等级。

（1）精度　铰孔的公差等级可达IT9～IT7级，表面粗糙度值可达 $Ra3.2$～$0.8\mu m$。

（2）铰刀　按刀具材料铰刀分为高速钢铰刀、硬质合金铰刀；按使用方法分为手用铰刀、机用铰刀；按刀齿方向可分为直齿铰刀、螺旋齿铰刀；按被加工孔的形状可分为圆柱形铰刀、圆锥形铰刀。另外，还有可调式铰刀、浮动铰刀、无刃铰刀及单刃铰刀等。常用的铰刀有以下几种：

1）高速钢直齿手铰刀如图2-42所示。它的特点是工作部分较长，柄部呈圆柱形，尾端有方形头，可用来装夹在铰杠上。手用铰刀适用于加工孔径较小，精度要求不高，工件材料硬度不高及数量较少的孔或无法用机床铰孔的孔。

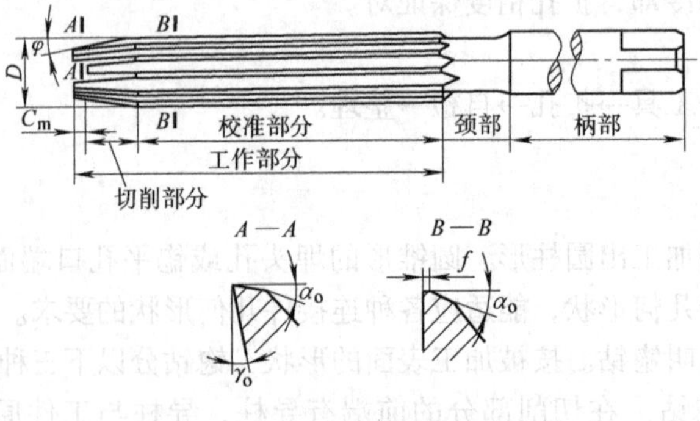

图2-42　高速钢直齿手铰刀

2）可调节手用铰刀如图2-43所示。它的特点是铰刀直径可以调节。调节范围为0.75～10mm。它还可以多次重磨，具有使用寿命长的优点。这种铰刀适合在装配或修理时铰非标尺寸的通孔。

3）高速钢直齿机铰刀如图2-44所示。它与高速钢手用铰刀相比，其工作部分较短，颈部较长，齿数较少。这种铰刀分直柄（直径小于10mm）和锥柄两种。特别适合于孔的直径较大，孔的位置精度较高及工件批量较大时使用。

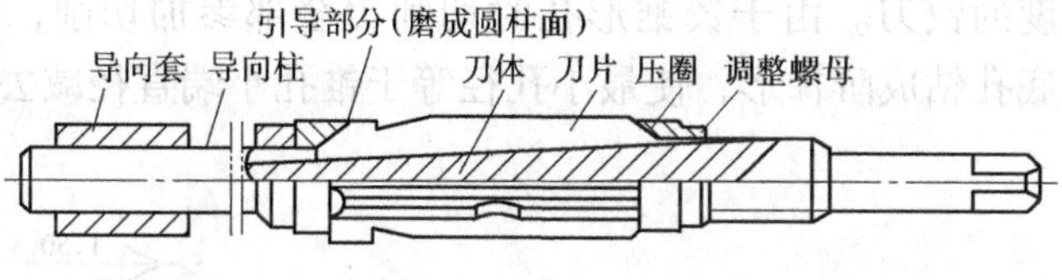

图 2-43　可调节手用铰刀

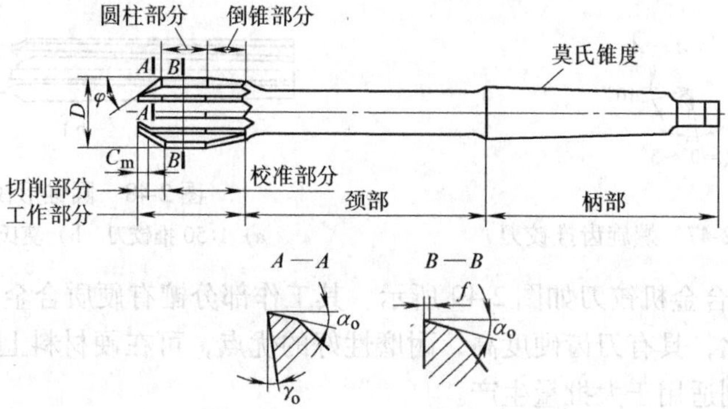

图 2-44　高速钢直齿机铰刀

4）直齿斜刃机铰刀如图 2-45 所示。它的特点是在铰刀前端一段直齿上磨有轴向刃倾角（$\lambda_s = 15° \sim 30°$）的斜刃，这样切削平稳，切屑向铰刀前端（进给方向）排出，以避免切屑划伤已加工表面，使铰出的孔能保持较好的表面质量；另外能切除较大余量，有时可在粗加工孔上进行铰削，而省去扩孔工序。这种铰刀适合铰深通孔。

5）螺旋齿手铰刀如图2-46 所示。其刀齿螺旋方向为左旋。这种铰刀的优点是切屑沿进给方向排出，能防止切屑划伤已加工表面，而且切削过程平稳，不会在孔壁上留下纵向沟痕。这种铰刀适合铰带轴向沟槽的孔。

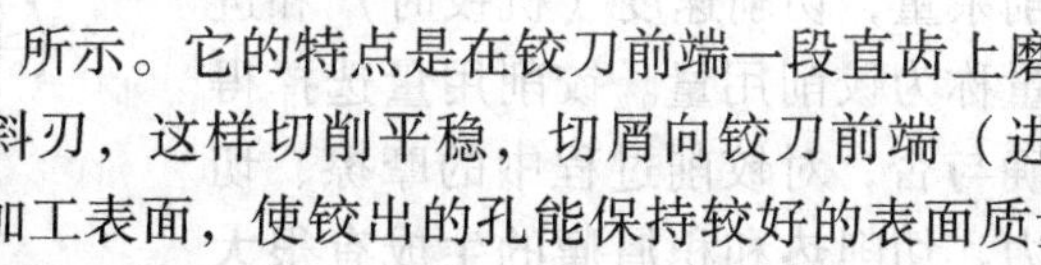

图 2-45　直齿斜刃机铰刀

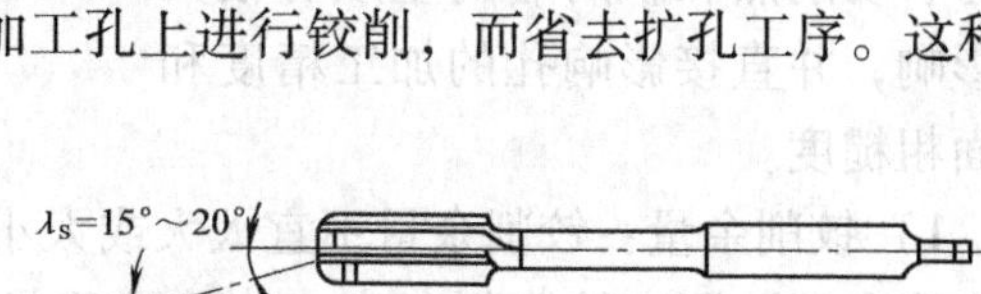

图 2-46　螺旋齿手铰刀

6）螺旋齿推铰刀如图 2-47 所示。其刀齿的螺旋角较大（$\beta = 60° \sim 75°$），同样具有螺旋齿手铰刀的优点。这种铰刀除适合铰深孔和有轴向沟槽的孔外，还适合铰直径在 6mm 以下的小而深的孔。

7）圆锥形铰刀如图 2-48 所示。可用来铰削锥孔。常用的有 1∶50 的锥度和

0~6号莫氏锥度的铰刀。由于铰锥形孔时切削刃全部参加切削，因此，切削力大。如将孔件底孔钻成阶梯形，使最小孔径等于锥孔小端直径减去铰削余量，则可减小切削力。

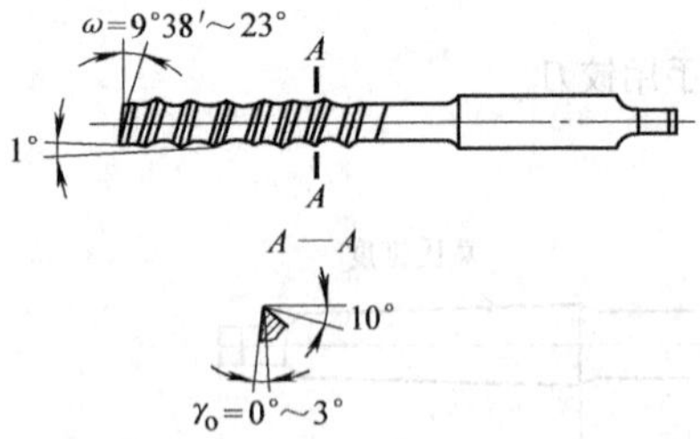

图2-47　螺旋齿推铰刀

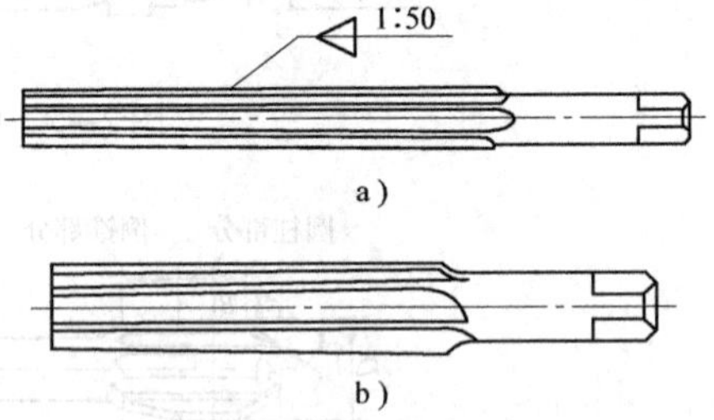

图2-48　圆锥形铰刀
a）1:50推铰刀　b）莫氏锥度铰刀

8）硬质合金机铰刀如图2-49所示。其工作部分镶有硬质合金刀片。它与高速钢铰刀相比，具有刀齿硬度高，耐磨性好的优点，可在硬材料上铰孔。由于其寿命长，特别适用于大批量生产。

（3）铰削用量及选择　铰削中的铰削余量，切削速度（机铰时）和进给量称为铰削用量。铰削用量选择得正确与否，对铰削过程中的摩擦、切削力、切削热和积屑瘤的生成有很大的影响，并直接影响孔的加工精度和表面粗糙度。

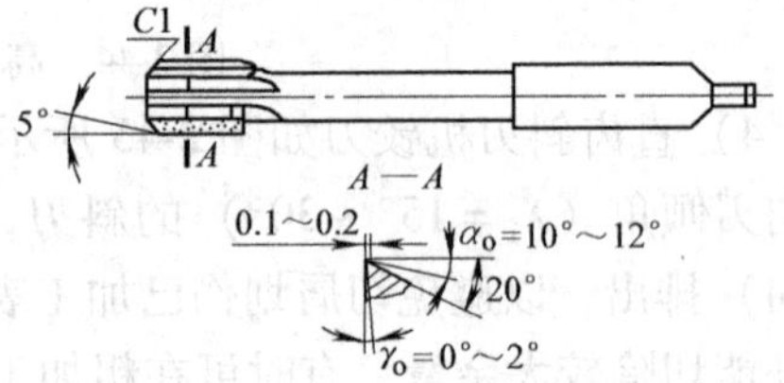

图2-49　硬质合金机铰刀

1）铰削余量：铰削余量不宜太大或太小。太小时，不能纠正上道工序残留的变形和消除原来的切削刀痕，使铰孔质量达不到要求；太大时，铰削啃刮严重，增加了铰刀的磨损。另外铰削余量过大，也使每一刀齿上的切削负荷增加，造成切削过程不稳定，使切削热增加，铰刀直径热胀，孔径随之扩张，同时，切屑的形成必然呈撕裂状态，以致影响孔壁的表面粗糙度。

2）切削速度：切削速度太高，刀具易磨损，易产生积屑瘤；切削速度过低，反而很难切下材料，铰刀以很大的压力挤压材料，使表面硬化且塑性变形而形成凸峰，以后的切削刃切入时，会撕去大片切屑，严重地破坏了表面质量，并加速了铰刀的磨损。

3）进给量：进给量直接影响工效。过大的进给量起负作用，一方面加工质量下降，另一方面刀具磨损加剧，所以进给量的选择要适当。

4）铰削用量的选择：铰削用量的选择要以保证铰孔质量为前提，综合考虑刀具类型，材料软硬及孔径大小等因素适当确定。

用高速钢铰刀在钢料上铰孔时，切削速度取 8 ~ 12m/min，进给量 f = 0.4mm/r；在铸铁上铰孔时，切削速度取 10m/min，进给量取 0.8mm/r；用硬质合金铰孔时，切削速度取 8 ~ 12m/min，进给量取 f = 0.3 ~ 0.8mm/r。

铰削余量见表 2-5。

表 2-5　铰削余量　（单位：mm）

铰孔直径	<5	5 ~ 20	21 ~ 32	33 ~ 50	51 ~ 70
铰削余量	0.1 ~ 0.2	0.2 ~ 0.3	0.3	0.5	0.8

（4）切削液　铰削过程中加入适当的切削液可以及时冲掉切屑，消散切削热并改善铰削状态等。

（5）操作

1）锥销孔的铰削要点（口诀）

双手握杠定同心，扳动下压力要匀；
铰动轻松再送进，送进大小动为准；
顺铰顺提切屑清，倒手位置换不停；
铰削清屑莫逆动，铰刀打滑该磨锋。

2）步骤

读图→准备工具→检查工件→铰孔→自检→整理。

第八节　攻螺纹和套螺纹

一、攻螺纹

用丝锥加工工件丝锥的内螺纹叫攻螺纹。

（1）刀具　攻螺纹的刀具是丝锥，它是一种标准刀具。一般 M16 以下的内螺纹可以用手工攻制，M16 以上的内螺纹由于加工的切削力较大，大部分都在机床上加工完成。

丝锥可以攻制内螺纹。丝锥有手用和机用、左旋和右旋及粗牙和细牙之分。管螺纹丝锥分圆柱管螺纹丝锥和圆锥管螺纹丝锥。

1）构造：如图 2-50 所示。丝锥由工作部分和柄部组成。工作部分包括切削部分和校准部分。切削部分磨有锥角，使切削负荷分布在几个刀齿上，这样不仅不易崩刃、工作省力，而且攻螺纹时引导作用好，也保证了螺孔的质量。校正部分具有完整的齿形，用来校准已切出的螺纹，并引导丝锥沿轴向前进。柄部有方榫，用来传递切削转矩。

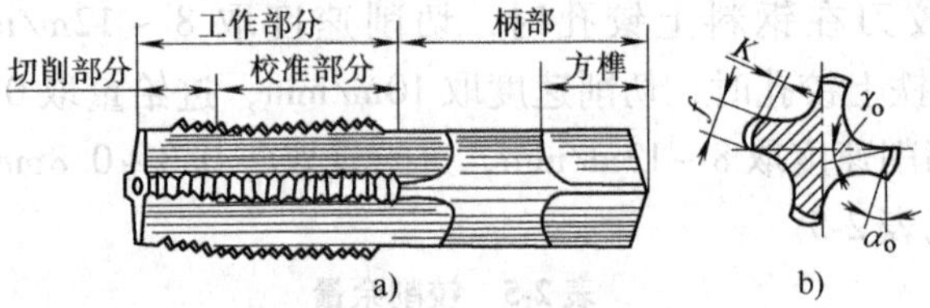

图2-50　丝锥

a）外形　b）切削部分和校准部分引的角度

2）材料：手用丝锥一般用合金工具钢或轴承钢制造，机用丝锥都用高速钢制造。

3）几何角度：在图2-50中，丝锥的前角 $\gamma_o=8°\sim10°$，为适应不同材料，在必要时前角可作适当的增减。丝锥的后角 $\alpha_o=6°\sim8°$。机用丝锥的后角 $\alpha_o=10°\sim12°$，齿侧没有后角。丝锥的校准部分，手用丝锥没有后角，对M12以上的机用丝锥铲磨出很小的后角，并有（0.05～0.12）mm/100mm的倒锥量。

4）切削用量的分配：为了减小手用丝锥工作时的切削力并提高其寿命，将整个切削工作量分配给一套中几支丝锥来承担。分配的形式有两种：

① 锥形分配：如图2-51a所示。这种分配方法使每套丝锥的大径、中径及小径都相等，只是切削部分的长短及锥角不同。

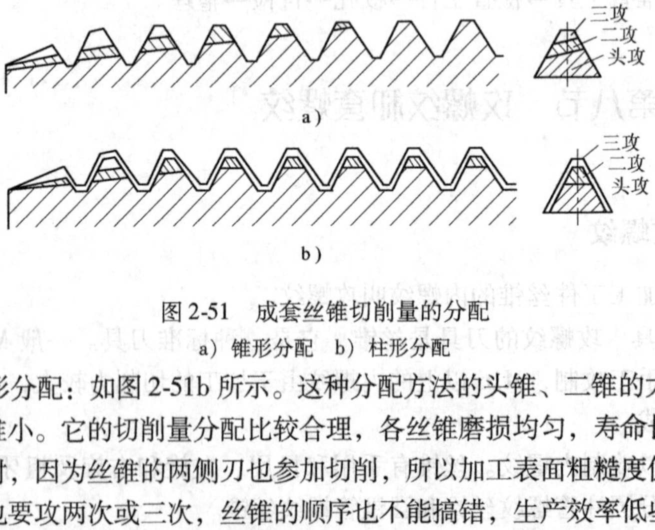

图2-51　成套丝锥切削量的分配

a）锥形分配　b）柱形分配

② 柱形分配：如图2-51b所示。这种分配方法的头锥、二锥的大径、中径及小径都比三锥小。它的切削量分配比较合理，各丝锥磨损均匀，寿命长且攻螺纹也较省力。同时，因为丝锥的两侧刃也参加切削，所以加工表面粗糙度值较低。但攻通孔螺纹时也要攻两次或三次，丝锥的顺序也不能搞错，生产效率低些。

机用丝锥一套有两支。攻通孔螺纹时，一般都是用切削部分较长的头锥一次攻出，只有攻不通孔螺纹时，才用二锥再过一次，以增加螺纹的有效长度。

5）丝锥的刃磨：当丝锥的切削部分磨损时，可刃磨其前刀面。刃磨时要注意保持各刃瓣的半锥角以及切削部分长度的准确性和一致性。转动丝锥时要留心，不要使另一瓣的刀齿被碰擦而磨伤。当丝锥的校准部分磨损时，也刃磨其前刀面。磨损较小时，可用磨石研磨前刀面，研磨时，在磨石上涂些全损耗系统用油，磨石要掌握平稳，磨损显著时，可用棱角修圆的片状砂轮刃磨，并控制好一定的前角。

（2）工具　机修钳工攻螺纹可以根据不同的工作场合采用不同的工具。在台虎钳上使用铰杠，在修理现场也可使用活扳手作为攻螺纹的工具。

1）铰杠：铰杠是用来夹持丝锥并对丝锥施加转矩的攻螺纹工具。有普通铰杠和T形铰杠两类。如图2-52所示。普通铰杠分固定式和可调式两种。固定式铰杠常用在攻M5以下的螺纹，可调式铰杠可以调节方孔的大小，使用范围较广。T形铰杠主要用来攻制工件深处的螺纹，也分固定式和可调式两种。

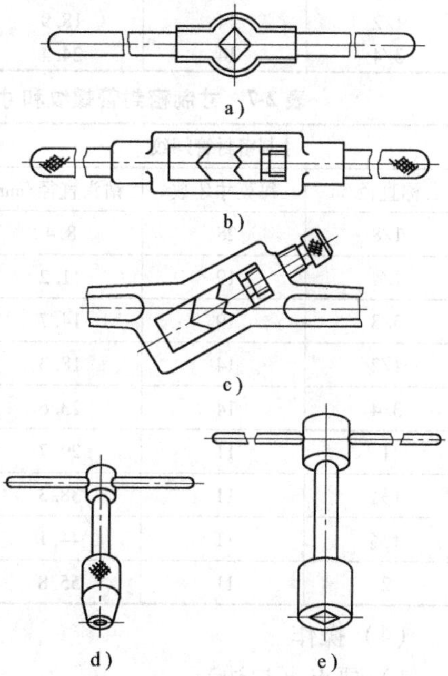

图2-52　铰杠

a）固定式　b）可调节式　c）可调节式　d）可调节式　e）固定式

2）机用攻螺纹夹头：在钻床上攻螺纹时，可以采用保险夹头，它可以避免因负荷过大或丝锥触底而导致丝锥折断及工件损坏等现象。

（3）攻螺纹前底孔直径的确定　用丝锥攻螺纹前底孔直径（即钻头直径）必须大于螺纹标准中规定的螺纹小径。底孔直径的大小要根据工件的材料塑性大小和钻孔扩张量来考虑，使攻螺纹时既有足够的空隙来容纳被挤出的金属，又能保证加工出的螺纹得到完整的牙形。

加工钢和塑性较大的材料时

$$钻头直径\ D_0 = D - P$$

式中　D——内螺纹大径（mm）；

P——螺距（mm）。

加工铸铁和塑性较小的材料时

$$钻头直径\ D_0 = D - (1.05 \sim 1.1)\ P$$

攻不通孔螺纹时，由于丝锥切削部分不能切出完整的螺纹牙形，所以钻孔深度要大于所需的螺孔深度，一般

$$钻孔深度 = 所需螺孔深度 + 0.7D$$

式中　D——内螺纹大径（mm）。

寸制管螺纹攻螺纹前钻底孔的钻头直径可查表2-6、表2-7。

表2-6　寸制管螺纹攻螺纹前钻底孔的钻头直径

寸制管螺纹			寸制管螺纹		
螺纹直径/in	每英寸牙数	钻头直径/mm	螺纹直径/in	每英寸牙数	钻头直径/mm
1/8	28	8.8	1	11	30.6
1/4	19	11.7	1¼	11	39.2
3/8	19	15.2	1⅜	11	41.6
1/2	14	18.9	1½	11	45.1
3/4	14	24.4			

表2-7　寸制密封管螺纹和寸制锥螺纹攻螺纹钻底孔的钻头直径

寸制密封管螺纹			寸制锥螺纹		
公称直径/in	每英寸牙数	钻头直径/mm	公称直径/in	每英寸牙数	钻头直径/mm
1/8	28	8.4	1/8	27	8.6
1/4	19	11.2	1/4	18	11.1
3/8	19	14.7	3/8	18	14.5
1/2	14	18.3	1/2	14	17.9
3/4	14	23.6	3/4	14	23.2
1	11	29.7	1	11½	29.2
1¼	11	38.3	1¼	11½	37.9
1½	11	44.1	1½	11½	43.9
2	11	55.8	2	11½	56

（4）操作

1）要点（口诀）

放入头锥要找正，攻入半圈再验证；
垂直继续往下攻，不正退出重头整；
搬动平衡力适中，时进时退切屑崩；
加油润滑更轻松，二锥过后螺纹成。

2）步骤

读图→准备工具→攻螺纹→自检→整理。

二、套螺纹

用板牙在圆杆或管子上加工出螺纹叫套螺纹。

（1）板牙　板牙是套螺纹的刀具。圆板牙的结构如图2-53所示，它是一种标准刀具。

板牙两端的锥角 2ϕ 部分是切削部分。板牙的中间一段是导向部分。板牙切削部分一面磨损后，可换另一面使用。

图2-53a中，两个装夹螺钉锥坑是通过板牙铰杠上的两个紧定螺钉来固定圆

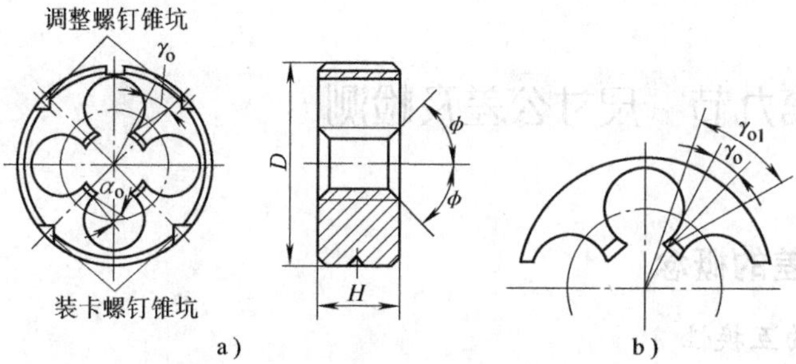

图 2-53　圆板牙

a）外形和几何角度　b）前角的变化

板牙并传递转矩的。

除了三角形螺纹板牙外，还有管螺纹板牙。圆柱管螺纹板牙和普通圆板牙相仿。圆锥管螺纹板牙，如图 2-54 所示，它是在端面的单面制成切削锥，只能单面使用。圆锥管螺纹板牙的切削长度影响管牙尺寸，因此，套螺纹时，要经常检查，不能使切削刃长度超过太多，只要配件旋入后满足要求即可。

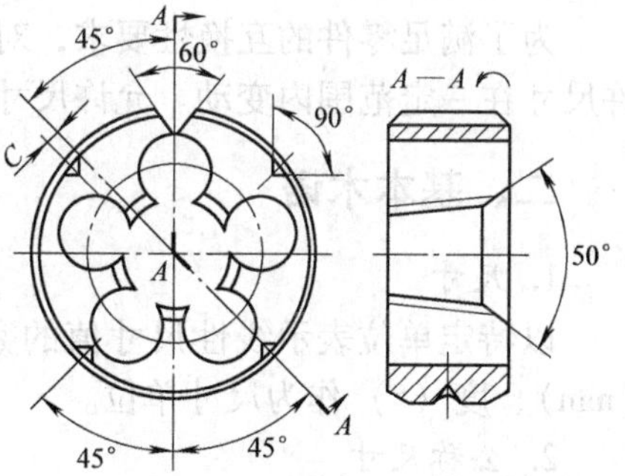

图 2-54　圆锥管螺纹板牙

还有一种活动管螺纹板牙，它是由四块为一组，镶嵌在可调管螺纹板牙架内。使用时，经调节板牙位置可套出所需直径的管螺纹。

（2）工具　圆板牙架是用来安装、固定板牙的。它的构造如图 2-55 所示。

（3）套螺纹前圆柱直径的确定　同攻螺纹道理一样，套螺纹时，圆杆直径应比螺纹大径小一些。圆杆直径可用下式计算求得

$$圆杆直径\ d_0 = d - 0.13P$$

式中　d——外螺纹大径（mm）；

P——螺距（mm）。

（4）操作

1）要点（口诀）

杆端倒角直径小，板牙易正切入好；

双手下压均用力，边套边校保直角；

时进时退断切屑，加油润滑效率高。

2）步骤

读图→准备工具、量具→检查毛坯→套螺纹→自检→整理。

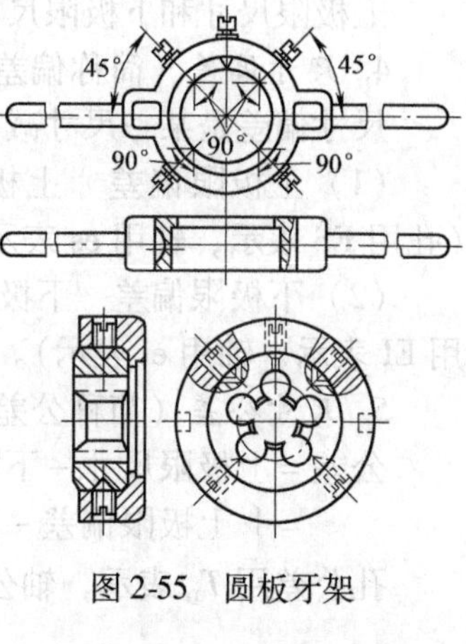

图 2-55　圆板牙架

第九节　尺寸公差及检测

一、公差的概念

1. 零件的互换性

互换性是指同一规格的产品，不经选择或临场修配，即可互换的性质。

零件的互换性好可缩短维修时间，降低维修成本，提高机器的使用效率。

2. 公差

为了满足零件的互换性要求，对于零件的加工尺寸给出了一个变动范围，允许尺寸在一定范围内变动。允许尺寸的变动量称为公差。

二、基本术语

1. 尺寸

以特定单位表示线性尺寸值的数值。在机械设计及其加工中，常选用毫米(mm)、度（°）作为尺寸单位。

2. 公称尺寸

由图样规范确定的理想形状要素的尺寸称为公称尺寸。

3. 极限尺寸

极限尺寸是尺寸要素允许的尺寸的两个极端。

(1) 上极限尺寸　尺寸要素允许的最大尺寸称之为上极限尺寸（孔用 D_{max} 表示，轴用 d_{max} 表示）。

(2) 下极限尺寸　尺寸要素允许的最小尺寸称之为下极限尺寸（孔用 D_{min} 表示，轴用 d_{min} 表示）。

上极限尺寸和下极限尺寸都是以公称尺寸为基数来确定的。

4. 尺寸偏差（简称偏差）

尺寸偏差是某一尺寸减其公称尺寸所得的代数差值。

(1) 上极限偏差　上极限尺寸减其公称尺寸的代数差称之为上极限偏差(孔用 ES 表示，轴用 es 表示)。

(2) 下极限偏差　下极限尺寸减其公称尺寸的代数差称为下极限偏差（孔用 EI 表示，轴用 ei 表示）。

5. 尺寸公差（简称公差）

公差 = 上极限尺寸 − 下极限尺寸

　　= | 上极限偏差 − 下极限偏差 |

孔公差用 T_D 表示，轴公差用 T_d 表示。

尺寸公差是一个没有符号的绝对值。

6. 公差带

将公称尺寸、极限偏差与公差的关系按放大比例画成简图，即为公差带图，如图 2-56 所示。

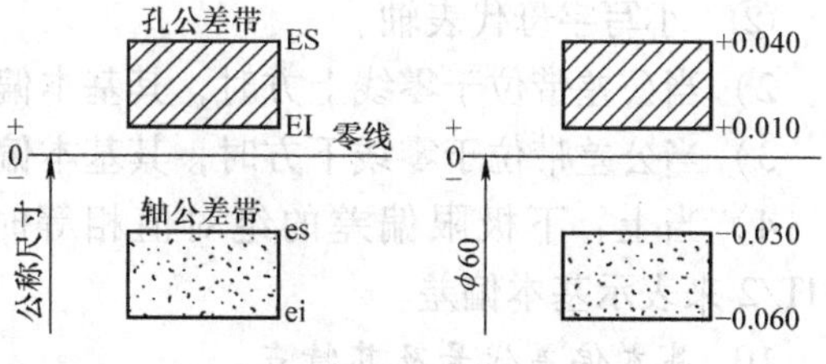

图 2-56 公差带图

（1）零线 确定偏差的一条基准直线（即偏差线）称为零线。

（2）零线上方 零线上方为正偏差。

（3）零线下方 零线下方为负偏差。

（4）公差带 上、下极限偏差两条平行线之间的区域称之为公差带。

1）公差带由公差带大小和公差带位置两个基本要素组成：

① 公差带的大小由标准公差确定。

② 公差带的位置由基本偏差确定。

2）公差带的表示

① 孔的公差带用斜线表示。

② 轴的公差带用点表示。

7. 标准公差

标准公差是国家标准中用来确定公差带大小的任一公差值(见相关的国家标准)。

8. 标准公差等级

用来确定尺寸精确程度的等级即为标准公差等级。国家标准规定标准公差等级分为 20 级，即 IT01 ~ IT18。

（1）IT 表示标准公差。

（2）阿拉伯数字，即 01、0、1、2 ~ 18，为公差等级代号。

（3）从 IT01 ~ IT18 等级依次降低，公差数值依次增大，其中 IT01 最为精确，IT18 最为粗糙。

9. 基本偏差

基本偏差是用来确定公差带相对零线位置的上极限偏差或下极限偏差，把靠近零线的偏差称之为基本偏差，如图 2-57 所示。

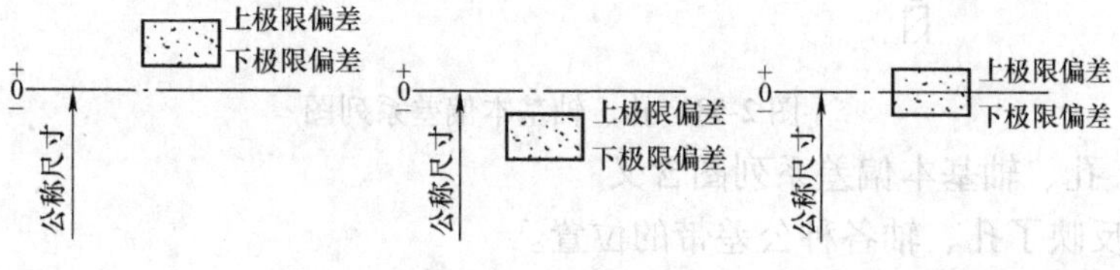

图 2-57 基本偏差

1）基本偏差用拉丁字母表示：

① 大写字母代表孔。

② 小写字母代表轴。

2）当公差带位于零线上方时，其基本偏差为下极限偏差。

3）当公差带位于零线下方时，其基本偏差为上极限偏差。

4）当上、下极限偏差的绝对值相等时，关于零线对称，可用 + IT/2 或 - IT/2 来表示基本偏差。

10. 基本偏差代号及其特点

国家对孔和轴分别规定了 28 种基本偏差。

（1）孔的基本偏差代号　采用大写字母，即：A、B、C、CD、D、E、EF、F、FG、G、H、J、JS、K、M、N、P、R、S、T、U、V、X、Y、Z、ZA、ZB、ZC。

（2）轴的基本偏差代号　采用小写字母，即：a、b、c、cd、d、e、ef、f、fg、g、h、j、js、k、m、n、p、r、s、t、u、v、x、y、z、za、zb、zc。

注：26 个拉丁字母中，去掉了易与其他含义混淆的 5 个字母，即：I、L、O、Q、W，同时增加了 7 个双写字母代号，即：CD、EF、FG、JS、ZA、ZB、ZC。

孔、轴基本偏差系列图如图 2-58 所示。

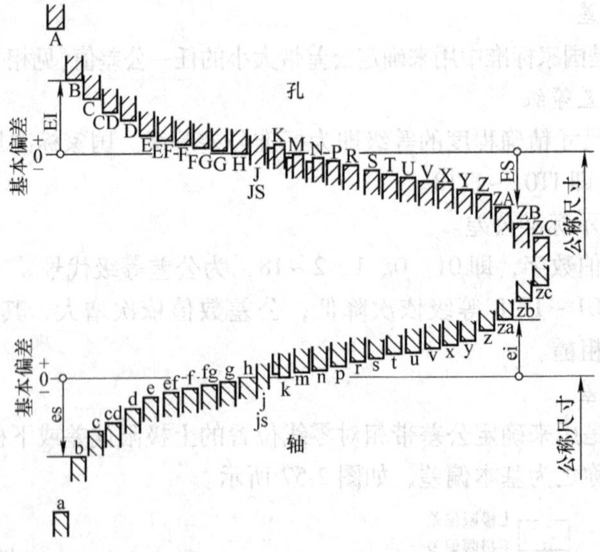

图 2-58　孔、轴基本偏差系列图

（3）孔、轴基本偏差系列图含义

1）反映了孔、轴各种公差带的位置。

2）图中各公差带只画出基本偏差一端，另一端取决于标准公差数值的大小。

3）轴的基本偏差和孔的基本偏差的数值可在国家相应标准中查出。

三、配合

配合是指公称尺寸相同的且相互结合的孔和轴公差带之间的关系。公差带决定轴在孔中的松紧程度。

1. 间隙与过盈

（1）间隙　孔的尺寸减去相配合的轴的尺寸差为正，为间隙。

（2）过盈　孔的尺寸减去相配合的轴的尺寸差为负，为过盈。

2. 配合种类

国家标准规定配合可分为三种：

（1）间隙配合　具有间隙的配合，其特征是孔的公差带在轴的公差带之上，如图2-59所示。

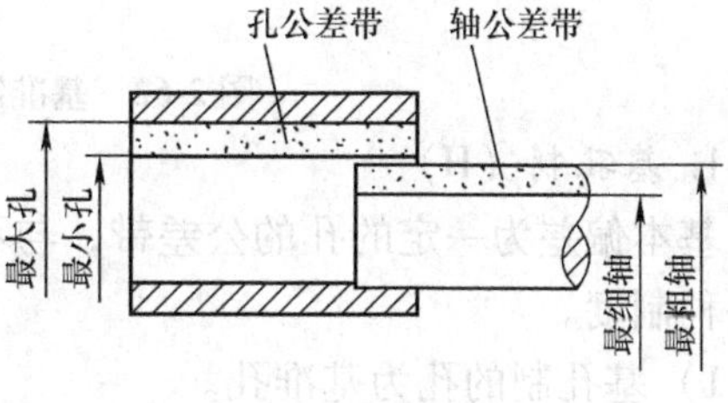

图2-59　间隙配合

从图中可以看出：

1）装配后孔和轴之间始终保证一定的间隙（包括最小间隙或等于零）。

2）实际间隙的大小随孔和轴的实际尺寸而变化。

（2）过盈配合　具有过盈的配合，其特征是孔的公差带在轴的公差带之下，如图2-60所示。

从图中可以看出：

1）装配后孔和轴之间始终保证一定的过盈（包括最小过盈或等于零）。

2）实际过盈的大小随孔和轴的实际尺寸而变化。

（3）过渡配合　可能有过盈或间隙的配合，其特征是孔的公差带与轴的公差带相互交叠，如图2-61所示。

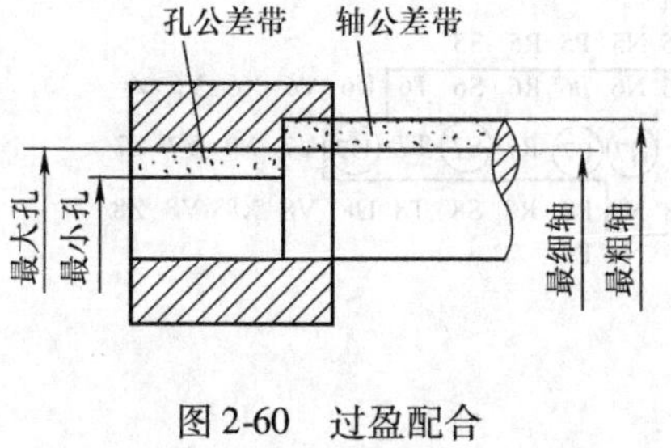

图2-60　过盈配合

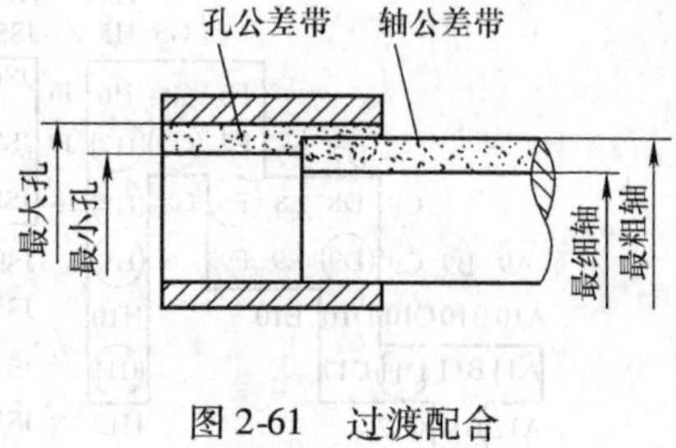

图2-61　过渡配合

从图中可以看出：轴孔配合可能产生间隙，也可能产生过盈。

四、基准制（配合制度）

国家标准对配合规定了两种基准制，如图2-62所示。

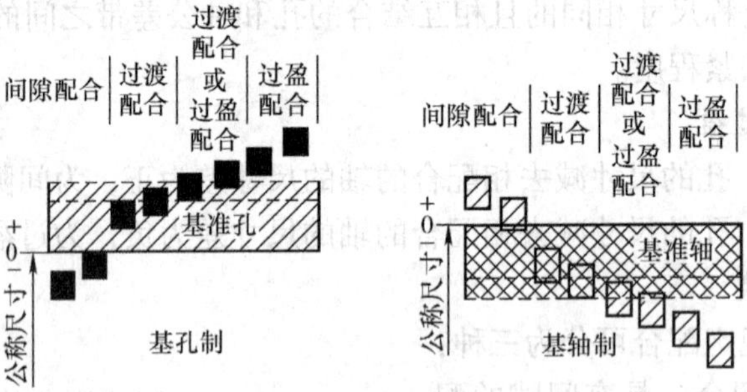

图2-62　基准制及其公差带图

1. 基孔制（H）

基本偏差为一定的孔的公差带，与不同基本偏差的轴的公差带形成各种配合的一种制度。

1）基孔制的孔为基准孔。

2）它的公差带在零线上方，且基本偏差为零。

2. 基轴制（h）

基本偏差为一定的轴的公差带，与不同基本偏差的孔的公差带形成各种配合的一种制度。

1）基轴制的轴为基准轴。

2）它的公差带在零线下方，且基本偏差为零。

3. 常用和优先的公差带与配合

如图2-63和图2-64所示。

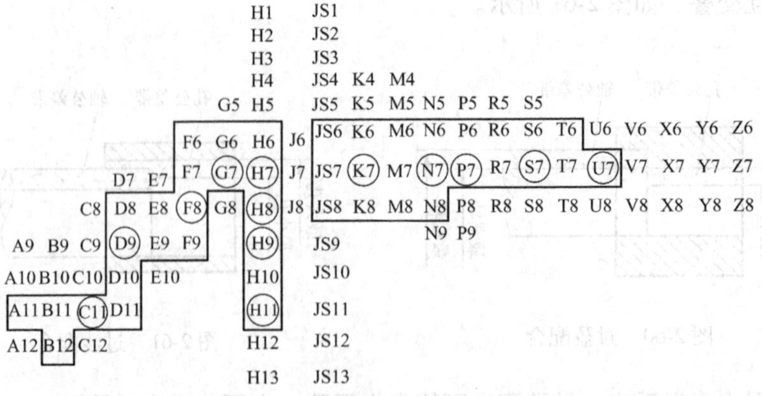

图2-63　一般、常用和优先孔公差带

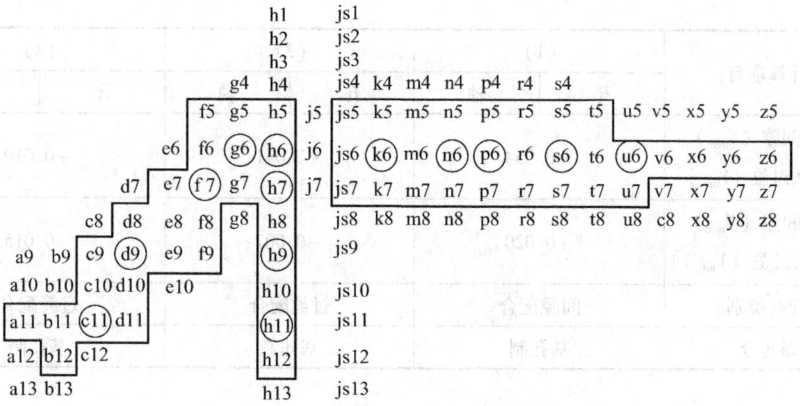

图 2-64　一般、常用和优先轴公差带

1）方框内为常用公差带。

2）圆圈内为优先公差带。

3）其余为一般公差带。

4）选用公差带的顺序是：优先→常用→一般。

五、公差与配合举例

已知：三种孔、轴配合，即①孔 $\phi25^{+0.021}_{0}$ mm 与轴 $\phi25^{-0.020}_{-0.033}$ mm 相配合；②孔 $\phi25^{+0.021}_{0}$ mm 与轴 $\phi25^{+0.041}_{+0.028}$ mm 相配合；③孔 $\phi25^{+0.021}_{0}$ mm 与轴 $\phi25^{+0.015}_{+0.002}$ mm 相配合。

求：①公称尺寸；②上、下极限偏差；③公差；④配合公差，上、下极限尺寸；⑥最大、最小间隙或过盈；⑦说明其配合性质及采用的基准制。

解：计算结果列入表 2-8 中。

表 2-8　计算结果

计算项目	（1）		（2）		（3）	
	孔	轴	孔	轴	孔	轴
公称尺寸	25	25	25	25	25	25
上极限偏差 ES（es）	+0.021	−0.020	+0.021	+0.041	+0.021	+0.015
下极限偏差 EI（ei）	0	−0.033	0	+0.028	0	+0.002
上极限尺寸 D_{max}（d_{max}）	25.021	24.980	25.021	25.041	25.021	25.015
下极限尺寸 D_{min}（d_{min}）	25	24.967	25	25.028	25	25.002
公差	0.021	0.013	0.021	0.013	0.021	0.013
配合公差 T_f	0.034		0.034		0.034	

(续)

计算项目	(1)		(2)		(3)	
	孔	轴	孔	轴	孔	轴
最大间隙 (X_{max}) [或最大过盈 (Y_{max})]	+0.054		-0.041		+0.019	
最小间隙 (X_{min}) [或最大过盈 (Y_{min})]	+0.020		-0.007		-0.015	
配合类别	间隙配合		过盈配合		过渡配合	
基准制	基孔制		基孔制		基孔制	

六、尺寸精度的检测

尺寸精度的检测，就是将测得的实际尺寸与理想尺寸进行比较，若实际尺寸在极限尺寸范围内，即为合格，若实际尺寸超出所允许的范围，即为不合格。

1. 检测方法

(1) 常用量具　单件、小批量生产时，采用各种通用量具来检测；大批大量生产时，采用专用测量工具或专用量规来检测。

1) 量规。量规是一种没有刻度的专用定值检测工具，其外形与被检测工件相反。如检测孔的量规可认为是按一定尺寸精确制成的轴，称之为塞规；检测轴的量规可认为是按一定尺寸精确制成的孔，称之为环规。

极限量规一般都是成对使用，并分为通规与止规。

量规按用途可分为三类：

① 工作量规。工作量规就是在生产加工过程中用来检测工件时使用的量规。

② 验收量规。验收量规是检测部门或用户验收产品时使用的量规。

③ 校对量规。校对量规是用来检测工作量规在制造中是否符合制造公差和使用过程中是否已达到磨损极限所用的量规。

2) 通用量具。通用量具（量仪）是一种有刻度的变值测量器具。一般都是采用“两点法”来测量，即在工件表面两点处测定工件实际尺寸的具体数值。常用的有游标卡尺，内、外径百分尺、千分尺，内测千分尺，各种指示表等。

3) 比较仪。比较仪是测量被测尺寸与基准尺寸微差的比较测量方法。如立式光学比较仪、机械比较仪、万能测长仪等。

4) 坐标机。使用投影仪、三坐标测量机等测量轮廓线或面上的点（或线）的坐标、角度等数值，再通过一定的几何计算方法，得到被测尺寸的大小。

5) 检验平台（检验平板）。使用检验平台检测器具间接测量被测尺寸的方法。

（2）检测条件

1）标准温度。检测温度应20℃，若工件和量具的温度不是20℃，原则上应对测量结果进行修正。

2）测量力。检测过程中测量力应为零，若测量力不为零，应进行必要的修正。

（3）测量误差

1）绝对误差。绝对误差是测得值（l）与被测量的真实值（L）之差，即δ（绝对误差）$=l-L$。

① 绝对误差可能是正值，也可能是负值，为代数值。

② 绝对误差只能反映同一尺寸的测量精度。

2）相对误差。相对误差（ε）是绝对误差（δ）和测量值（l）的比值，即$\varepsilon=\dfrac{\delta}{l}\approx\dfrac{\delta}{L}$。

① 相对误差是没有单位的数。

② 相对误差可以评定不同尺寸的测量精度。

3）测量误差的分类

① 系统误差。对同一量值进行重复测量时所得结果的平均值与被测量的真值之差。系统误差等于绝对误差减随机误差。

② 随机误差。当条件相同时，多次测量同一量值，绝对值和符号不是按一定规律变化的误差，称为随机误差。

4）产生测量误差的原因

① 测量基准误差。测量基准就是测量过程中所依据的校准件或校对件。如量块、塞规、批量生产的专用检具等。测量基准误差就是由测量基准在制造和检定时不精确或使用方法不正确而产生的误差。

② 测量工具误差。测量工具包括：万能量具、机械式测微仪以及光学、电动、气动量仪。它们产生的误差有：原理误差（设计过程中采取了近似计算等）；制造误差（元件的制造精度差、装配间隙不当或静摩擦力造成的瞬间不动等）；使用方法误差（调整不到位，如不垂直、达不到水平等或手动、视角的不合理）；磨损误差（量具使用后发生磨损产生的误差）。

③ 测量条件误差。由于温度、湿度、振动等环境条件的变化，引起的测量基准、测量工具和被测物的变化而产生的误差就是条件误差。

④ 测量方法误差。被测值是间接得出或需采取一些近似的测量和计算而得到的，所产生的误差。由于操作者分辨能力所限或因偏视、疲劳、粗心引起的误差、误记而产生的误差；由于被测对象的安装、定位或瞄准方式的不正确而产生的误差等，均属测量方法误差。

第十节 刮 削

用刮刀从工件表面刮去较高点，再用标准检具（或与之相配的合格工件）涂色检验的反复加工过程称为刮削。刮削用来提高工件表面的几何精度、尺寸精度、接触精度、传动精度和细化表面粗糙度，使工件表面组织紧密，并能形成比较均匀的微浅凹坑，创造良好的存油条件。

一、精度

工件表面刮削后的质量要求项目有：几何精度，尺寸精度、接触精度和贴合程度及表面粗糙度。不同的刮削对象有不同的精度要求，不同的精度项目又有不同的检测方法。各种平面接触精度的接触点数见表2-9，各种滑动轴承不同精度的接触点数见表2-10。

表2-9 各种平面接触精度的接触点数 （单位:mm）

平面种类	接触点数/25×25	应用举例
一般平面	2~5	较粗糙机件的固定结合面
	5~8	一般结合面
	8~12	机器台面、一般基准面、机床导向面、密封结合面
	12~16	机床导轨及导向面、工具基准面、量具接触面
精密平面	16~20	精密机床导轨、直尺
	20~25	1级平板、精密量具
超精密平面	>25	0级平板、高精度机床导轨、精密量具

表2-10 滑动轴承要求的接触点数 （单位:mm）

轴承直径	机床或精密机械主轴轴承			锻压设备、通用机械的轴承		动力机械冶金设备的轴承	
	高精度	精密	普通	重要	普通	重要	普通
	刮削点数/25×25						
≤120	25	20	16	12	8	8	5
>120		16	10	8	6	6	2

二、刮削余量

机械加工所留下的刮削余量不能太大，也不能太小，应合理适中，比较合理的刮削余量可参考表2-11。

表 2-11 刮削余量

平面宽度/mm	平面刮削余量/mm				
	平面长度/mm				
	100～500	500～1000	1000～2000	2000～4000	4000～6000
100 以下	0.10	0.15	0.20	0.25	0.30
100～500	0.15	0.20	0.25	0.30	0.40

孔的直径/mm	孔长/mm		
	100 以下	100～200	200～300
80 以下	0.05	0.08	0.12
80～180	0.10	0.15	0.25
180～360	0.15	0.20	0.35

三、刮刀

刮刀是刮削工作的主要刀具。一般采用 T10A 工具钢或弹性较好的 GCr15 轴承钢经锻造、加工、热处理及刃磨制成。刮刀的刃部要求有较低的表面粗糙度值、合理的角度及刃口形状，硬度在 60HRC 以上。

刮刀分平面刮刀和曲面刮刀两种。

（1）平面刮刀　主要用来刮削平面，也可用来刮削外曲面。按刮削表面精度不同，又可分为粗刮刀、细刮刀及精刮刀三种。粗刮刀、细刮刀及精刮刀的刃口形状、几何角度如图 2-65 所示。

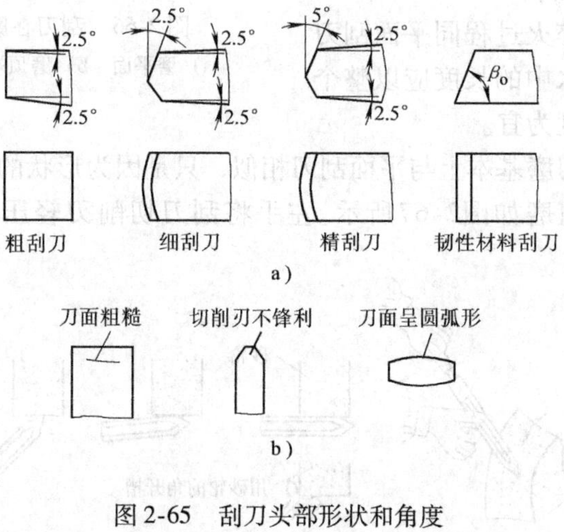

图 2-65　刮刀头部形状和角度

a）刮刀头部角度　b）刮刀头部的错误形状

1）平面刮刀的淬火：将粗磨好的刮刀放入炉中加热到 780～800℃（呈樱桃

红色），取出，立即垂直插入切削液中冷却，插入长度5mm左右。插入后，作水平位置摆动或绕刮刀中心转动，使冷却速度加快且均匀冷却，在刀头部分形成一个淬硬和不淬硬的过渡带。刮刀在水中淬火，当水面上的部分呈黑色时，将刮刀全部浸入水中冷却，冷却后取出。这种淬火俗称淬水火，得到的刮刀硬度接近60HRC。在水中加入盐的淬火称淬盐白水。因盐水的冷却速度比水快，刮刀的淬火硬度可达60HRC以上。

2）平面刮刀淬火后的刃磨：经过淬硬后的刮刀必须进行刃磨。刃磨时，首先在砂轮上粗磨几何角度，接着在磨石上细磨切削刃，最后在研磨小平板上研磨切削刃至正确的几何角度。在磨石上细磨刮刀的平面和顶端的方法如图2-66所示。

在研磨小平板上磨刮刀平面和顶端的方法与在磨石上细磨的方法、姿势相同。

（2）曲面刮刀

1）三角刮刀：是用来刮削内曲面的。它的断面形状呈三角形，每个面中间开有凹形槽，面的边缘留2～3mm的棱边作刃面。

三角刮刀的淬火过程同平面刮刀一样，只是浸入水中的长度应以整个切削刃的全部长度为宜。

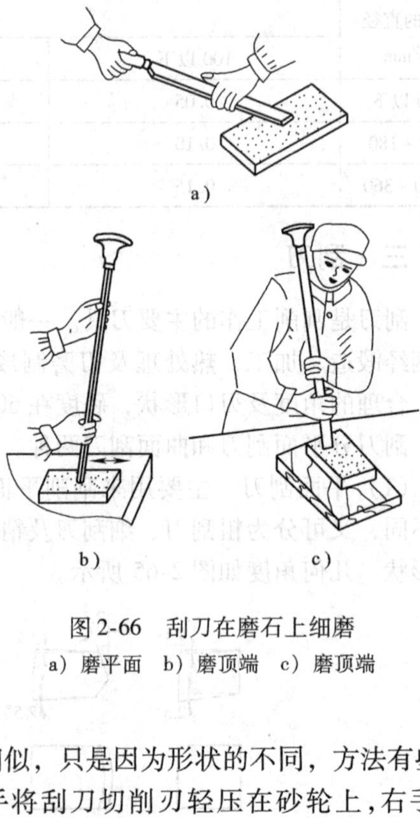

图2-66　刮刀在磨石上细磨

a）磨平面　b）磨顶端　c）磨顶端

三角刮刀的刃磨基本上与平面刮刀相似，只是因为形状的不同，方法有些差异。三角刮刀的粗磨如图2-67所示。左手将刮刀切削刃轻压在砂轮上，右手握

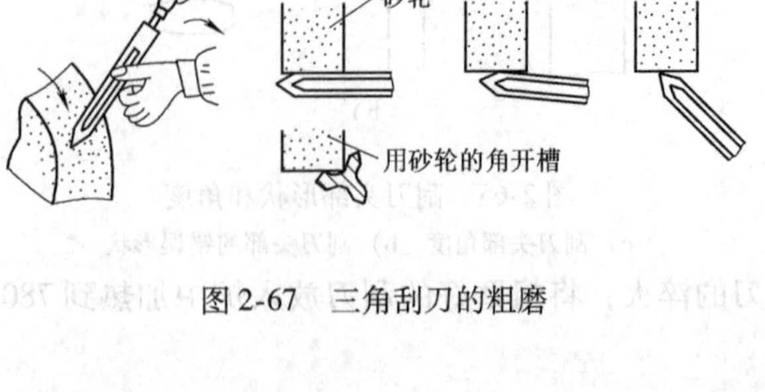

图2-67　三角刮刀的粗磨

刀柄，使切削刃作弧形摆动，同时在砂轮整个宽度上来回移动。然后将刮刀调转90°，顺着砂轮外圆周面上修整平直。接着将三角刮刀的三个圆弧面用砂轮的角开出槽来，槽要开在两刃的中间，使切削刃边上留出2~3mm的棱边。三角刮刀在磨石上细磨和在研磨平板上研磨的姿势、方法相同，即右手握柄，左手轻压切削刃，顺着磨石长度方向前后移动，同时，还要依着切削刃的弧形作上下摆动，直至弧面光洁，切削刃锋利。

2）蛇头刮刀：也是用来刮削内曲面的。它的断面形状为矩形，并在两平面上开有凹形刀槽，刀头两圆弧的侧面有四条圆弧切削刃，粗刮刀的圆弧半径大，精刮刀的半径小。

①　蛇头刮刀的淬火：蛇头刮刀的淬火方法与平面刮刀的淬火方法基本是相同的，只是在插入冷却液中的长度一般以超过窄脖一段长度为宜。

②　蛇头刮刀的刃磨：蛇头刮刀的刃磨步骤和平面刮刀相同。刃磨时，先在砂轮上粗磨几何角度，然后在磨石上细磨切削刃，最后在研磨平板上研磨切削刃。其中，两平面细磨、研磨的方法与平面刮刀两平面的细磨、研磨方法相同，两侧面圆弧刃的刃磨方法与三角刮刀相同。

（3）刮刀刮削时的几何角度　平面刮削的方法有手刮法和挺刮法两种。

采用手刮法刮削平面时，刮刀和工件形成的几何角度为25°~30°为宜，刮削采用负前角刮削，如图2-68b所示。

用三角刮刀刮削曲面时，采用正前角刮削，如图2-68a所示。

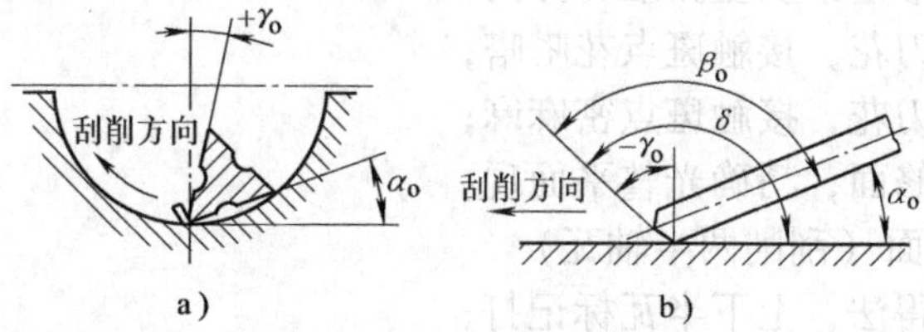

图2-68　刮削时的几何角度

a）曲面刮削　b）平面刮削

四、显示剂

显示剂是用来反映待刮表面与基准件互研后其上面的高点所在或接触面积的涂料。

（1）种类　常用的显示剂有以下几种。

1）红丹粉：有铁丹(氧化铁呈红褐色)和铅丹(氧化铅呈桔黄色)两种。用全损耗系统用油调和，多用于黑色金属的刮削。

2）普鲁士蓝油：由普鲁士蓝粉和全损耗系统用油调合而成。用于刮削铜、铝工件。

3）烟墨油：由烟墨和全损耗系统用油调合而成。用于白色金属，如铅等。

4）松节油：用于平板刮研，接触研点白色发光。

5）酒精：校对平板时用。涂于超级平板上，研出的点子精细发亮。

6）油彩或油墨：与普鲁士蓝油用法相同。用于精密轴承的刮削。

（2）使用方法　显示剂使用的正确与否，影响着刮削质量。粗刮时，显示剂可调得稀些，均匀地涂在标准研具表面，涂层可稍厚些。这样，显示的点子较大，便于刮削。精刮时，显示剂应调得干些，涂在研件表面上要薄而均匀，研出的点子细小，便于提高刮削精度。显示剂本身必须保持清洁，不得混进其他杂物，涂显示剂用的工具也要保持干净。

五、刮削精度的检查

常用的检查方法有两种。一种是以 25mm × 25mm 正方形方框罩在被检表面上，根据方框内接触点的显示数目多少来表示。另一种方法是用允许的平面度和直线度数值来表示。

大型锻压设备轴互刮削精度的检查除检查接触点的显点数目外，还要检查研点的分布应在受力较大的区域。

六、操作

1. 要点（口诀）

（1）刮削平面

刮研先修变形量，误差测准有方向；
交叉粗刮大刀花，接触斑点花嗒嗒；
交叉细刮小刀花，接触斑点密麻麻；
刀花有序精修面，精确光整平面现。

（2）刮削曲面（刮削两半轴瓦）

配刮研具要得法，上下半瓦标记打；
修粗细精刮半瓦，组合刮研去误差；
螺钉松紧均有序，合研斑点不虚假；
整个刮好加垫片，轴瓦刮削才算罢。

2. 步骤

读图→准备工具、辅具→检查工件→刮削→自检→整理。

第十一节　研磨

用研磨工具和研磨剂，从工件上研掉一层极薄表面层的精加工方法叫研磨。研磨可使工件表面得到较低的表面粗糙度，较高的尺寸精度和形位精度。

研磨加工可用于各种硬度的钢材、硬质合金、铸铁及有色金属，还可以用来研磨水晶、天然宝石及玻璃等非金属材料。

一、精度

经研磨加工的表面尺寸误差可控制在0.001~0.005mm范围内。一般情况下表面粗糙度可达$Ra0.8\sim0.5\mu m$，最高可达$Ra0.006\mu m$，而几何误差可小于0.005mm。

二、余量

研磨余量的大小应根据工件研磨面积及复杂程度，工件的精度要求，工件是否有工装及研磨面的相互关系等因素综合考虑确定。一般情况下的研磨留量可参看表2-12、表2-13、表2-14。

表2-12 研磨平面余量 （单位：mm）

平面长度	平面宽度		
	≥25	26~75	76~150
≥25	0.005~0.007	0.007~0.010	0.010~0.014
26~75	0.007~0.010	0.010~0.014	0.014~0.020
76~150	0.010~0.014	0.014~0.020	0.020~0.024
151~260	0.014~0.018	0.020~0.024	0.024~0.030

表2-13 研磨外圆余量 （单位：mm）

直径	余量	直径	余量
≤10	0.005~0.003	51~80	0.008~0.012
11~18	0.006~0.008	81~120	0.010~0.014
19~30	0.007~0.010	121~180	0.012~0.016
31~50	0.008~0.010	181~260	0.015~0.020

表2-14 研磨内孔余量 （单位：mm）

孔径	铸铁	钢
25~125	0.020~0.100	0.010~0.040
150~275	0.080~0.100	0.020~0.050
300~500	0.120~0.200	0.040~0.060

三、研具材料

（1）要求　制造研磨工具的材料，除应具备组织结构致密、均匀、有较高的稳定性和耐磨性外，还要有较好的嵌存磨料的性能。

（2）种类　研具材料的种类见表2-15。

表2-15　研具材料

材　料	用　途
灰铸铁	用于湿式研磨平板
高磷铸铁	用于干式研磨平板及嵌砂平板
10号、20号低碳钢	用于铸铁研具强度不足时，如M5以下螺纹孔，$d<8$mm小规模窄槽等的研磨
黄铜、纯铜	用于余量大的工件，粗研及青铜件和小孔研磨
木材	用于研磨铜或其他软金属
沥青	用于玻璃、水晶、电子元件等的精研与镜面研磨
玻璃	用于精研，并配用氧化铬研磨膏，可获得良好的研磨效果

四、研磨剂

研磨剂是将磨料和研磨液调合而成的混合剂。常用的研磨剂有液态和固态（或膏状）两类。

（1）磨料　它相当于研磨加工中的刀具，调和在研磨剂中，通过研具对工件表面进行研磨加工。

磨料的粗细按粒度分组可分为磨粒和微粉两组。

磨粒的粒度由F12～F280，微粉由F320～F1200。种类系列与用途见表2-16。

表2-16　磨料的系列与用途

系列	磨料名称	代号	适用范围
刚玉	棕刚玉	A	粗精研磨钢、铸铁、黄铜
	白刚玉	WA	粗、精研磨淬火钢、高速钢、高碳钢及薄壁零件
	铬刚玉	PA	研磨量具、仪表零件及高精度表面
	单晶刚玉	SA	研磨不锈钢、高钒高速钢等强度高、韧性大的材料
碳化物	黑碳化硅	C	研磨铸铁、黄铜、铝、耐火材料及非金属材料
	绿碳化硅	GC	研磨硬质合金、硬铬宝石、陶瓷、玻璃等材料
	碳化硼	BC	精研磨和抛光硬质合金、人造宝石等硬质材料
金刚石	人造金刚石	JR	粗、精研磨硬质合金、人造宝石、半导体等高硬度脆性材料
	天然金刚石	JT	
其他	氧化铁		精研磨或抛光钢、铁、玻璃等材料
	氧化铬		

（2）研磨液 它在研磨加工中起到调和磨料、冷却和润滑的作用。

常用的研磨液有液态和固态两类。液态研磨液有汽油、煤油、全损耗系统用油、工业甘油、橄榄油及麻油等，固态研磨液有硬质酸、石蜡、油酸及脂肪酸等。

五、操作

1. 要点（口诀）

（1）研磨平面

研磨轨迹有规律，直线螺旋“8”字步；

粗研慢速大压力，精研轻压快速度；

工件时常变方向，平板使用别一处。

（2）研磨圆柱面

研磨尺寸要定好，推拉旋转照直跑；

研剂涂抹匀又薄，误差大处厚点抹；

孔端研剂要擦掉，及时测量尤重要。

2. 步骤

读图→准备研具、量具、辅具→检查工件→研磨→自检→整理。

第十二节 原始平板的刮研

这是一种传统的原始平板的修理方法。所修理的平板、平尺的精度随循环次数的增加而增高。要求所修理的平板、平尺的数量应至少三件，以便互研。

下面以400mm×400mm三块小平板的修复为例。

一、操作要点

平板打号按序研，①标刮②单刮③；

②③互刮一循环，②标研①单刮①；

①③互刮二循环，③标研②单刮②；

①②互刮三循环，三个循环为一遍；

遍数随着精度变，配研勿忘对角研。

二、操作步骤

（1）读修理工艺。要求平面度精度达2级即±0.014mm，接触斑点显点20~25点/25mm×25mm。

（2）准备工具、辅具 选择合适的平面粗刮刀、精刮刀及刷子各一把，备好适量的显示剂、选好工作场地、放好平板，保持合适的刮削位置。

(3) 检查刮削平板。用磨石、锉刀除去平板的锈斑、毛刺，并周边倒角。

(4) 刮削

① 将三块平板单独进行粗刮，去除表面刀痕及划痕，并分别作出①、②、③的标记。

② 在刮研平板的刮削表面涂薄而均匀的显示剂。为使粗刮显点清楚，可在两块对研的平板上涂不同颜色的显示剂。

③ 以平板①为基准，与②号平板互刮互研，使①、②平板贴合。再将③号平板与①号平板互研，单刮③号平板，使之相互贴合。

④ ②号与③号平板互研互刮，并使表面接触研点分布均匀。此为一次循环。

⑤ 以②号平板为基准，①号和②号平板互研后，单刮①号平板，再将①号与③号平板互研互刮，此为二次循环。

⑥ 按顺序以③号平板为基准，与②号平板互研，单刮②号平板，再将②号平板与①号平板互研互刮，此为三次循环。

在每次循环的互研中，除采用正研法对研外，还要采用对角研法拖研；每次研后的互刮或单刮都应刮至表面研点均匀分布。

三块原始平板循环刮削的顺序如图2-69所示。

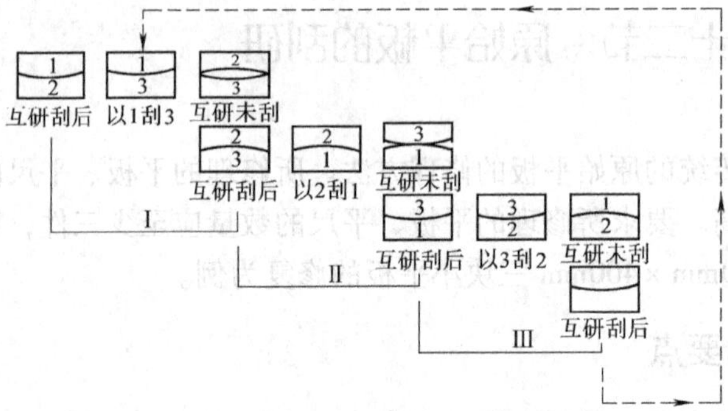

图2-69 原始平板循环刮削法

⑦ 重复步骤③~⑦，反复循环，使三块平板的接触斑点显点达20~25点/25mm×25mm。

(5) 自检 用25mm×25mm方框检查平板表面接触斑点的显点数。

(6) 整理 清洁平板表面，并涂上全损耗系统用油，放置在平整，光洁的大平板上，加以保护。

三、注意事项

拖研平板时，采用正研、对角研要稳，平板外露超出的长度一般不超出总长的 1/10，避免产生假点子。

第十三节 表面粗糙度

一、定义

表面粗糙度就是指加工表面上具有较小间距和峰谷所组成的微观几何形状特性（波距小于 1mm）。机械零件表面越粗糙，其表面粗糙度就越高。

表面粗糙度是衡量零件表面质量的重要指标。表面粗糙度值的高低直接影响着零件的耐磨性、耐蚀性、密封性。

表面粗糙度与加工方法等因素有关。

二、评定参数

1. 评定轮廓的算术平均偏差 *Ra*

在一个取样长度内，纵坐标值 $z(x)$ 绝对值的算术平均值。

2. 轮廓最大高度 *Rz*

在一个取样长度内，最大轮廓峰高与最大轮廓谷深之和为轮廓最大高度。

上述两个评定参数中，最常用的是轮廓算术平均偏差 *Ra*。

Ra 值越小，零件表面质量要求越高；*Ra* 值越大，零件表面质量要求越低。

三、表面粗糙度符号

表面粗糙度符号国家标准已作了规定，见表 2-17。

表 2-17 表面粗糙度符号

符号	意义及说明
	基本符号，表示表面可用任何方法获得。当不加注表面粗糙度参数值或有关说明（例如，表面处理、局部热处理状况等）时，仅适用于简化代号标注
	表示表面是用去除材料的方法获得，例如，车、铣、钻、磨、剪切、抛光、腐蚀、电火花加工、气割等
	基本符号加一小圆，表示表面是用不去除材料的方法获得，例如，铸、锻、冲压变形、热轧、冷轧、粉末冶金等 或者是用于保持原供应状况的表面（包括保持上道工序的状况）
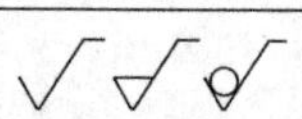	完整图形符号，在上述三个符号的长边上均可加一横线，用于标注有关参数和说明
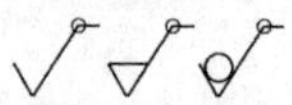	在上述三个符号上均可加一小圆，表示所有表面具有相同的表面粗糙度要求

四、表面粗糙度的标注

1. 表面粗糙度的标准

表面粗糙度的标注如图2-70所示。

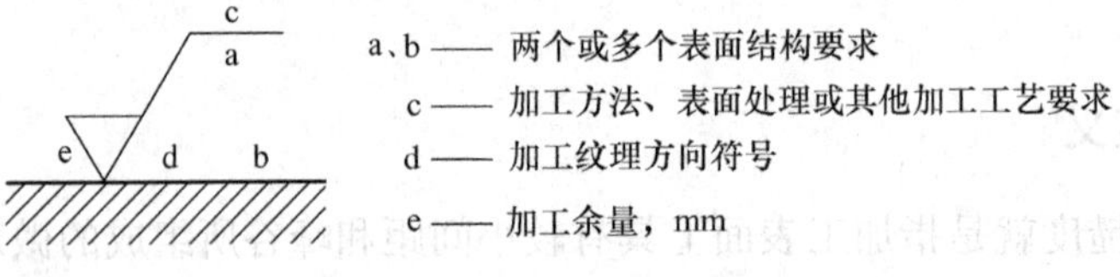

图2-70　表面粗糙度的标注

例如：√U*Ra* 3.2 L*Ra* 1.6，此标注的意义是：用去除材料方法获得的表面粗糙度，*Ra*的上限值为3.2μm，*Ra*的下限值为1.6μm。

2. 表面粗糙度符号在图样上的标注方法

表面粗糙度代号中数字及符号的方向按图2-71和图2-72的规定标注。

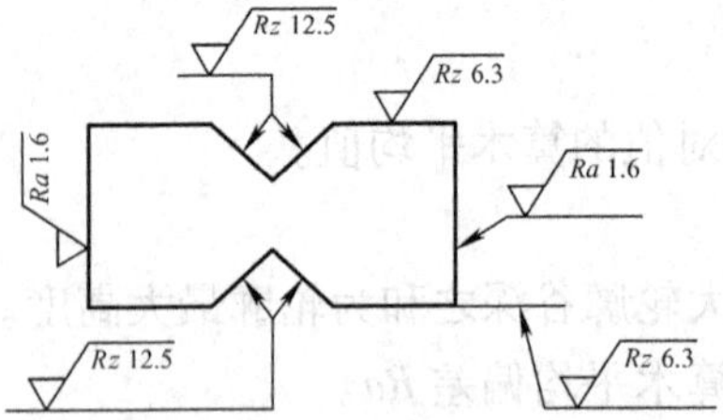

图2-71　表面粗糙度标注在轮廓线上

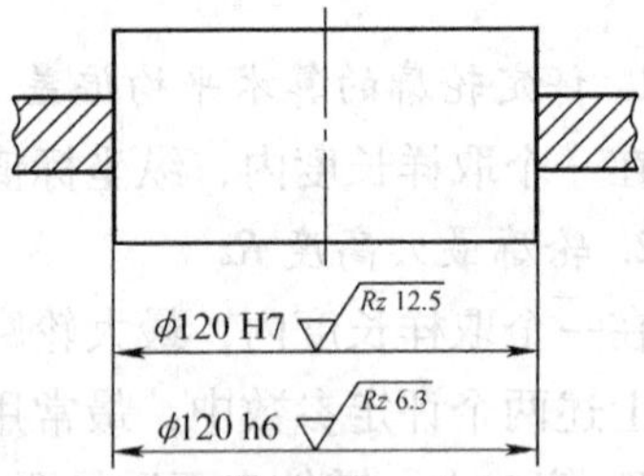

图2-72　表面粗糙度标注在尺寸线上

五、各种加工方法能达到的表面粗糙度值

1. 粗糙表面

（1）表面特征　微见加工痕迹。

（2）表面粗糙度　*Ra*≤20μm。

（3）加工方法　粗车、粗刨、粗铣、钻、毛锉、锯断。

（4）加工对象　轴端面、倒角、键槽底面等。

2. 半光表面

表面特征

1）微见加工痕迹

① *Ra*≤10μm。

② 加工方法。车、刨、铣、镗、钻、粗铰。

③ 加工对象。紧固件的自由装配表面轴和孔的退刀槽等。

2）微见加工痕迹

① $Ra \leqslant 5\mu m$。
② 加工方法。车、刨、铣、镗、磨、拉、粗刮、滚压。
③ 加工对象。半精加工表面等。
3）看不清加工痕迹
① $Ra \leqslant 2.5\mu m$。
② 加工方法。车、刨、铣、镗、磨、拉、刮、滚压、铣齿。
③ 加工对象。接近于精加工表面等。
3. 光表面
表面特征
1）可辨加工痕迹方向
① $Ra \leqslant 1.25\mu m$。
② 加工方法。车、镗、磨、拉、刮、精铰、磨齿、滚压。
③ 加工对象。卧式车床导轨面、内、外花键定心表面等。
2）微辨加工痕迹方向
① $Ra \leqslant 0.63\mu m$。
② 加工方法。精铰、精镗、磨、刮滚压。
③ 加工对象。较高精度车床导轨面等。
3）不可辨加工痕迹方向
① $Ra \leqslant 0.32\mu m$。
② 加工方法。精磨、珩磨、研磨、超精加工。
③ 加工对象。精密机床主轴锥孔、高精度齿轮齿面等。
4. 极光表面
表面特征
1）暗光泽面
① $Ra \leqslant 0.16\mu m$。
② 加工方法。精密研磨、普通抛光。
③ 加工对象。精密机床主轴轴颈表面等。
2）亮光泽面
① $Ra \leqslant 0.08\mu m$。
② 加工方法。超精磨、精抛光、镜面磨削。
③ 加工对象。高压液压泵中柱塞和柱塞配合面等。
3）镜状光泽面
① $Ra \leqslant 0.04\mu m$。
② 加工方法（同上）
③ 加工对象（同上）
4）镜面
① $Ra \leqslant 0.01\mu m$。
② 加工方法。镜面磨削、超精研。
③ 加工对象。高精度量仪、量块的工作表面等。

六、检测方法

1. 目测检测

对于那些明显不需要更精确方法检测工作表面的场合，可用目测法进行检测。

2. 比较检测

常用的是机械加工表面粗糙度比较样块，它是通过视觉和触觉评定机械加工表面粗糙度的测量工具。具体使用方法是：

（1）视觉　将被检测表面与粗糙度比较样块上的工作面放在一起，用眼睛从各个方向观察样块表面和被测表面上反射光线的强弱和色彩的差异，判断被检测表面的粗糙度值相当于粗糙度比较样块上哪一块的粗糙度数值，那么，这块样块的粗糙度数值即为被检测表面的粗糙度值。

（2）触觉　用手指或指甲摸抚两个表面，应顺着与加工纹理相垂直的方向去摸抚，凭手感判断两个表面上的粗糙度的差异，最后确定出被检测表面的粗糙度值。

3. 测量仪器检测

请参阅机修钳工（高级）的第二章。

第十四节　机械设备零部件加工的技能训练实例

• 训练 1　铣床工作台左支架划线

1. 步骤

铣床工作台左支架如图 2-73 所示。

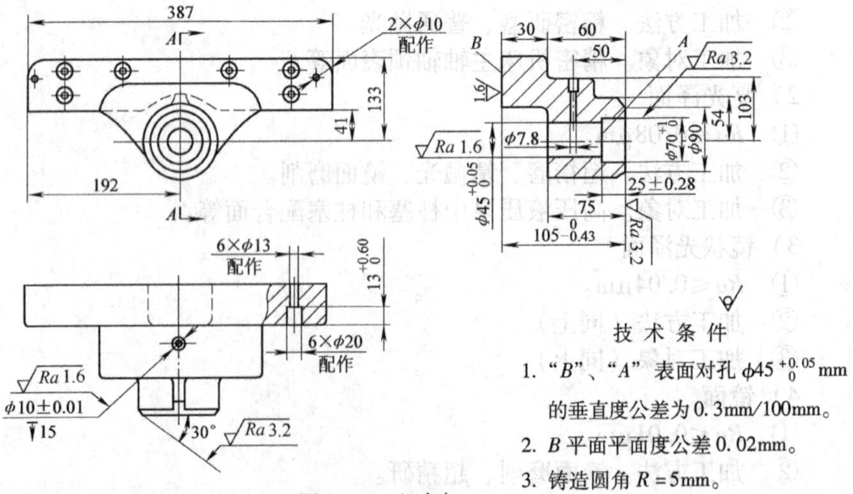

图 2-73　左支架

（1）读图 需要划线的部位有：$\phi70^{+1}_{0}$mm 孔，$\phi45^{+0.05}_{0}$mm 孔，$\phi7.8$mm 孔，$\phi10^{+0.01}_{0}$mm 孔，尺寸 $105^{0}_{-0.43}$mm 的 $Ra3.2\mu m$ 和 $Ra1.6\mu m$ 两平面；六个 $\phi13$mm 光孔，六个 $\phi20$mm 沉孔及两个 $\phi10$mm 销孔需要配划，配划基准是：修后的工作台左端面上的六个 M12 螺孔及两个 $\phi10$mm 锥销孔，左支架部件，见图 2-74。

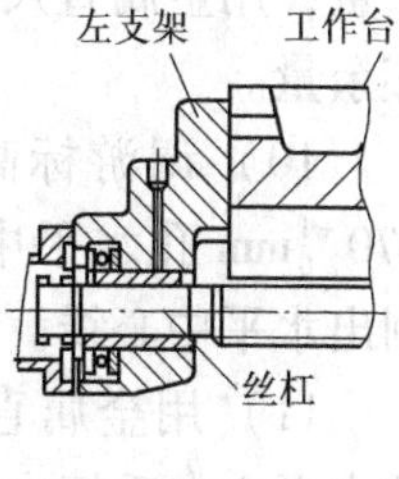

图 2-74 左支架部件

（2）准备工具、量具及辅具 选取划针、高度游标卡尺、直角尺、样冲、锤子、呆扳手、金属直尺、划规各一件；螺旋式千斤顶三件，粉笔两支，面积相当的硫酸纸一张。将工具、量具及辅具分类正确地摆放在划线台上，以便使用。

（3）检查毛坯 要求毛坯无影响零件性能的缺陷，总体尺寸应满足要求，毛刺及冒口应清理完毕。

（4）划线

1）选定划线基准及定位基准：选 $\phi45^{+0.05}_{0}$mm 孔端面上的两条互相垂直的中心线及与两条中心线垂直的孔本身的中心线为划线基准。选尺寸 $105^{0}_{-0.43}$mm 的 $Ra1.6\mu m$ 端面和尺寸 41mm 的毛坯平面为划线定位基准。

2）将三个千斤顶高度粗调一下，按左支架长、宽尺寸成等腰三角形摆放在划线平台上，再将左支架按图 2-75 中位置放在摆好的三个千斤顶上。

3）在图 2-75 中，用游标高度卡尺找正尺寸 $105^{0}_{-0.43}$mm 的表面粗糙度值 $Ra1.6\mu m$ 和 $Ra3.2\mu m$ 两平面，用手或呆扳手调整螺旋千斤顶，使两平面成水平位置。检查两平面毛坯尺寸及余量满足要求。在各划线部位区用粉笔涂色。

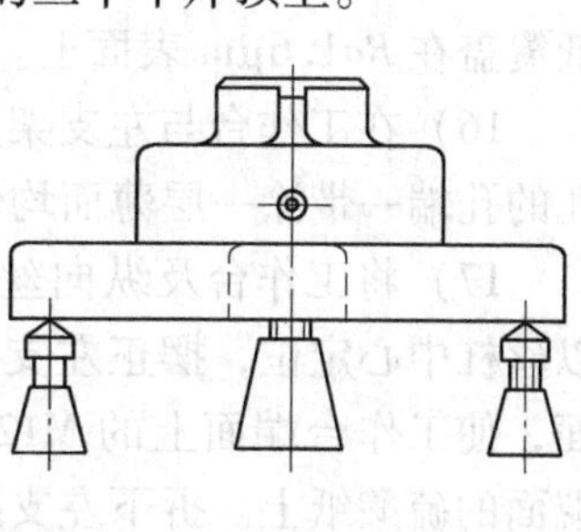
图 2-75 左支架定位及找正

4）将游标高度卡尺的划线脚调至尺寸 $105^{0}_{-0.43}$mm 的 $Ra3.2\mu m$ 平面高度，并锁紧，再使其沿运动方向与毛坯倾斜一角度接触，并缓慢均匀地沿毛坯四周移动，划出 $Ra3.2\mu m$ 平面位置线。

5）将划线游标高度尺的划线脚下降 $105^{0}_{-0.43}$mm，用与 4）同样的方法，划出 $Ra1.6\mu m$ 平面位置线。

6）划线量爪再调至（$\phi10\pm0.01$）mm 孔中心高度，锁紧后，划出（$\phi10\pm0.01$）mm 孔中心的一条位置线。

7）用样冲、锤子在表面粗糙度值 $Ra3.2\mu m$ 和 $Ra1.6\mu m$ 两平面的位置线上均匀地轻打样冲眼。

8）按图 2-76 位置重新摆放左支架。调整两个千斤顶，用游标高度卡尺检查两端最高点等高，用直角尺检查 $Ra1.6\mu m$ 表面位置线与平板垂直，测量、调整交替进行，直至找正摆放位置。

9）用游标高度卡尺检查 $\phi70^{+1}_{0}$mm 和 $\phi90$mm 两尺寸在垂直方向上的毛坯余量，用金属直尺检查水平方向上的毛坯余量。

10）调游标高度尺的划线量爪至 $\phi70^{+1}_{0}$mm 孔水平中心高位置，并锁紧，划出水平中心线。

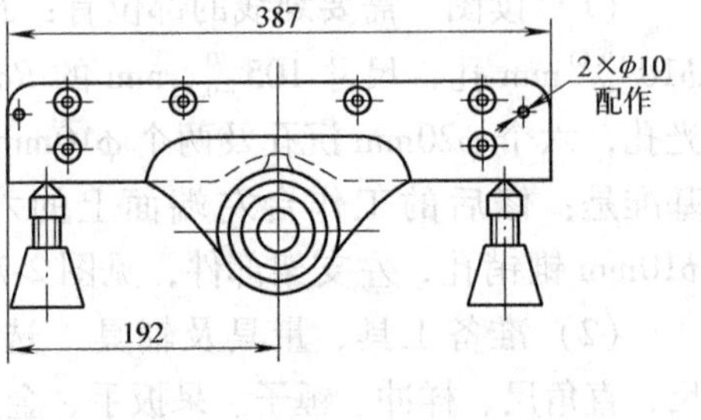

图 2-76　重新摆放左支架

11）用金属直尺量取 $\phi90$mm 外圆的水平方向毛坯中心，配合使用直角尺和金属直尺，划出 $\phi45^{+0.05}_{0}$ mm 孔、$\phi70^{+1}_{0}$ mm 孔及 $\phi90$mm 外圆的垂直中心位置线。

12）用直角尺的一边对齐 $\phi90$mm 外圆的垂直中心位置线，使金属直尺与（$\phi10\pm0.01$）mm 孔一条中心位置线垂直并与直角尺边相交，再用划针划出（$\phi10\pm0.01$）mm 孔的另一条中心位置线。

13）用样冲、锤子打出（$\phi10\pm0.01$）mm 孔的中心冲眼，再用划规以冲眼为圆心，分别以 3.9mm、5mm 为半径划圆。

14）按线找正，加工已划线部位至零件图要求后，再进行配划线。

15）在左支架 $Ra1.6\mu m$ 大平面上涂适量黄甘油，再用一张面积相当的硫酸纸覆盖在 $Ra1.6\mu m$ 表面上。

16）在工作台与左支架连接的表面上，将六个 M12 螺孔和两个 $\phi10$mm 锥销孔的孔端一带涂一层薄而均匀的红丹粉。

17）将工作台及纵向丝杠摇至靠近右端行程终点，再把左支架装入丝杠，以丝杠中心定位，摆正左支架与工作台相对位置，并压紧左支架与工作台左端面，使工作台端面上的 M12 螺孔及 $\phi10$mm 销孔的孔位反印在左支架 $Ra1.6\mu m$ 端面的硫酸纸上。拆下左支架，找正印孔中心，轻打中心孔冲眼，用金属直尺找正冲眼位置后，再加力重打中心孔冲眼。去掉硫酸纸，擦去黄甘油，用划规以冲眼为圆心，以 6.5mm 为半径划出沉孔加工界限，以销孔冲眼为圆心，以 5mm 为半径划出销孔加工界限。

（5）自检　按零件图检查各划线部位，应无遗漏。

（6）整理　整理工作现场。

2. 注意事项

1）划线过程中，零件的摆放要可靠。

2）划线工具不要置于划线平台边缘，以免工具碰落伤脚。

3）配划位置印记要清晰，配划位置加工界限要准确。

• 训练2 錾削薄板材及油槽

1. 錾削薄板材

（1）操作步骤 薄板材如图 2-77 所示。

1）读图：毛坯材料为 Q235，工件宽度为 30mm。

2）准备工具、量具：选取扁錾、0.5kg 锤子、金属直尺及划针各一件。将选取的工具、量具分类放在钳台上。

3）检查毛坯 检查薄板毛坯厚度、长度尺寸是否合适，宽度尺寸余量应保证 25mm，表面应光滑、无锈斑。

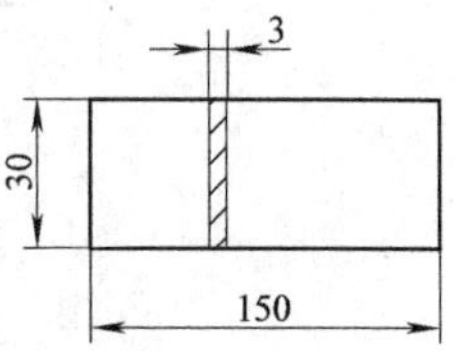

图 2-77 板

4）錾削

① 用金属直尺和划针按图样尺寸在薄板上划錾切线。

② 将工件放入钳口，切除部分置于钳口之上，右端起錾处置于钳口内 10mm，钳口、錾切线对齐，夹紧毛坯。

③ 两脚站位如图 2-78 所示。正身与虎钳中心成 75°角，上身略向前倾，左脚跨前半步，膝盖稍弯曲，右脚要站稳，伸直，保持自然。

左手正握法握錾，如图 2-79a 所示。

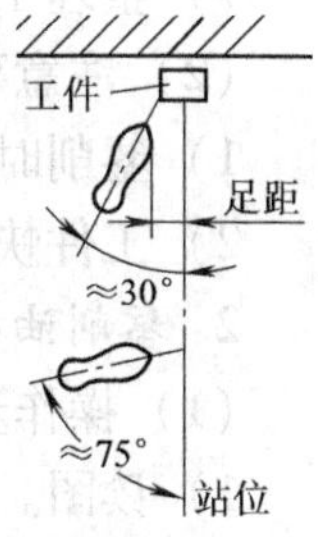

图 2-78 站位

錾子刃口紧靠工件錾切线，錾子中心与水平面成 30°角，以保证錾子錾削时有 5°~8°的工作后角，如图 2-80 所示。

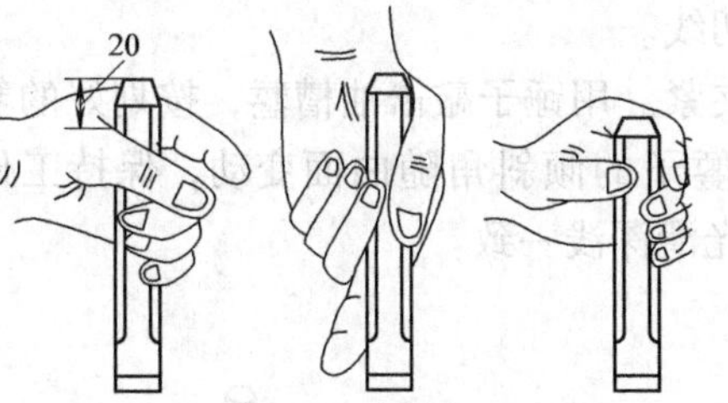

图 2-79 錾子握法

a）正握法 b）反握法 c）立握法

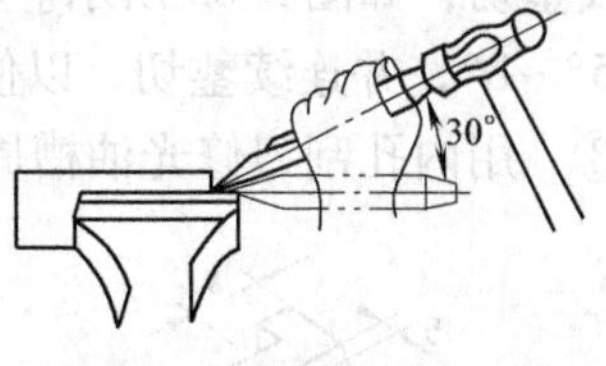

图 2-80 垂直面内角度

④ 錾身与板料在水平面内成 45°角，如图 2-81a 所示。刃口与钳口上平面平齐，用扁錾、锤子沿钳口自右向左錾切，如图 5-59b 所示。

⑤ 当錾至钳口左端时，松开工件，串至右边夹紧，再对齐錾切位置线继续錾切至完毕，勿忘錾至末尾力宜小。

5）卸下工件，用锤子校平工件表面。

6）自检。按图样自检尺寸是否合格。

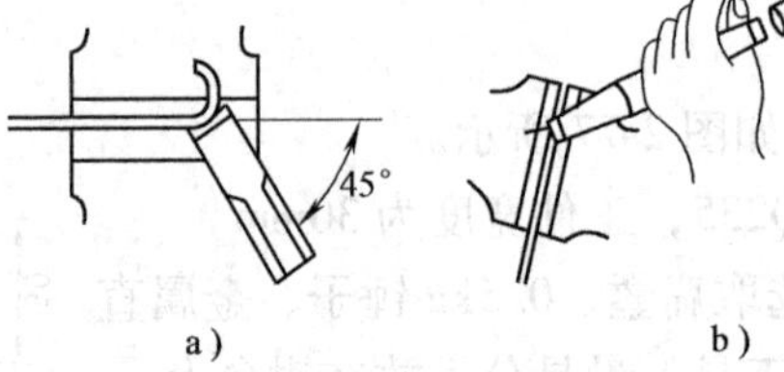

图 2-81　水平面内角度

7）整理工作结束，清理工作现场。

（2）注意事项

1）錾削时，要防止锤头脱出伤人。

2）工件快断时，应轻缓錾削，防止錾除部分飞出伤人。

2. 錾削油槽

（1）操作步骤　以滑动轴承油线錾削为例，如图 2-82 所示。

1）读图。油槽深 2mm、宽 3mm，油线两条；工件材料 QSn6. 5-0. 1。

2）准备工具。选取尺寸合适的油槽錾、0. 5kg 锤子、内孔刮刀、金属直尺及划针各一件，将工具分类摆放在钳台上，以便操作。

3）检查工件。用金属直尺检查工件总体尺寸满足要求。

4）錾削

① 用划针在毛坯上划出油槽的錾切线。

② 把毛坯放入钳口，摆正位置，夹紧。用锤子敲击油槽錾，按划好的錾切位置线錾切，如图 2-83 所示。錾切时，錾子的倾斜角随曲面变动，保持工作后角为 5°~8°，并连续錾切，以便使油线光滑深浅一致。

③ 用内孔刮刀修光油槽周边毛刺。

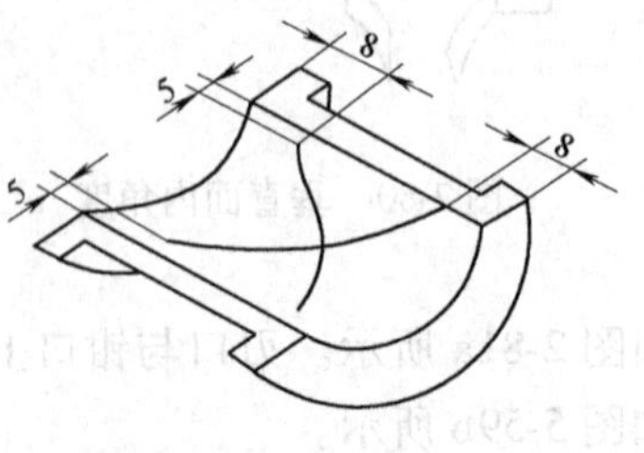

图 2-82　滑动轴承

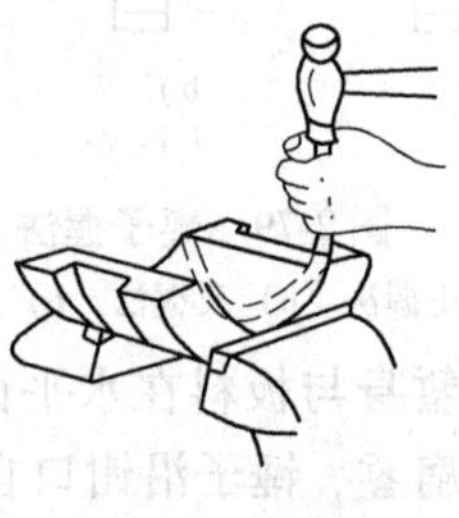

图 2-83　錾油槽

5）自检。用金属直尺检查油线尺寸满足图样要求，轴承内表面无毛刺。

6）整理。卸下工件，清理工作现场。

（2）注意事项

1）对于尺寸较小的轴瓦，应防止夹紧力和錾削力引起的轴瓦变形。

2）錾切油槽的起点、终点应符合图样要求，不要錾豁。

3）錾切的槽宽、槽深应保持一致，槽面光滑、平整。

• 训练3 锉削平键平面

（1）操作步骤(图2-84)

1）读图：工件材料45钢，锉削表面平面度公差0.01mm，表面粗糙度 $Ra3.2\mu m$，尺寸精度h11。

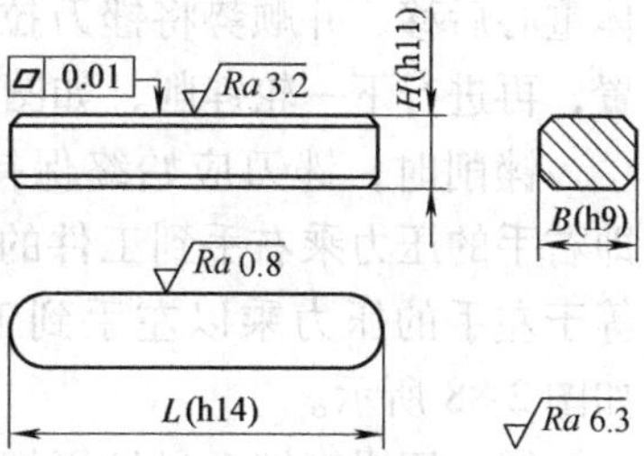

图2-84 键

2）准备工具、量具及辅具。选取钳工锉300mm 1号纹、3号纹平锉各一把，金属直尺、0.02mm分度值的游标卡尺及刀口形直尺各一把，选取台虎钳一台、软钳口一副、零号砂布一张。将选取的工具、量具及辅具分类摆放在台虎钳旁，以便操作。

3）检查毛坯。用游标卡尺检查毛坯的实际总高尺寸，锉削余量为0.5mm。

4）锉削

① 将软钳口置于台虎钳钳口中，再把键被锉表面朝上放入软钳口中，于距被锉表面3/4H处夹紧。

② 取钳工锉1号纹平锉，右手拇指放在锉刀柄上，手心抵住柄端握锉。左手拇指根部轻压锉刀前端，捏住锉刀头。两手握住锉刀，放在工件锉削表面上，如图2-85中左手放法1(也可采用左手放法2或左手放法3)。

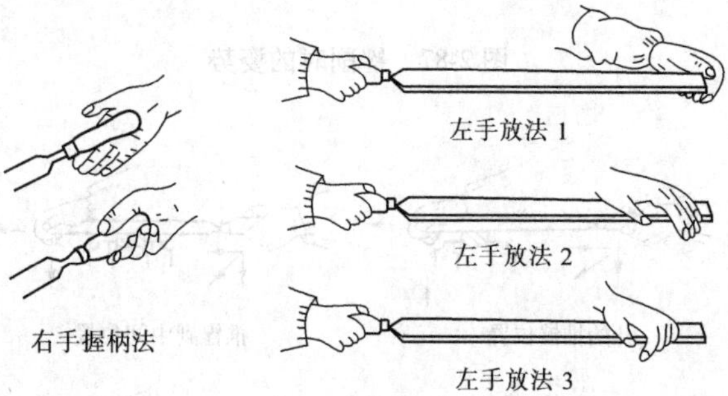

图2-85 锉刀握法

身体站位与钳口方向成45°角，如图2-86所示。上身微向前倾10°左右，重心落在左脚上，右脚伸直，右小臂与锉刀锉削方向成一直线，右大臂在后弯曲，控制锉削方向，并用力推动锉刀前进。当锉刀推至1/3行程时，身体前倾15°左右，再推行1/3行程时，身体倾斜到18°左右，当锉刀继续推进最后1/3行程时，身体随着反作用力退回到15°左右，两臂则继续将锉刀向前推进到头，行程结束时，将锉刀稍微抬起，左腿逐渐伸直，身体重心后移，并顺势将锉刀拉回到初始位置，再进行下一轮锉削，如图2-87所示。

锉削时，锉刀应始终保持水平位置，即右手的压力乘右手到工件的距离应始终等于左手的压力乘以左手到工件的距离，如图2-88所示。

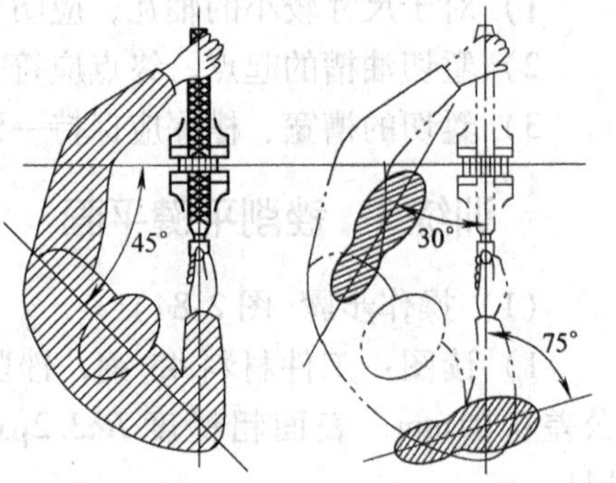

图2-86　锉削时的站立位置

③　用钳工锉1号纹平锉粗锉表面粗糙度值为 $Ra3.2\mu m$ 的平面。使用较少的时间锉掉锉削余量的80%，并用游标卡尺检查余量尺寸，目测粗锉表面的表面粗糙度值应达到 $Ra2.5 \sim 12.5\mu m$。

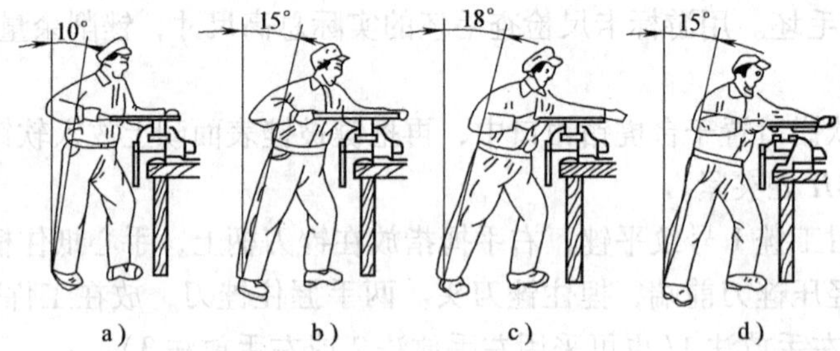

图2-87　锉削时的姿势

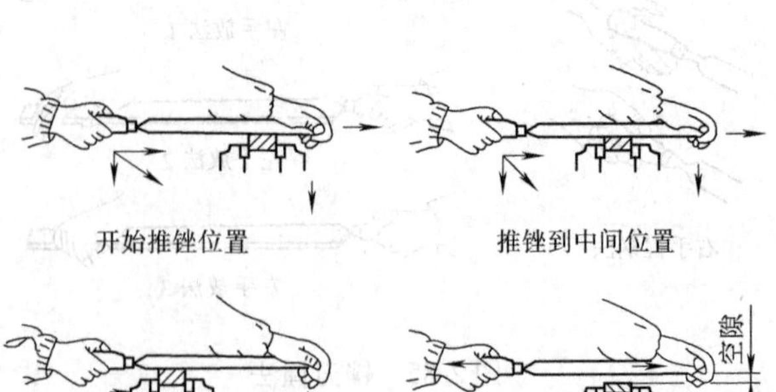

图2-88　锉削过程用力示意图

④　用金属直尺侧棱透光法检查锉削表面的平面度，要求在横向、纵向各取3个位置及两条对角线位置进行检查。透光应基本均匀。

⑤　用钳工锉3号纹平锉对表面粗糙度值为 $Ra3.2\mu m$ 的平面进行半精加工，去除原加工余量的15%~18%。在锉削过程中，时常用游标卡尺测量尺寸，同时用刀口形直尺按步骤④中的方法检查锉削表面的平面度误差，透光应均匀。

⑥　从零号砂布上撕下一条稍宽于锉刀的砂布，包于3号纹平锉上，对 $Ra3.2\mu m$ 平面进行修光。修光后取下工件。

5）检查。用游标卡尺、刀口形直尺按图样要求检查h11，平面度误差。

6）整理用锉刀刷清除锉刀上的切屑，清理工作现场。

（2）注意事项

1）锉刀柄应装紧，不可松动。

2）毛坯表面不能有油污，锉刀锉纹部应清除干净。

3）严禁用手清除切屑和触摸锉过的表面。

4）放置锉刀时，不要露出钳台外面，以防掉下碰伤。

• 训练4　修配普通键圆弧面（图2-89）

（1）操作步骤

1）读图：工件材料45钢，圆弧半径 R 为 $6_{-0.05}^{\ 0}$ mm，圆度公差0.2mm，表面粗糙度为 $Ra3.2\mu m$。

2）准备工具，选取钳工锉200mm 1号纹、3号纹平锉各一把，半径样板一套，金属直尺、划规、样冲、锤子及锉刷刀各一件，零号砂纸一张，软钳口一付。将选取的工具、量具分类摆放于台虎钳旁，以便于操作。

3）检查毛坯　用金属直尺检查锉削余量，R 处为0.5mm。

4）锉削

①　用金属直尺找出毛坯外圆弧的圆心，用样冲打出中心冲眼，用划规划出外圆弧线，并打上分布均匀的冲眼。

②　将工件的外圆弧面向上装夹在有软钳口的台虎钳中，并夹紧。

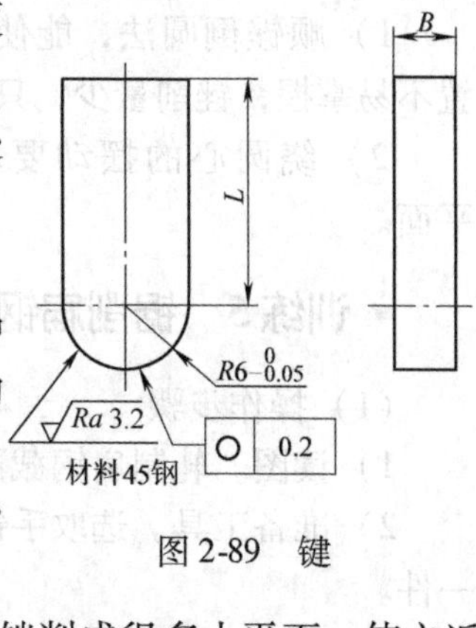

图2-89　键

③　用钳工锉1号纹平锉，按划线将外圆弧表面锉削成很多小平面，使之近似于圆弧的多棱形面。

④　按图2-90中的顺向锉法，既向前锉又绕圆弧中心转动的方法修圆外圆弧面，粗锉后，留0.15~0.20mm的锉削余量。

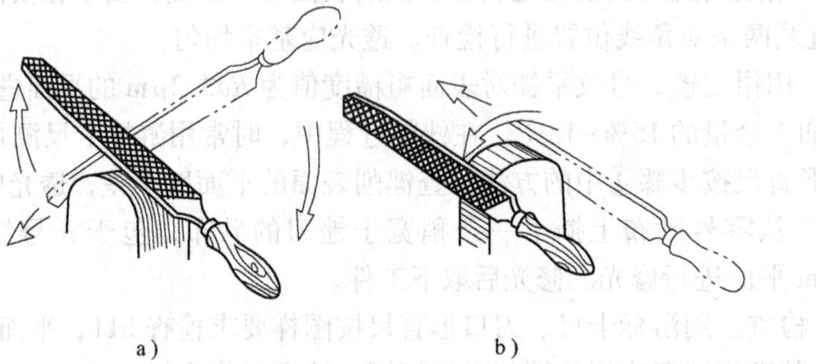

图 2-90　外圆弧面的锉削方法

a）顺向锉法　b）横向锉法

⑤　用钳工锉 3 号纹平锉顺着外圆弧方向向前推锉的同时，右手向下压，左手随着上提，使锉刀的运动轨迹呈渐开线式(即顺向锉法)，如图 2-91 所示。精锉外圆弧面，留 0.02～0.04mm 锉削余量。

⑥　在精锉过程中，要经常用半径样板进行检查，直至修锉到图样要求。

⑦　从零号砂布上撕下一条稍宽于锉刀的砂布，包在 3 号纹平锉上，对工件的外圆弧表面进行修光。

5）自检。卸下工件，按图样进行最终检查。

6）整理。清除锉刀上切屑，清理工作现场。

(2) 注意事项

1）顺锉倒圆法，能使圆弧面光滑，但锉削位置不易掌握，锉削量少，只适用于精锉。

2）绕圆心的摆动要均匀，否则会出现微小平面。

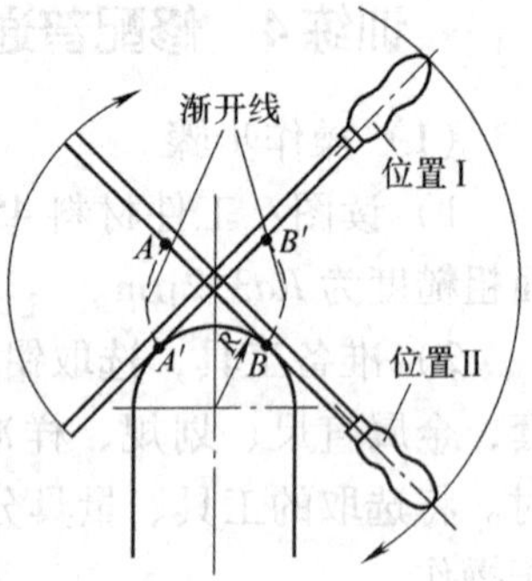

图 2-91　锉刀转动

训练 5　锯削扁钢

(1) 操作步骤

1）读图。轧制扁钢截面尺寸为 20mm×10mm，截取长度 l=50mm。

2）准备工具。选取手锯一把，300mm 锯条三根，150mm 金属直尺、划针各一件。

3）检查毛坯。用金属直尺检查毛坯长应为 150mm，表面质量是否合格，高宽尺寸是否符合图样要求。

4）锯削(图 2-92)

①　用金属直尺、划针划扁钢锯削位置线，将扁钢宽面向上，切割线位于钳

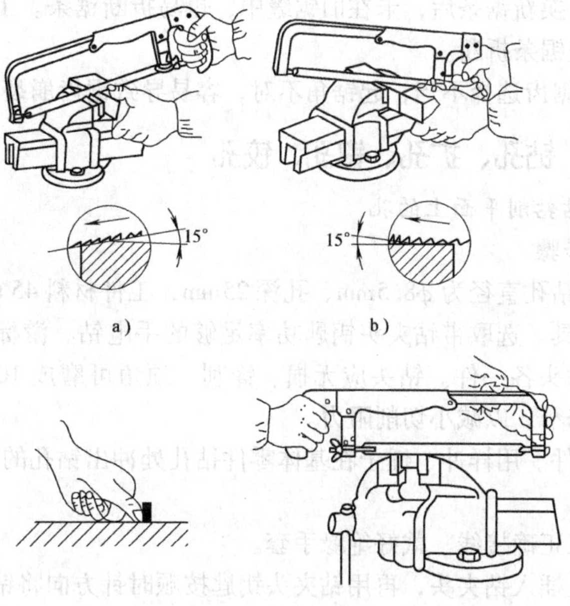

a） b）

c） d）

图 2-92 起锯方法

a）远起锯 b）近起锯 c）起锯时的导向 d）手锯的推法

口左侧外 10mm，夹紧。

② 用近起锯法起锯，如图 2-92b 所示。即起锯时，用左手拇指挡住锯条，起导向作用，如图 2-92c 所示。右手将锯弓稍微斜出锯一条锯槽，起锯角 15°，行程要短，压力要小，速度要慢，当起锯锯到槽深达 2 ~ 3mm 时，锯条已不会滑出槽外，左手拇指即可离开锯条。

③ 用右手握锯，左手压在锯弓前端，如图 2-92d 所示。站立的位置和身体摆动的姿势与锉削相似。右手主要控制推力，左手配合右手扶正锯弓并施加压力。当手锯推进时，身体略向前倾，双手随着压向手锯的同时，左手稍作上翘，右手稍作下压。当手锯回程时，右手稍微上抬，左手自然跟回。

锯削时，不要使锯弓的前后两端撞到工件。工件快被锯断时，减轻压力，放慢速度，并用左手托住锯断、掉下的扁钢。

5）自检。用金属直尺测量截下的扁钢长度应为 50mm。

6）整理。整理工作现场。

（2）注意事项

1）工件装夹歪斜、锯条安装扭曲，锯齿磨损及推锯用力产生歪斜都可能造成锯缝歪斜，影响锯削质量。

2）锯条装的过松、过紧、压力过大或方向不正，都易折断锯条。锯缝歪斜后，强行借正；换新锯条后，卡在旧锯缝中，也易折断锯条。工件将锯断时，处理不当，也易使锯条折断。

3）锯条的锯齿选择不当，起锯角不对，容易导致锯齿崩裂。

• 训练6 钻孔、扩孔、锪孔、铰孔

1. 用手电钻钻削平面上的孔

（1）操作步骤

1）读图。钻孔直径为 ϕ8.5mm、孔深25mm，工件材料45钢。

2）准备工具。选取带钻夹头钥匙功率足够的手电钻、游标卡尺、样冲、锤子及 ϕ8.5mm 钻头各一件。钻头应无损、锋利、顶角可磨成100°左右，后角略大、并将横刃修窄，以减小切削阻力。

3）检查工件。用样冲、锤子在基体零件钻孔处冲出钻孔的中心。

4）钻孔

① 请电工正确接线、戴好绝缘手套。

② 将钻头插入钻夹头，再用钻夹头钥匙按顺时针方向将钻头拧紧后，退出钥匙。

③ 根据孔位状况选择适合的钻孔姿势，如图2-93所示。身体稍下蹲，两腿微呈弓步，右手握电钻，左手扶电钻柄部，将钻头抵在冲眼凹坑内，并保持钻头与被加工平面垂直。

④ 起动电钻，用膝盖顶住左手，靠腿部力量朝钻孔方向均匀用力，使钻头进给。要防止钻头摆动、摇晃。注意时常移出钻头，清除钻屑，钻至孔深。

图2-93 钻孔站位

5）自检。用卡尺检查孔径、孔深合格。

6）整理。工作结束，清理现场。

（2）注意事项

1）电线接线要安全，电线不要绊到人。

2）钻孔时，一定要用双手握紧电钻，否则容易发生人身事故。

3）孔位要找准，加力方向要正，防止钻头摆动、摇晃。

4）通孔钻削快钻通时，一定要双手紧握电钻，减轻进给压力，精神要高度集中。

2. 在圆柱形工件上钻孔

（1）操作步骤

1）读图。轴端定位销孔直径 ϕ5mm、深10mm，工件材料45钢。

2）准备工具。辅具及量具。选取直角尺、定心工具、V形块、游标卡尺、指示表、表座及 ϕ5mm 钻头各一件，压板、螺栓、螺母及扳手一套。

3）检查毛坯。用卡尺检查轴各部位尺寸应符合要求。

4）钻孔

① 将定心工具按图2-94a中所示，装入钻夹内，并夹紧。再将表指示测头压在定心工具圆锥表面上，读数0.2mm。旋转定心工具，使锥表面振摆在0.01~0.02mm之内。

② 将V形块置于定心工具下方，落下主轴，使定心工具的圆锥面接触V形块的直角尺面，检查两边密合。

③ 抬起钻轴，将工件放入V形块中，落下定心工具，对准工件钻孔中心。用压板把工件和V形块压牢固定。

④ 拆下定心工具，换上ϕ5mm钻头并夹紧。落下主轴，校验钻头对准钻孔中心。

⑤ 起动钻床，试钻一浅坑，观察中心位置是否正确。如有偏差，是横刃过长，钻尖不够锋利引起，可重新修磨缩短横刃，并减小后角，再试钻校正。若无偏差，钻至孔深尺寸。

⑥ 退出主轴，停机、卸下工件。

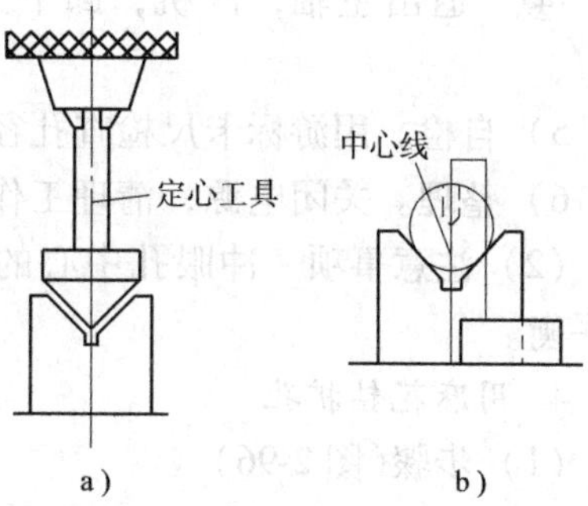

图2-94　在圆柱形工件上钻孔

5）自检。用卡尺检查孔径，孔深及孔位是否合格。

6）整理。关闭电源，整理工作现场。

（2）注意事项

1）工件、V形块必须夹紧、压牢，不要发生位移。

2）装夹钻头、检测孔、应在停机状态下进行。

3. 钻削半圆孔(骑马孔)(图2-95)

（1）操作步骤

1）读图。壳体材料45钢，衬套材料QSn4-3，螺孔底径ϕ8.5mm、孔深16mm。

2）准备工具。选取划针、金属直尺、卡尺、样冲、锤子、压板、双头螺栓、螺母及扳手各一件。选取尽量短的ϕ8.5mm钻头一件，并修磨横刃，使其尽量窄。选用摇臂钻床一台。

3）检查毛坯。轴和轴套材料不一样，故硬度也不一样。

4）钻孔

① 用金属直尺、划针在轴、轴套的端面上划出螺纹底孔中心线。并用样冲、锤子打出底孔圆心冲眼。样冲眼离开中心略偏于45钢硬材料一边0.3mm。

② 使轴、轴套端面向上，装夹，固定在摇臂钻床工作台上。装夹钻头，使钻头、主轴伸出部分尽量短。

③ 选择合理的切削用量，起动钻床，主轴正常运转后，手动降下主轴，使钻头抵住钻孔冲眼，试钻一浅坑，观察偏移量合适，钻孔至深度。

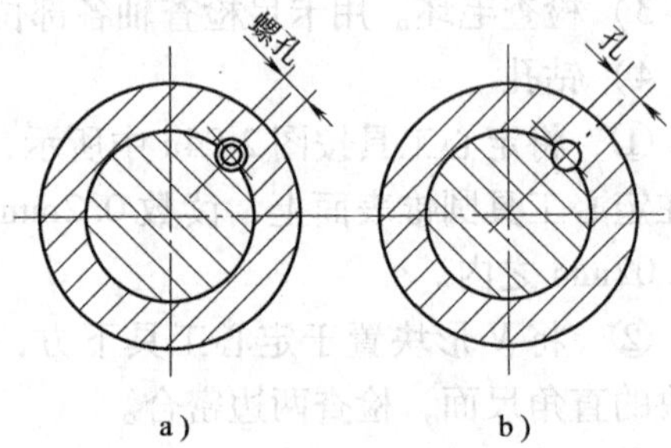

图2-95 骑马螺孔和骑马孔

a) 骑马螺孔 b) 骑马孔

④ 退出主轴，停机，卸下工件。

5) 自检。用游标卡尺检查孔径，孔深及孔位是否合格。

6) 整理。关闭电源，清理工作现场。

(2) 注意事项 冲眼孔中心的偏移量要控制好，过大、过小都影响切削力的平衡。

4. 用麻花钻扩孔

(1) 步骤(图2-96)

1) 读图。工件材料HT100，扩前孔径 ϕ8mm，扩后孔径 ϕ15H8，表面粗糙度值 $Ra1.6\mu m$。

2) 准备工具。选取 ϕ15mm 麻花钻头及游标卡尺各一件，选用立式钻床一台。

3) 检查毛坯。用游标卡尺检查扩前孔径应为 ϕ8mm。

4) 扩孔

① 将工件置于立钻工作台面上，装夹麻花钻头，手动降下主轴，对正工件扩前孔中心，用压板压紧，固定工件。

② 选择合理的切削用量，确定手动进刀方式，起动钻床，使主轴转动正常。

③ 按下钻床主轴，手动进刀扩孔至深度。扩孔时，可采用毛刷加注切削液。

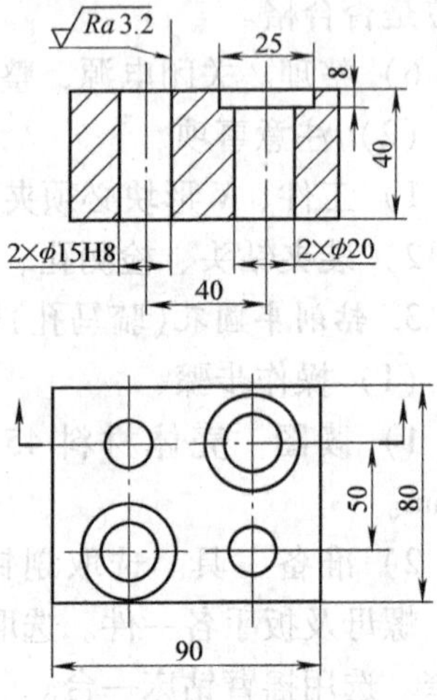

图2-96 扩孔零件

5) 自检。退回主轴、停机。用卡尺检查扩孔孔径是否合格。

6) 整理。卸下零件、关闭电源，清理现场。

(2) 注意事项

1）对扩孔余量较大的孔，可先用小钻头钻孔后，再用扩孔钻扩孔。

2）对要求较高且后续还要铰孔的孔，除先用小钻头钻一孔外，还要用不同直径的钻头进行两次扩孔，以保证铰前孔的质量。

5. 锪孔(图 2-96)

（1）步骤

1）读图。锪孔直径 ϕ25mm，深 8mm，锪前孔径 ϕ20mm，锪孔加工两处。

2）准备工具、量具及辅具。选取尺寸合适的标准柱形锪钻头、ϕ20mm 麻花钻头、游标卡尺各一件，压板、螺栓、螺母及扳手等数件，摇臂钻床一台。

3）检查毛坯。用游标卡尺检查毛坯各部尺寸是否符合图样要求。

4）锪孔

① 将工件锪孔部位朝上，放入摆臂钻床工作台上的机用虎钳的钳口中，并适度夹紧。

② 装夹 ϕ20mm 麻花钻头，手动降下主轴，使钻头插入工件 ϕ20mm 孔中，锁定主轴位置。夹紧工件抬起主轴，换上柱形锪钻头，夹紧。

③ 选定合理的切削用量，起动钻床，使主轴正常旋转。

④ 降下钻床主轴，手动进给，锪柱形 ϕ25mm 沉孔至尺寸，退刀、停机。

⑤ 用步骤②的方法，找正另一沉孔位置。重复步骤④，锪另一沉孔至尺寸。退刀、停机。

5）自检。用游标卡尺按图样要求检查各尺寸是否合格。

6）整理。卸下工件，关闭电源，清理现场。

（2）注意事项

1）锪下端孔口端面时，锪钻钻柄要装夹牢靠，必要时，用横销楔紧，以防锪钻在进刀时掉下来。

2）麻花钻改制的锪钻应减小切削刃外缘处的前角，以防止产生“扎刀”。

6. 锥销孔的铰削

（1）步骤(图 2-97)

1）读图。锥销孔在后支架与床身联接中起定位作用。孔径 ϕ8mm，孔深 50mm。要求：孔深范围内，接触长度达 80%~85%。

2）准备工具。选取切削刃锋利的1∶50的 ϕ8mm 锥形手用铰刀，12in 活扳手及锤子各一件。准备 1∶50 带退销螺孔的 ϕ8mm × 50mm 锥销两件。

3）检查工件。校验后支架调整位置正确后，用内六角螺钉将其固定。检查铰削余量约 0.5mm。

4）铰孔

① 将铰刀插入铰削孔中，调整扳手开口，卡入铰刀柄部四方处，手工铰孔。铰孔时，左手压住铰刀柄部端头，右手顺时针扳动扳手，保持铰刀中心与修

铰孔中心同心，并成水平状态，即左手既要托住铰刀柄部克服重力及右手力臂不对称造成的偏斜，还要均匀施加压力，保持铰削平稳进给。

② 铰削过程中，适当退刀清屑。退刀时，按顺时针方向旋转，旋转过程中加向外提出的力，严禁铰刀反转。停歇位置每次应变换。

③ 用手将锥销推入铰削孔中，检查铰孔深度，要求锥销插入锥孔内的深度达锥销长度的80%~85%。

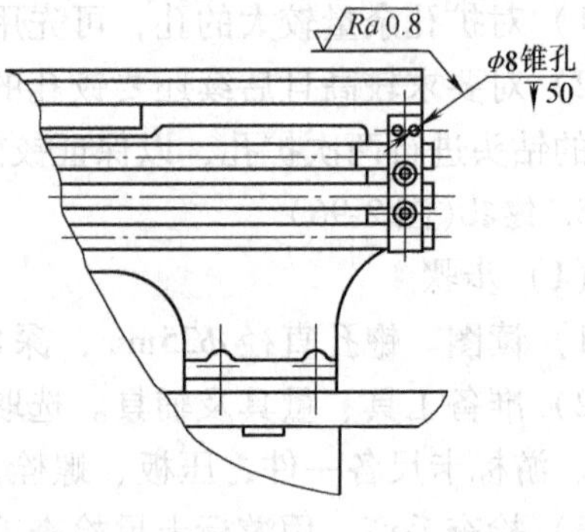

图2-97 后支架定位销孔

④ 重复步骤①、②、③至铰孔合格。

5）自检。用锥销插入后支架修铰孔内进行最后检查。

6）整理。整理工作现场。

（2）注意事项

1）为铰孔省力应尽量减少铰削余量。

2）工件的装夹应利于操作者保持正确的铰削位置。夹紧力适当，不要引起工件变形。

3）铰孔时，两手用力要平衡，旋转铰杠速度要均匀，铰刀不得左右偏摆，避免孔口或孔径变大。

4）铰孔过程中，若铰刀被卡住，不要猛力扳动铰杠，应轻轻地、反正交替地晃动铰杠，待铰刀轻微松动后，再将铰刀取出检查，如有磨损或轻微崩刃，应经修磨后再使用。

5）铰刀用后，要擦拭干净，涂油防锈，妥善存放，以防损伤切削刃。

• 训练7 攻螺纹、套螺纹

1. 攻螺纹

（1）步骤 以图2-98零件为例。

1）读图。工件材料45钢，螺纹M8，螺距为1.25mm，单线、右旋。

2）工具准备。选取台虎钳、可调式铰杠、直角尺、毛刷及装有全损耗系统用油的广口杯各一件，手用丝锥M10×1.25一套两支。

3）检查毛坯。工件应已钻好底孔，且孔端倒角。

4）攻螺纹

① 工件孔端倒角平面朝上放入台虎钳钳口，使底孔与钳口上平面垂直，摆正位置夹紧。

② 将头锥柄尾放入铰杠方孔内，用手转动铰杠手柄，锁紧丝锥。

③ 利用工件孔口倒角，将丝锥插入底孔中心，并切入底孔端部。两腿分开与肩同宽，站在台虎钳正面，双手分握铰杠两端，使丝锥垂直对准工件表面，并保持丝锥轴线与螺纹底孔轴线重合。

④ 用毛刷在丝锥的切削部位涂抹全损耗系统用油。

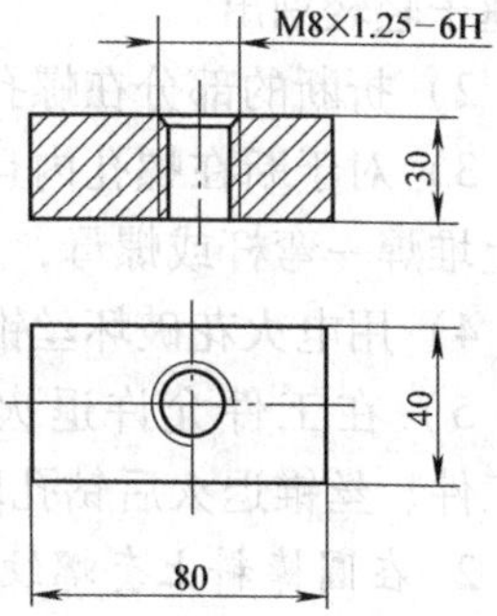

图 2-98　块

⑤ 用手握住铰杠中部，均匀用力，使铰杠保持水平转动，并在转动过程中对丝锥施加垂直压力，如图 2-99 所示，使丝锥切入底孔 1/2 圈。

⑥ 用直角尺检查丝锥与工件表面是否垂直，若不垂直，丝锥要重新切入，直至垂直，如图 2-100 所示。

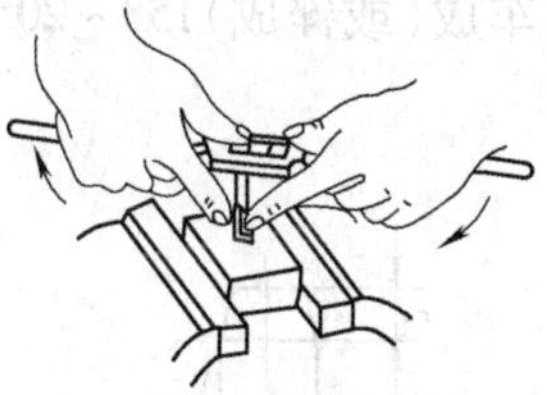
图 2-99　切入

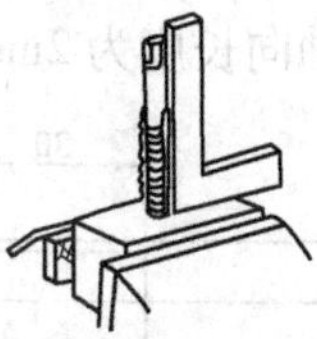
图 2-100　校正

⑦ 深入攻螺纹时，两手紧握铰杠两端，正转 3/4 周后，反转 1/4 周。在攻螺纹过程中要经常用毛刷对丝锥加注全损耗系统用油。并经常退出丝锥，清除切屑。

⑧ 将丝锥轻轻倒转退出，注意退出时不要让丝锥掉下。

⑨ 用毛刷清除丝锥上的切屑。转动铰杠手柄，取下丝锥。按头锥操作步骤用二锥攻螺纹至合格。

5）自检。用配套螺杆或螺纹塞规旋入进行检验。

6）整理。工作完毕，清理现场。

（2）注意事项

1）当攻较硬的材料时，头锥、二锥可交替使用。

2）攻螺纹的底孔孔径要正确，孔端要倒角。

3）切削力较大加套管时，不可加过大力臂。要经常反转，避免丝锥轧住或折断。

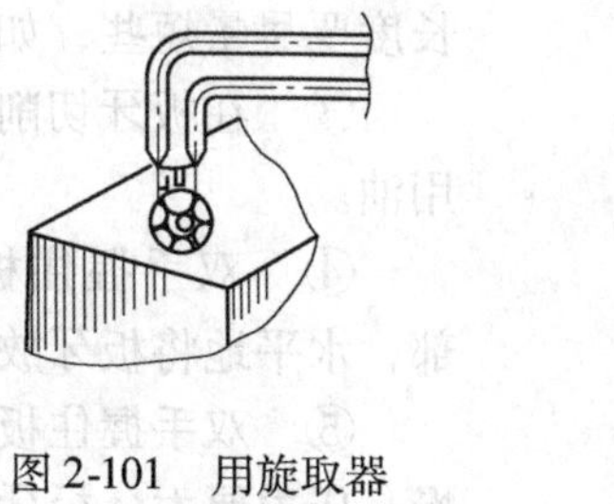
图 2-101　用旋取器取断丝锥

（3）取出折断在螺孔中丝锥的方法

1）折断的部分露在螺孔外，可用钳子拧出或用尖錾和锤子轻轻剔出。

2）折断的部分在螺孔内，如图2-101所示，可用自制的旋取器将丝锥取出。

3）对于断在螺孔内且难以取出的丝锥，可用气焊或电焊的方法在折断的丝锥上堆焊一弯杆或螺母，以便将丝锥拧出，见图2-102。

4）用电火花破坏丝锥后取出。

5）在工件允许退火的情况下，将工件、丝锥退火后钻孔取出。

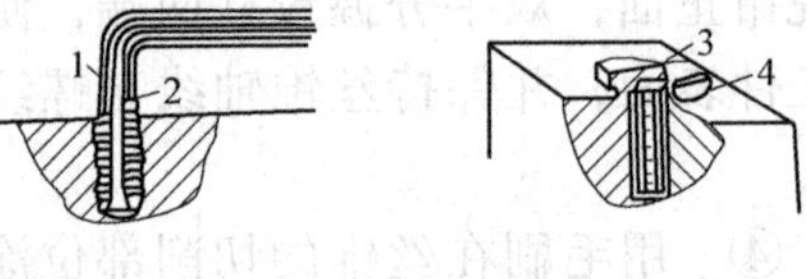

图2-102　堆焊法取断丝锥

1—弯杆　2、3—堆焊物　4—螺母

2. 在圆棒料上套螺纹

（1）步骤　以图2-103零件为例。

1）读图。工件材料30钢，螺纹M10×1.5，长30mm。

2）准备工具、量具。选用锉刀、游标卡尺、一字螺钉旋具、毛刷、板牙架，M10×1.5圆板牙及装有全损耗系统用油的广口杯各一件，尺寸合适的木制V形块两件，台虎钳一台。

3）检查毛坯。将需要套螺纹的圆钢棒料头部车成(或锉成)15°~20°斜倒角，斜角部位的轴向长度为2mm，如图2-104所示。

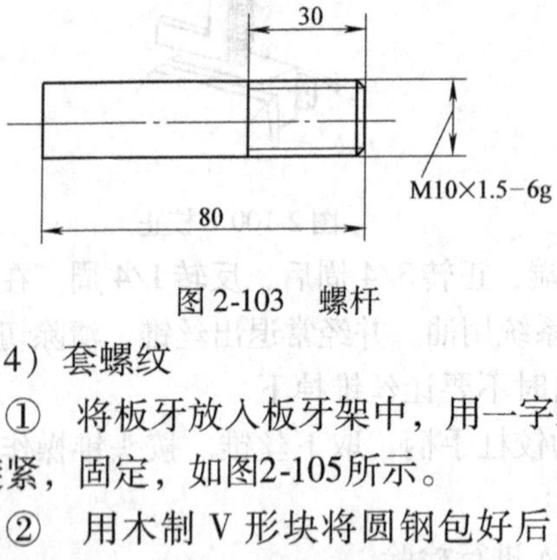

图2-103　螺杆

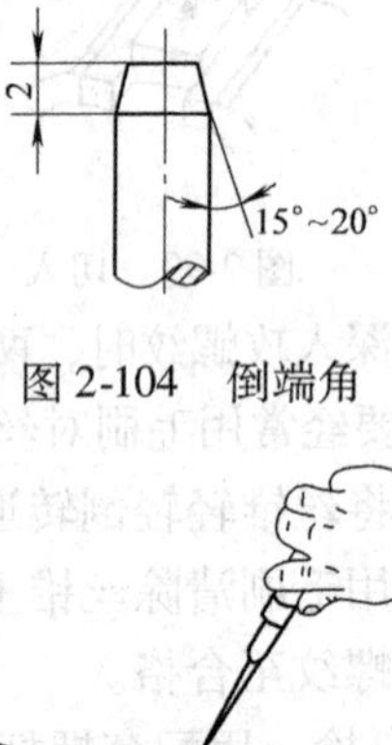

图2-104　倒端角

4）套螺纹

① 将板牙放入板牙架中，用一字螺钉旋具旋紧，固定，如图2-105所示。

② 用木制V形块将圆钢包好后，放入台虎钳钳口内夹紧，夹紧时，圆钢伸出钳口的长度要尽量短些，如图2-106所示。

③ 在板牙切削部位用毛刷抹全损耗系统用油。

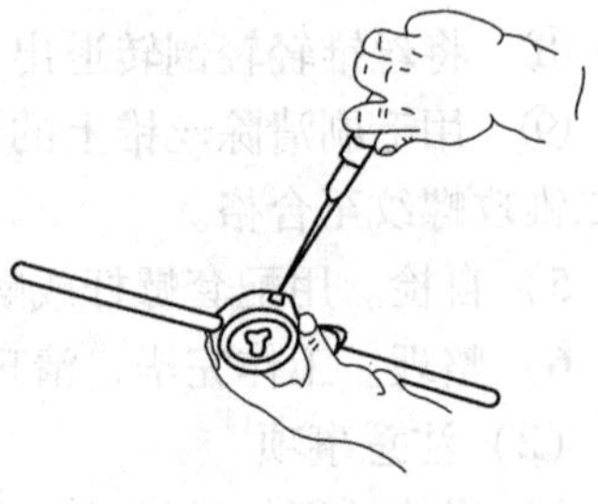

图2-105　装板牙

④ 双手握住板牙架手柄，对准工件头部，水平地将板牙放在工件上，如图2-107所示。

⑤ 双手握住板牙架中部，顺时针转动板牙架向下旋入。注意转动时速度要慢，压力要大。板牙切入圆钢1~2牙后，目测板牙端面与螺杆是否垂直，如果不垂直，应及时纠正，如图2-108所示。

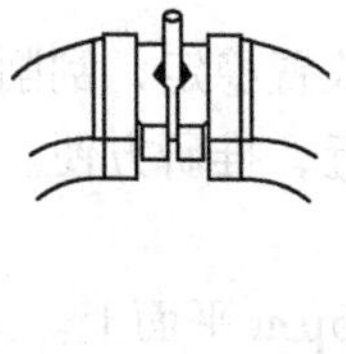

图 2-106　夹紧

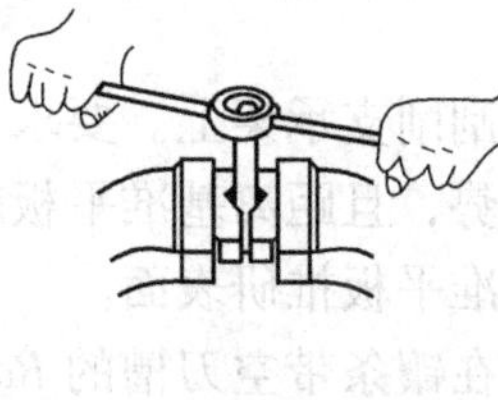

图 2-107　摆正

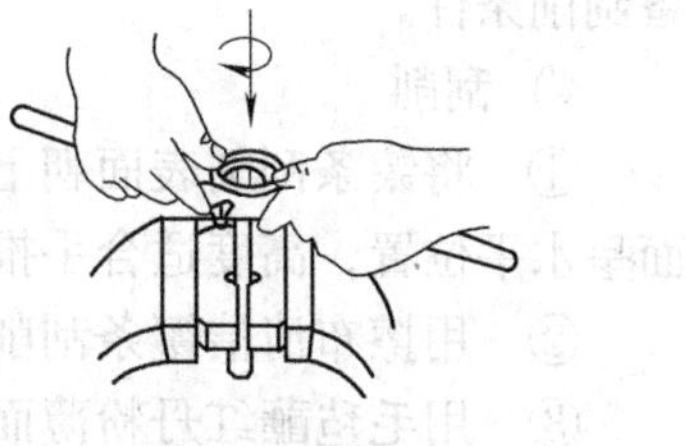

图 2-108　切入

⑥　去除轴向力，双手移至板牙架两端，均匀用力旋转，每转1/2～1 圈，倒转 1/4～1/2 圈。时常加入全损耗系统用油，直至套出全部螺纹。

⑦　将板牙轻轻倒转，退出螺杆，取出板牙，不要使工具跌落。

⑧　用毛刷清除螺杆上的全损耗系统用油、切屑。

5）自检。旋入螺母检查螺纹，用游标卡尺检查螺纹长度是否合格。

6）整理。卸下工件，整理工具，清理现场。

（2）注意事项

1）套螺纹时，切削力较大，而圆杆与钳口的夹紧表面仅为线接触，为防止圆杆表面损伤，可用硬木 V 形块或厚铜板作衬垫，以加大夹紧力。

2）套螺纹时，应保持板牙的端面与圆杆轴线垂直，切削均匀。要时常断屑，防止阻力过大。

• 训练 8　刮削平面、曲面

（1）操作步骤　以图 2-109 镶条零件为例。

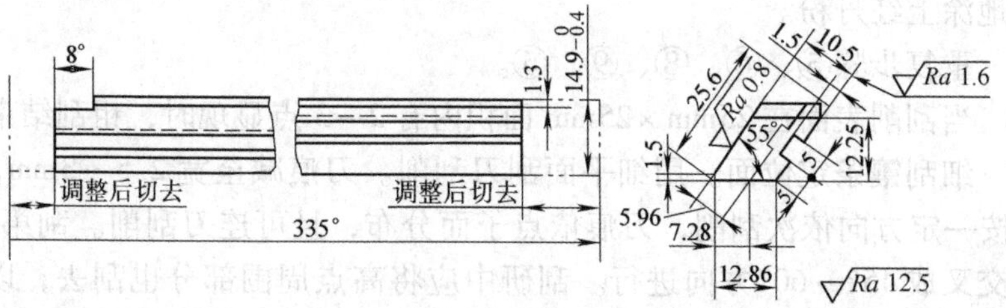

图 2-109　镶条

1）读图。工件材料 45 钢，工作表面直线度公差 0.01mm/全长；接触精度：滑动表面为 20 点以上/25mm×25mm，定位表面为 12～15 点/25mm×25mm。

2）准备工具、辅具。选取 2 级精度基准平板一块，调好的红丹粉、普鲁士蓝油、涂抹显示剂用的毛毡块两块，毛刷；粗、精、细平面刮刀；锤子、硬质木棒、镶条刮削用支承架各一件。

3）检查工件。刨削后的工件毛坯周边是否已倒角，毛刺是否已去净，应具备刮削条件。

4）刮削

① 将镶条刮削表面朝上，摆放在刮削支承架上。要求：放置稳定，刮削表面呈水平位置，高度适合手推式刮削姿势，且距离基准平板较近，推研方便。

② 用擦布清洁镶条刮削表面及基准平板推研表面。

③ 用毛毡蘸红丹粉薄而均匀地涂在镶条带空刀槽的 $Ra1.6\mu m$ 平面上。

④ 用另一块毛毡蘸普鲁士蓝油薄而均匀地涂在基准平板的推研表面上。

⑤ 将镶条涂红丹粉的表面轻放在基准平板涂蓝油的推研表面上，轻施均匀压力，推研。行程 30 ~ 40mm，次数 6 ~ 8 次。

⑥ 将镶条的刮研表面朝上放回支承架。

⑦ 根据精度要求及拖研显点情况，分析刮研表面误差状态，确定刮研方案（平面度误差若不大，可直接进行细刮，若平面度误差较大，则需先粗刮，然后再细刮）。

⑧ 粗刮镶条定位面。用平面粗刮刀刮削，刀痕控制在宽 4 ~ 5mm、长 5 ~ 7mm。第一遍刮削方向与加工刀痕方向成 45°，第二遍刮削方向与第一遍刮削方向成 90°角，可连续推铲刮削表面。

刮削姿势：右手握住刮刀柄，左手握住刮刀杆，且离刀口 50 ~ 75mm，将刮刀刀口置于刮削表面上，刮刀与刮削表面成 20° ~ 30°角，左手下压，并控制刮刀运动方向，左脚向前跨，右手随上身前倾推挤刮刀，当刮刀向前推挤一段刀花后，左手立即将刮刀提起，双手收回，上身回原位。

⑨ 当研点全部刮掉后，用毛刷刷掉刮削表面上的刮屑，擦拭干净，重新薄而均匀地涂上红丹粉。

⑩ 重复步骤⑤、⑥、⑧、⑨、⑤。

⑪ 当刮削表面在 25mm × 25mm 面积内有 2 ~ 3 点显现时，粗刮结束。

⑫ 细刮镶条定位面。用细平面刮刀刮削。刀痕减至宽 2.5 ~ 3mm，长 4 ~ 6mm，按一定方向依次刮削，刀痕依点子而分布，且可连刀刮削。刮第二遍时，与上遍交叉成 45° ~ 60°方向进行。刮研中应将高点周围部分也刮去，以使周围的次高点容易显示出来。要防止刮刀在刮削表面上拉出深痕。当研点全部刮掉后，重复步骤⑨、⑤、⑥、⑫、⑨、⑤。

⑬ 当 $Ra1.6\mu m$ 表面在 25mm × 25mm 面积内出现 12 ~ 15 点时，细刮完成。

⑭ 用擦布依次将镶条 $Ra1.6\mu m$ 定位面和 $Ra0.8\mu m$ 滑动面擦净，再在 $Ra0.8\mu m$ 滑动表面薄而均匀地涂上红丹粉。

⑮ 在车床的纵向滑板燕尾导轨面（与斜铁滑动配合的燕尾表面）上薄而均匀地涂上普鲁士蓝油，再将横向滑板装入纵向滑板燕尾导轨内，靠紧滑动表面。

⑯　将镶条按工作位置装入横向滑板与纵向滑板的配合表面间，用锤子、木棒或铜棒在镶条的大头端微施压力，再用锤子、木棒或铜棒在镶条的小头端施力使镶条退出，这样反复5~6次，使镶条的*Ra*0.8μm表面研出接触高点。

⑰　取出镶条，将其*Ra*0.8μm表面朝上放在刮削支承架上。

⑱　用粗刮镶条*Ra*1.6μm表面的步骤和方法细刮镶条*Ra*0.8μm表面。使*Ra*0.8μm表面上的接触显点在25mm×25mm面积内为12~15点。

⑲　精刮镶条*Ra*0.8μm表面。用精平面刮刀刮削，刮刀刃口要保持锋利、光洁，防止刮削时出现撕纹，刮削压力宜小，刀迹减小到最小程度（即宽1.5mm、长2.5mm左右）。可将点子分为三类刮削，即刮去最大最亮的点子，挑开中等点子，留下小点子，这样连续刮几遍，点子就会越来越多，刮到最后两三遍时，交叉刀迹的大小、形状要一致，排列要整齐，以增加刮削表面的美观。精刮后，要求在25mm×25mm面积内显点数在20点以上。

5）自检。用边长25mm×25mm方框最终检查接触斑点应在要求之内；并将镶条装入滑板配合面中，检查两端余量是否合适。

6）整理。退出镶条，用擦布擦净镶条刮削表面。

（2）注意事项

1）刮削前，刀柄必须装牢，已裂开的要及时更换。

2）刮削前，应对工件修整锐边、毛刺等。

3）工件定位要牢固，防止刮削时晃动，脚垫板必须平稳，防止用力时跌倒。

4）推研时，压力要均匀，保证研点真实可信，防止杂物被带进对研表面之内。

5）刮削边缘时，不能用力过猛。

6）刮削大型零件时，翻动要注意安全，设置要保证平稳。

7）刮削刀具和研具要妥善存放，防止损坏、变形。

• 训练9　应用接触斑点刮研法修理大、中、小平板及平尺

1. 按小平板拖研的接触斑点刮削法修理大尺寸平板

这种刮削工作是根据仪器对平面度误差测量的结果及小平板对大平板的研点显示来进行的。这种修理方法既可以保证0级以上平板的精度，又可以使测量所占用的时间及刮研的工作量减少到最低限度。这种方法用于大尺寸平板的修理。

下面以一块1500mm×1000mm平板的修复为例。

（1）操作要点

刮研平板测误差，示值区域明朗化；

拖研显出接触点，刀刀刮在高点上；

刮研测量要相向，直至平板刮研完。

(2) 步骤

1) 读修理工艺。平板精度0级，平面度公差±0.006mm，接触斑点显点≥25点/25mm×25mm。

2) 准备工具、量仪、辅具。选取粗、精、细平面刮刀及刷子各一把，精度合格的小平板一块，其对角线长度大约等于大平板对角线长度的一半，水平仪一件，自准直仪一件，测量记录用纸和笔，显示剂适量。

选好工作场地，放置好修复平板及拖研平板，调整刮削平板至适合刮削位置高度。

根据拖研平板的重量，可配置合适的起重设备，如单梁起重机等。

3) 检查刮削平板。用磨石清除掉大平板工作表面上的锈蚀、毛刺等。并对大平板周边倒角。用擦布擦净大平板修刮表面和小平板工作表面。

4) 刮削

① 用水平仪对大平板的工作表面作全面的检查、测量，找出各部位凸凹的误差区及误差量值，并作以记录，标明检测记录的次数。

② 在小平板表面涂薄而均匀的普鲁士蓝油，大平板表面涂薄而均匀的红丹粉。

③ 用小平板在大平板表面上作全面拖研，找出接触斑点。

④ 根据测量的结果和拖研显示的研点，粗刮修复大平板的变形。小平板拖研后，可预先把不应刮削的研点擦去，以便多人一起进行刮削，而不致发生错误。由于掌握了平板各部位误差的确切量值，就可以有目的地刮削若干遍后再测量一次，既避免了盲目性，又提高了效率。平面度误差尚未合格时，刮削的刀花可宽，但不宜长，尤其切忌啃得较深，待平面度误差已达到合格时，粗刮结束。

⑤ 用自准仪对大平板的粗刮作检定，确定变形修复完毕。

⑥ 重复①、③步骤，根据测量结果及拖研显示的研点进行精刮修理。测量后，可对每次检测标明次数，以供比较。精刮时，刀迹窄而短，大小一致，排列整齐，落刀要轻，抬刀要稳，切莫拉出细纹或深痕，因为修复要花很多时间。

⑦ 精刮修理合格后，可对平板的工作表面进行挑花。图案自选。

5) 自检。用自准直仪检查平板的平面度，用25mm×25mm方框检查显点数。

6) 整理。用煤油清洗大、小平板平面，擦干后涂全损耗系统用油保护，妥善放置。

(3) 注意事项

1) 大平板的修理，因刮削工作量较大，要特别注意下刀的均匀性，刮刀刃口应随时修磨，经常保持锋利，否则，不仅操作者体力消耗大，而且刮出的刀痕深浅不一，很难达到要求。当多人在不同部位刮削同一平板时，要有统一指挥和相互照应，务求下刀深浅一致与刀痕大小基本一致。

2）每次刮削后，要用磨平的磨石在平面上推磨一遍，倒掉刮削毛刺，防止下次拖研时刮伤平面。

3）刮削时，要看清点子，落刀要准，不可一处重复刮两刀。刮削应按一定方向依次刮去，切忌东一刀、西一刀。在全部刮完后，用毛刷把切屑刷掉，全面检查一遍，再统一补刮遗漏的点子。

4）刮削的方向不宜同平板的边线平行，可成45°角，且连续两次的刮削方向应垂直交叉，不可重复。

2. 用宽面平尺拖研的接触斑点刮削法修理原始平板

这种方法是以宽面平尺为基准，分别测量平板各截面的直线度误差后，再综合成平面度误差，同时，用宽面平尺拖研平板表面，根据拖研的研点显示和测量后综合的误差数值进行刮削，修理原始平板。此方法要求平尺精度不低于平板精度，平尺长度等于或大于被修平板对角线的长度。

下面以800mm×500mm平板的修复为例。

（1）操作要点　与按小平板拖研的接触斑点刮削法修理大尺寸平板相同。

（2）步骤

1）读修理工艺。平板平面度偏差1级，即：±0.008mm。接触斑点显点≥25点/25mm×25mm。

2）准备工具、量具、辅具。选取合适的粗、细、精平面刮刀，1m长、零级精度的桥式平尺一条，等高垫块两块，带座的指示表一块，刷子、磨石各一件，用于记录的笔、纸。选择好场地；平稳可靠，有利于刮削平板和刮研平尺的放置。

3）检查刮削平板。用磨石除掉平板表面的划痕及毛刺，将平板周边倒角。用擦布擦净平板修刮表面，及平尺拖研表面。

4）刮削

① 平尺表面涂薄而均匀的普鲁士蓝油，平板表面涂薄而均匀的红丹粉。

② 用平尺拖研平板的对角线，四边及中心线各测量截面，如图2-110所示。根据研点显示分析平板表面的不平面度误差状况。

③ 根据研点显示，用粗平面刮刀刮削两条对角线，并反复拖研，刮削至两条对角线上的研点分布均匀。

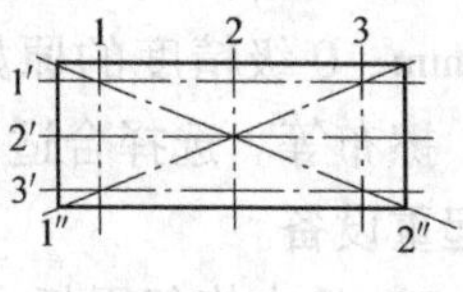

图2-110　拖研截面

④ 用刷子刷掉刮屑，用磨石磨去刮削毛刺。

⑤ 在平板表面上涂薄而均匀的红丹粉。

⑥ 用平尺拖研平板的两条对角线，以两条对角线上的研点为基准，反复拖研，刮削其他各截面及整个平板表面，至平板表面的研点分布均匀，粗刮结束。

⑦ 重复步骤④。

⑧ 在平板表面的不同测量截面上，两端放置等高垫块，垫块上放置桥形平尺，用带座的指示表沿被测截面移动，测量平面度误差在公差之内。

⑨ 在平板表面涂薄薄的红丹粉，在平尺表面涂普鲁士蓝油，拖研平板的两条对角线。

⑩ 根据研点显示，用精刮刀精刮两条对角线，并反复拖研，精刮至两条对角线上的研点显示在25mm×25mm方框内显点数在25点以上。

⑪ 重复步骤④、⑤、⑥的操作，精刮平板工作表面并研点显示为≥25点/25mm×25mm。

⑫ 用步骤⑧的检测方法检查平板的平面度误差在±0.008mm以内。

5）自检。用步骤⑧的方法最终检查平板平面的平面度误差，同时用25mm×25mm方框检查显点数。

6）用煤油清洗平板修刮表面及平尺拖研表面，擦干后，修刮表面及平尺表面涂全损耗系统用油保护，妥善放置。

（3）注意事项

1）拖研用的平尺较笨重，在翻转、落下、拖研的过程中，要注意安全。

2）拖研时要精神集中，防止发生对研表面的划伤。

3. 按在大平板上拖研的接触斑点刮削较小尺寸平板

这种修理方法用于较小尺寸平板的修复，要求具有较高精度和较大尺寸的原始平板。

（1）操作要点

粗细精刮小平板，拖研行程勿要短；

刀刀刮在亮点上，刮研效果最明显。

（2）步骤 以400mm×400mm小平板的修复为例。

1）读修理工艺。修复平板2级，平面接触斑点显点数20～25点/25mm×25mm。

2）准备工具、量具、辅具。选取粗、细、精平面刮刀，选用1000×800mm、0级精度的原始平板一块，准备调好的适量显示剂，刷子、磨石各一件，擦布等。选择合适的工作场地，平稳、安全，并有利于放置刮削的平板。配置起重设备。

3）检查修复平板。用磨石除掉小平板表面上的划痕、毛刺等，并将小平板周边倒角。

4）刮研

① 擦净大、小平板表面，在小平板表面涂薄而均匀的红丹粉，在大平板表面涂薄而均匀的普鲁士蓝油。

② 利用起重设备将小平板刮削表面平稳地放在大平板表面上，拖研5～6次。行程宜短，研后，利用起重设备将小平板放回原处，刮削表面朝上。

③ 按拖研研点显示，修刮小平板工作表面。刮削的顺序按粗刮、细刮、精刮进行。每遍刮削完后，要彻底清除小平板上的切屑及杂物，并用磨石磨平刮削毛刺，再重复步骤①、②、③。直至小平板表面研点显示≥25点/25mm×25mm。

5）自检。用25mm×25mm方框检查平板表面接触斑点的显点数。

6）用煤油清洗大小平板工作表面，并用擦布擦干，涂全损耗系统用油，加以保护，妥善放置。

（3）注意事项

1）大平板属精密检具，当小平板落下时，不要让尖角磕伤平板表面，也不能把杂质带进对研表面。

2）涂色剂要注意干稀适宜，涂层要均匀适中。精刮时，涂层应极薄，因为虚假的接触斑点对刮削的危害极大。

• 训练10 研磨平面、圆柱面

1. 研磨平面

（1）手工研磨操作步骤 以图2-111零件研磨为例。

1）读图。工件材料78A，表面粗糙度 $Ra0.025\mu m$，尺寸精度 $10^{+0.001}_{0}$ mm。

2）准备研具、量具、辅具。选取平面度公差合格的研磨平板一块，选用氧化铝系列磨料、粒度0.005～0.01μm，选用煤油作研磨液。备毛刷、千分尺各一件，擦布等。

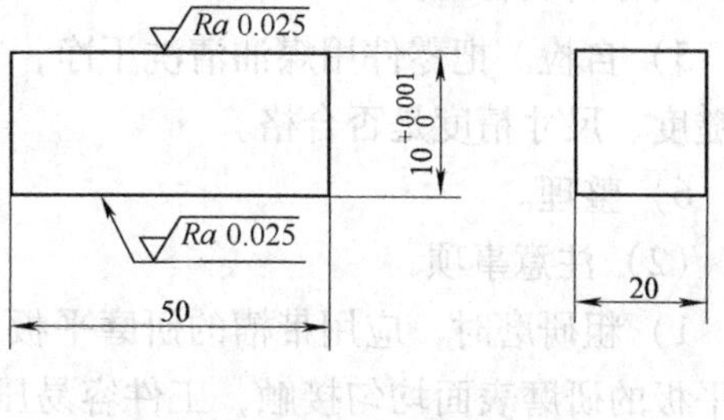

图2-111 研磨零件

3）检查毛坯。用千分尺检查单面研磨余量在0.005～0.007mm，如图2-112所示。

4）研磨

① 用煤油清洗研磨平板和工件表面，并用擦布将它们擦净。

② 调合适量的微粉磨料和研磨液成研磨剂。用软毛刷将研磨剂均匀地涂在研磨平板上，注意研磨剂不要涂得太多，如图2-113所示。

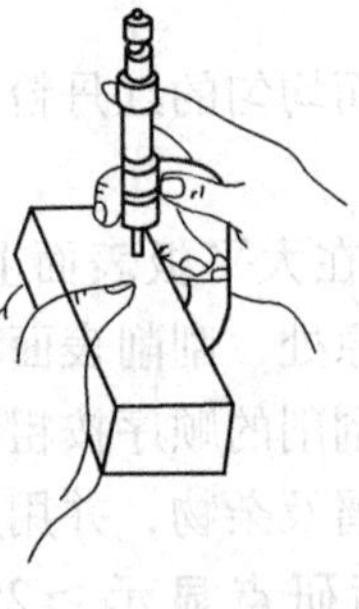

图 2-112　检查余量

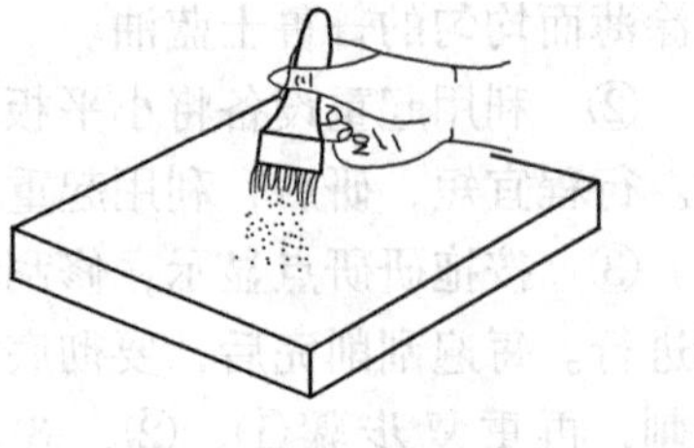

图 2-113　涂研磨剂

③　把工件 $Ra0.025\mu m$ 表面放在研磨平板上，用手按着进行研磨。研磨时，工件沿“8”字形轨迹运动，压力为 $1\times10^5Pa\sim2\times10^5Pa$，速度为 50 次/min 左右，每研一定时间，要将工件旋转 90°一次，如图 2-114b 所示。研磨要把平板的每个角落都磨到，使平板本身的磨损也均匀，时常加注煤油。

精研磨时，压力要小些，但始终要保持压力均匀，速度可以高些。要经常测量工件的精度、余量、表面粗糙度，并检验研磨平板的磨损程度。

④　检测表面粗糙度和平面度合格，研磨余量在 0.0055mm 时，单面研磨结束。

⑤　将工件的另一 $Ra0.025\mu m$ 表面放在研磨平板上，按步骤③研磨方法、注意事项，研磨另一 $Ra0.025\mu m$ 表面至表面粗糙度、尺寸精度合格。

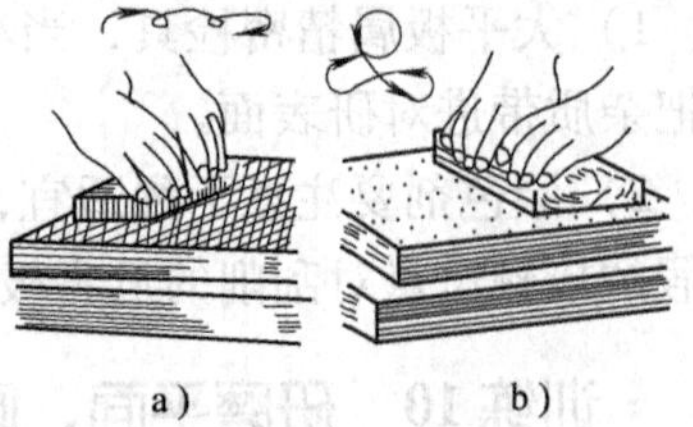

图 2-114　平面研磨

a）螺旋形运动轨迹

b）仿“8”字形运动轨迹

5）自检。把零件用煤油清洗干净，在室温的状态下，按图样要求检查表面粗糙度、尺寸精度是否合格。

6）整理。

（2）注意事项

1）粗研磨时，应用带槽的研磨平板，可以把多余的研磨剂刮去，保证工件与平板的研磨表面均匀接触，工件容易压平，耐磨产生的热量也可以从沟槽中散出。粗磨的研磨速度要慢，主要为保护平板，压力可适当大些。

2）精研时，应在光滑的平板上进行。

3）注意要充分利用平板的全面积，不要总使用平板的某一部位，以防平板的局部凹陷，保持平板的平面度在公差范围内。

4）研磨过程中，对零件的施压要均匀，并随时加注 1~2 滴煤油。

2. 手工研磨圆柱面

(1) 手工研磨操作步骤 以图2-115尾座研磨为例。

1) 读图。尾座套筒内孔圆柱度公差0.01mm，表面粗糙度$Ra0.8\mu m$，工件材料HT200。

2) 准备研具、辅具。准备两根灰铸铁材料的研磨棒，如图2-116所示。研磨棒一端装有搬杠。选用氧化铬F600微粉磨料、煤油研磨液，刷子一把，方箱一件，垫块一块，固定尾座的螺栓T形螺母、六角螺母等一套，擦布、平板各一块。

3) 检查毛坯。用内径指示表测量尾座$Ra0.8\mu m$内孔研磨余量为0.03mm，圆柱度误差0.015mm。

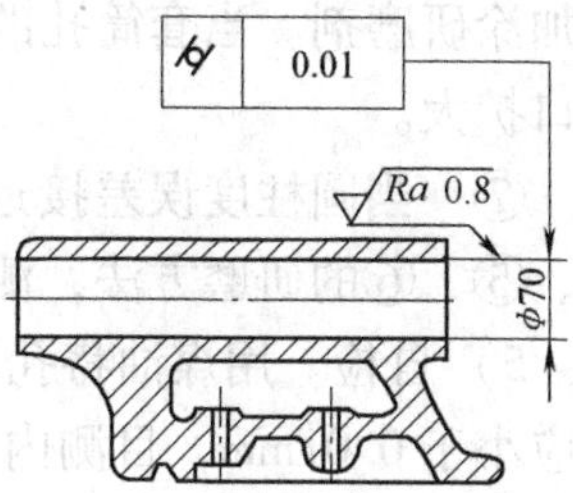

图2-115 尾座

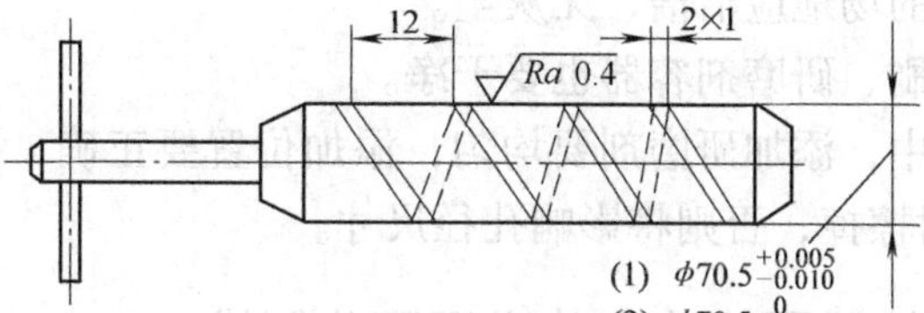

图2-116 研磨棒

4) 研磨

① 用煤油清洗套筒内孔、研磨棒外圆，并用擦布将它们擦净。

② 将方箱放置在平板上，用螺栓、螺母将尾座套筒固定在方箱侧面，并在下端置一垫块，如图2-117所示。

③ 用毛刷将调好的研磨剂均匀地涂在$\phi70_{-0.015}^{\ 0}$mm研磨棒外圆两条对称的侧素线上，不要涂得太多。

④ 手提研磨棒搬杠，将研磨棒垂直插入尾座套筒孔内，如图2-117所示。转压、提拉研磨棒，使双手感到不十分费力为宜。

⑤ 手工研磨尾座孔。两手握住搬杠两端，左右旋转着向上提拉，或向下推压研磨棒，作往复直线运动。推压时，研磨棒下端超出孔端50~80mm，上提时，研磨棒上部超出孔端50~80mm。加力时，要保持研磨棒中心始终和尾座中心孔重合，施加转矩时，两手力量要对称，避免产生过大的径向分力导致孔口扩大。

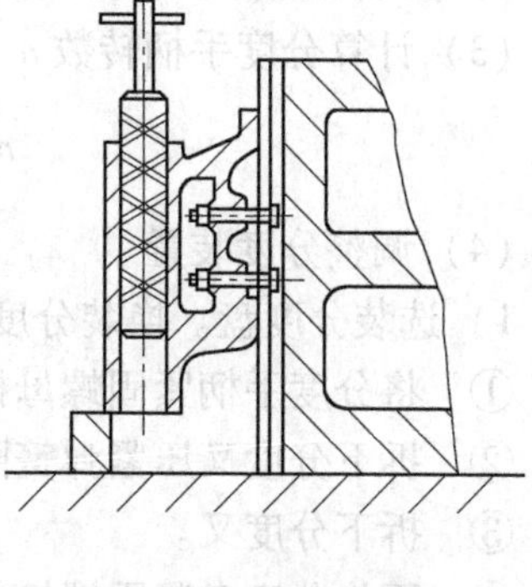

图2-117 尾座定位

⑥ 研磨数遍后，用煤油将孔清洗干净并擦干，用内径指示表检测内孔圆柱度误差，若误差值超出0.01mm，还用此研磨棒重复步骤⑤操作。研磨时，时常添加研磨剂。研磨棒与孔的研磨过紧时，可加注煤油稀释，过松时，可在研磨棒上加涂研磨剂。当套筒孔的两端挤出过多的研磨剂时，应及时擦掉，否则将引起孔口扩大。

⑦ 当圆柱度误差接近或等于0.01mm时，改用另一根研磨棒重复步骤③、④、⑤、⑥的研磨方法，测量方法，精研套筒内孔至圆柱度误差要求。

5）自检。用煤油将孔清洗干净并擦干，用内径指示表最终检查圆柱度误差值应小于0.01mm，目测内孔表面粗糙度值应在$Ra0.8\mu m$以上。

6）整理。

（2）注意事项

1）研磨工作的场地应清洁、无灰尘。

2）使用的毛刷、研磨剂容器也要干净。

3）研磨过程中，添加研磨剂要均匀，添加位置要正确，孔端挤出、渗出的过量研磨剂应及时擦掉，否则将影响孔径尺寸。

• 训练11　使用万能分度头进行等分划线

1. 简单分度前的操作准备

（1）分析分度数　查分度盘的孔圈数规格，有38孔的孔圈，即可进行简单分度。

（2）安装分度头

1）选择万能分度头型号。依据所划线的工件直径选用F11125型分度头。

2）安装分度头。将分度头放置在划线平台上。

（3）计算分度手柄转数n　依据计算公式，得出

$$n=\frac{40}{z}=\frac{40}{38}=1\frac{2}{38}r$$

（4）调整分度装置

1）选装分度盘。换装分度盘的操作步骤如下：

① 将分度手柄紧固螺母松开，然后拆下分度手柄。

② 拆下分度叉压紧弹簧圈。

③ 拆下分度叉。

④ 再将分度盘紧固螺钉松开，然后把两个螺钉旋入孔盘的螺纹孔，将孔盘顶出安装部位，拆下分度盘。

⑤ 将含有38孔圈的分度盘，按上述拆卸的相反顺序安装好（注意：安装分度手柄时，应使手柄轴上的键块对准孔内的键槽）。

2）调整分度销位置。先将分度销紧固螺母松开，然后再把分度销与38孔圈位置对准，最后用手按住分度销，旋紧紧固螺母。

3）调整分度叉位置。先将分度叉紧固螺钉松开，再拨动叉片，使分度叉之间含2个孔距（即3个孔），最后将分度叉紧固好。

2. 简单分度操作

（1）消除分度间隙，按分度方向（通常是顺时针方向）摇分度手柄，来消除分度传动机构的间隙。

（2）确定起始位置　主轴的位置最好从刻度的零位开始，两边刻有孔圈数的圈孔位置即为分度销的起始位置。

（3）操作中的验算（介绍其中一种）　设分度过程中的任一等分数 z_i，分度叉的孔距数 n_1 的累计数 $n_i = n_1 \times z_i$。

本例38等分的操作过程中，若等分数 $z_i = 3$ 时，则 $n_i = n_1 \times z_i = 2 \times 3 = 6$，就是说欲使分度销重新回复到起始孔位置，本例须经过19次等分操作，即 $n_i = n_1 \times z_i = 2 \times 19 = 38$。

运用此法，在分度操作过程中，可通过分度销插入的位置，复核当前手柄的分度操作是否准确。

（4）分度操作

1）在圆盘待等分的平面上刷上蓝色涂色剂，然后将其装夹在自定心卡盘中，用高度划线尺找出圆盘平面中心，并划出第一条等分线。

2）拔出分度销，使分度销锁定在收缩位置，分度手柄转过1转又38圈孔中的2个孔距，将分度销插入圈孔中，这样，再用高度划线尺在圆盘平面圆周上划出第二条等分线。

3）如上继续操作，即可把圆盘平面圆周分成38等分。

复习思考题

1. 常用的划线工具有哪些？
2. 常用的划线涂色剂有哪些？应用如何？
3. 划线基准确定应遵循哪些原则？
4. 试背诵划线操作口诀。
5. 试述分度头的结构。
6. 简单分度法如何计算？
7. 差动分度法如何计算？
8. 手锯由哪两部分组成？
9. 锯弓分为哪两类？其结构和用途如何？

10. 锯条是由哪些材料制成的?
11. 锯条分为哪三类? 其用途如何?
12. 试背诵锯削操作口诀。
13. 锉刀分为哪三类?
14. 锉刀的使用规则如何?
15. 试背诵锉削操作口诀。
16. 工件上的表面分为哪三类?
17. 试述切削用量三要素。
18. 试述刀具几何参数对切削性能的影响。
19. 錾子分为哪三类? 其用途如何?
20. 如何进行錾子的热处理?
21. 锤子有哪几种握法和挥法?
22. 试背诵錾削操作口诀。
23. 在砂轮上如何刃磨钻头?
24. 在砂轮上如何修磨钻头?
25. 钻削常用工具有哪些?
26. 何谓扩孔?
27. 何谓锪孔?
28. 何谓铰孔?
29. 何谓攻螺纹和套螺纹?
30. 试背诵扩孔操作口诀。
31. 试背诵锪孔操作口诀。
32. 试背诵钻孔相关操作口诀。
33. 试背诵锥销孔铰削操作口诀。
34. 试背诵套螺纹和攻螺纹操作口诀。
35. 试背诵刮削相关操作口诀。
36. 试背诵研磨相关操作口诀。
37. 何谓零件的互换性?
38. 何谓尺寸公差?
39. 何谓间隙和过盈?
40. 何谓间隙配合、过盈配合及过渡配合?
41. 何谓基孔制和基轴制?
42. 何谓绝对误差和相对误差?
43. 产生测量误差有哪些原因?
44. 平面刮刀如何进行淬火处理?
45. 如何刮研原始平板?

第三章

机械设备的维修

培训目标 掌握台式钻床、砂轮机手电钻、立钻的结构和工作原理；了解台式钻床、砂轮机的常见故障；了解常用量仪、量具的分类和用途；能够正确使用这些量仪、量具；能够直观诊断台式钻床、砂轮机等简单设备的故障；能够通过试加工方法检测台式钻床等小型简单设备的工作精度。

第一节 台式钻床

台式钻床是一种小型钻床，是机修钳工常用的钻孔设备。其外形如图 3-1 所示。台式钻床具有体积小、重量轻、结构简单及操作简便的特点。

一、台式钻床的技术规格

以 Z4012 台式钻床为例。

（1）最大钻孔直径 ϕ12mm。

（2）主轴最大行程 100mm。

（3）主轴转速 480 ~ 4100r/min。

（4）转速等级 5 级。

（5）电动机功率 0. 6kW。

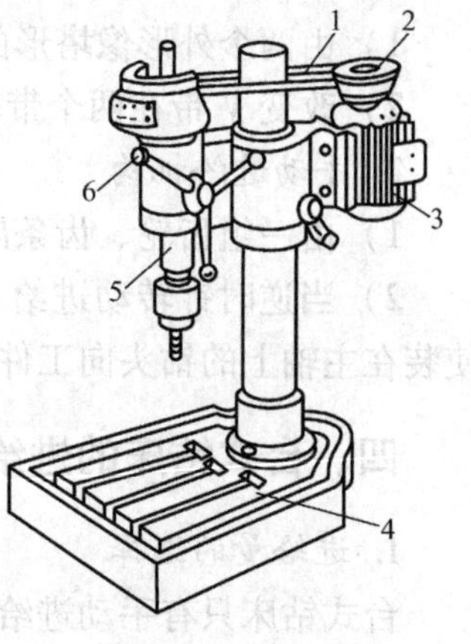

图 3-1 台式钻床

1—V 带 2—带轮 3—电动机 4—工作台 5—主轴 6—进给手柄

二、台式钻床的传动系统（工作原理）

以 Z4012 台式钻床为例。

台式钻床传动系统如图3-2所示。

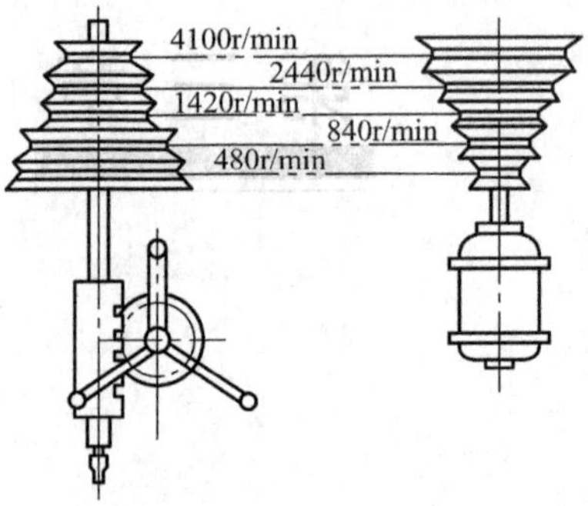

图3-2 台式钻床传动系统

1. 主运动

(1) 传递路线 电动机⟶主动V带轮⟶V带⟶从动V带轮⟶主轴。

(2) 结构式

$$\text{电动机}-\frac{\text{主动V带轮（直径）}}{\text{从动V带轮（直径）}}-\text{主轴}\begin{cases}(4100\text{r/min})\\(2440\text{r/min})\\(1420\text{r/min})\\(840\text{r/min})\\(48\text{r/min})\end{cases}\text{［共5种转速］}$$

2. 进给运动

(1) 传递路线 三球式手轮⟶同轴齿轮⟶主轴齿条。

(2) 结构式

$$\text{三球手轮}-\frac{\text{齿轮}}{\text{齿条}}$$

三、台式钻床的主要部件结构

Z4012台式钻床主要由V带、带轮、电动机、工作台、主轴、进给手柄及电器开关等几部分组成。

1. 塔轮机构

1）由两个外形像塔形的五级V带轮组成，如图3-2所示。

2）改变V带在两个带轮中的相对位置，即可变换不同的主轴转速。

2. 手动进给机构

1）由一组齿轮、齿条副组成，如图3-2所示。

2）当逆时针转动进给手柄时，通过齿轮和主轴套筒背面上的齿条相啮合，使装在主轴上的钻头向工件作进给运动。

四、台式钻床的进给量及转速的选择

1. 进给量的选择

台式钻床只有手动进给机构，进给是靠手操纵进给手柄来完成的。

2. 转速的选择

台式钻床主轴转速的变换是通过改变V带在主轴及电动机上V带轮中不同位置来完成的。

第二节　砂　轮　机

电动砂轮机用于刃磨刀具或工具，也可用于材料或零件的表面磨光、磨平、去余量及焊缝磨平。它给修理和装配工作带来很大方便。其外形如图 3-3 所示。

一、砂轮机的分类

1. 台式砂轮机
2. 落地式砂轮机
3. 手提式砂轮机
4. 软轴式砂轮机
5. 悬挂式砂轮机

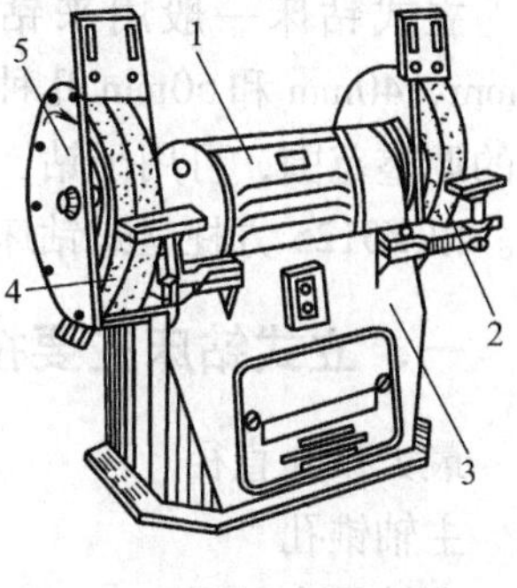

图 3-3　电动砂轮机

1—电动机　2—砂轮　3—砂轮机座

4—托架　5—防护罩

二、砂轮机的传动系统（工作原理）

以电动砂轮机为例。

电动机轴$\xrightarrow{\text{带动}}$砂轮（旋转）。

三、砂轮机的主要部件结构

主要由机座、电动机、砂轮罩、开关及砂轮等几个部分组成。

第三节　台式钻床、砂轮机的常见故障

一、台式钻床的常见故障

1）钻孔出现过多的毛刺。
2）主轴转速与标牌不相符（比标牌标定的低）。
3）钻出的孔尺寸超差。
4）频繁折钻头。
5）抬起进给手柄钻头却留在钻孔中。

二、砂轮机的常见故障

1）砂轮振动。

2）磨削件被轧入。

3）砂轮外圆不圆或母线不直。

第四节 立式钻床

立式钻床一般用来钻中型工件上的孔，其最大钻孔直径规格有25mm、35mm、40mm和50mm几种。具有自动进给装置、主轴转速和自动进给量都有较大的调整范围，可用于钻、扩、锪、铰孔和攻螺纹工作，是一种通用性较强的钻床。以Z5125方柱立式钻床为例。

一、立式钻床主要技术参数

最大钻孔直径	ϕ25mm
主轴锥孔	莫氏3号锥度
主轴最大行程	175mm
进给箱行程	200mm
主轴中心线至导轨表面距离	250mm
工作台面积	500mm×375mm
主轴端面至工作台面距离	0~700mm
主轴端面至底座距离	725~1100mm
机床外形尺寸	962mm×825mm×2300mm
主电动机功率	2.8kW
主轴转数	9级97~1360r/min
主轴进给量	9级0.1~0.81mm/r
主轴最大转矩	2500N·cm
允许最大进给力	9000N
冷却泵流量	22r/min

二、立式钻床的传动系统(图3-4)

Z5125立钻主运动传动路线：主电动机(n=1420r/min)→V带轮(ϕ114mm及ϕ152mm)→变速箱轴Ⅰ→轴Ⅰ上的三联齿轮→轴Ⅱ上的三联齿轮→轴Ⅲ(9种转速)→主轴。

Z5125立钻主运动传动表达式。

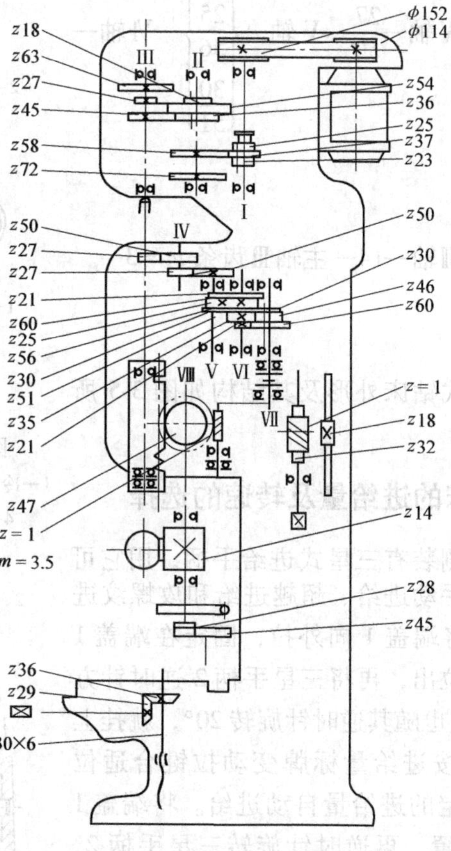

图 3-4　Z5125 型立式钻床传动系统图

$$\text{电动机}-\frac{114}{152}-\text{I}-\begin{Bmatrix}\frac{25}{54}\\ \frac{37}{58}\\ \frac{23}{72}\end{Bmatrix}-\text{II}-\begin{Bmatrix}\frac{18}{63}\\ \frac{54}{27}\\ \frac{36}{45}\end{Bmatrix}-\text{主轴III}$$

Z5125 立钻的进给传动路线：主轴Ⅲ→轴Ⅳ上的空套齿轮→轴Ⅴ上的空套齿轮→轴Ⅵ上的固定齿轮→轴Ⅶ上的空套齿轮→钢球式安全离合器→蜗杆蜗轮→齿轮齿条(主轴)。

Z5125 立钻进给运动的传动表达式。

$$\text{主轴Ⅲ}-\frac{27}{50}-\text{Ⅳ轴}-\frac{27}{50}-\text{Ⅴ轴}-\begin{Bmatrix}\frac{21}{60}\\ \frac{25}{56}\\ \frac{30}{51}\end{Bmatrix}-\text{Ⅵ轴}-$$

$$\begin{Bmatrix}\frac{51}{30}\\ \frac{35}{46}\\ \frac{21}{60}\end{Bmatrix}-\text{Ⅶ轴}-\frac{1}{47}-\text{Ⅷ轴}-14-\text{主轴Ⅲ齿条}\ m=3$$

Z5125 方柱立式钻床外形及其结构如图 3-5 所示。

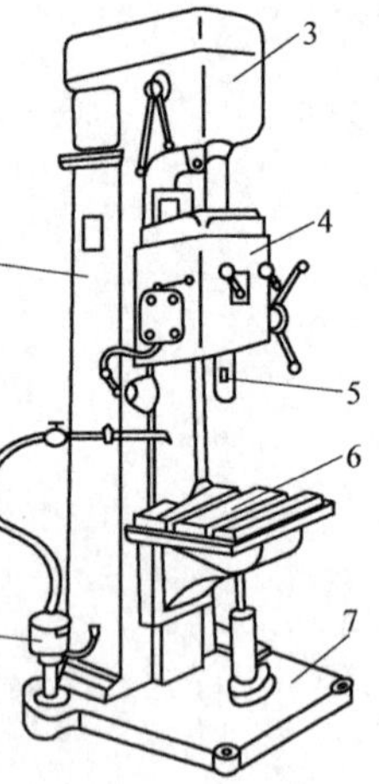

图 3-5 Z5125 型立钻
1—冷却装置 2—立柱 3—主轴箱 4—进给箱 5—主轴部件 6—工作台 7—底座

三、立式钻床的进给量及转速的选择

在进给箱的右侧装有三星式进给手柄，用它可以选择机动进给、手动进给、超越进给和攻螺纹进给。在图 3-6 中，将端盖 1 向外拉，固定在端盖 1 上的销子 3 同时被拉出，再将三星手柄 2 逆时针方向旋转 20°，手柄座也随其逆时针旋转 20°，就挂上了机动进给装置。按进给量标牌变动拉键合适位置，可使主轴按选定的进给量自动进给。将端盖 1 向里推至原来的位置，再逆时针旋转三星手柄 2，就可实现主轴手动进给。当机动进给时，若以高于机动进给速度逆时针旋转三星手柄 2，就可使主轴获得超越进给运动。攻螺纹时，必须将端盖 1 向里推至手动进给位置，并先用手动进给使丝锥切入，切入后，由攻出的螺纹自身带动主轴进给。攻螺纹完成后，使主轴反转，丝锥自行退回。

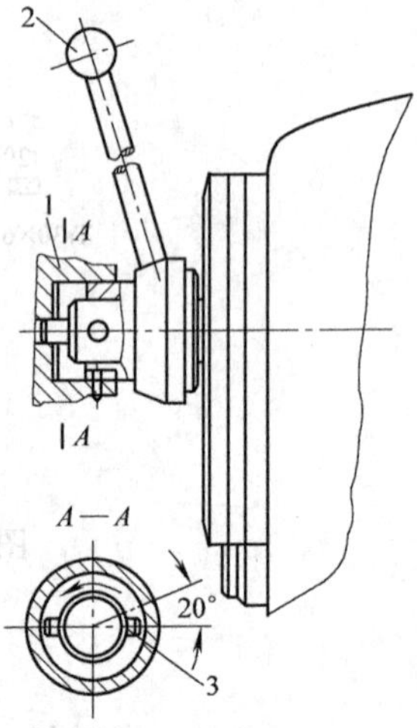

图 3-6 机动进给操纵箱装置简图
1—端盖 2—三星手柄 3—销子

根据传动表达式得出进给运动方程，主轴进给量 f (单位:mm/r)为

$$f=1\times\frac{27}{50}\times\frac{27}{50}\times\text{进给箱总传动比}u\times\frac{1}{47}\times\pi m\times14$$

在主运动变速箱(即主轴箱)的左侧有两个手柄，参照变速标牌，扳动这两个手柄，改变变速箱内两个三联滑移齿轮的位置，就能得到九种不同的主轴转

速。

根据传动表达式得出主运动方程式，主轴转速 n 为

$$n = 1420\mathrm{r/min} \times \frac{114}{152} \times 主轴箱总传动比\ u$$

第五节　常用量仪及量具

机修钳工经常使用的量具很多，下面简要介绍游标卡尺、千分尺、指示表、游标万能角度尺等。

一、游标卡尺

游标卡尺是一种精度较高的量具。可以用来直接量出零件的内外直径和深度。

1. 游标卡尺(图 3-7)

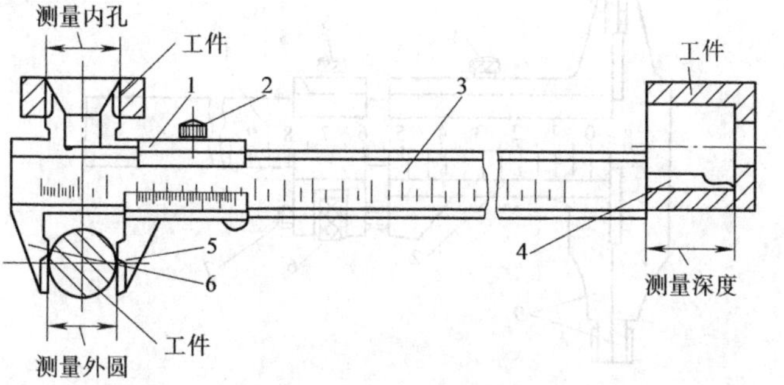

图 3-7　游标卡尺

1—游标尺　2—锁紧螺钉　3—尺身　4—深度尺　5—活动量爪　6—固定量爪

游标卡尺按测量范围可分为 100mm、125mm、150mm、200mm、300mm、400mm、500mm、600mm、800mm、1000mm、1200mm 等几种；按测得的分度值可分为 0. 10mm、0. 05mm、0. 02mm 等几种。

分度值为 0. 10mm 的游标卡尺：其游标尺在 9mm 长度范围内均匀地刻有 10 格，标尺间隔为 0. 9mm，与尺身的标尺间隔相差 0. 1mm，如图 3-7 所示。当游标卡尺两量爪合拢时，尺身与游标的零线刻度对正，游标尺上的第 10 条刻线与尺身上的第 9 条刻线对正，该位置即为零位。测量时，将工件的被测部位卡在卡尺两量爪的中间并贴紧，此时两量爪的张开距离即为测量长度，其由游标尺零线所对应的尺身刻度所读出的刻度值即为测量数值。如果游标尺的零线恰好与主标尺某一刻度对正，则该尺身刻线的读数就是被测尺寸。若游标尺的零线与尺身任一

刻线都不对正，那么，游标尺零线左侧的第一条尺身刻线即表示被测尺寸的整数部分，与尺身刻线对正(或最接近对正)的游标刻线的数值与0.1的乘积，就是被测尺寸的小数部分，二者之和即为被测的尺寸值。

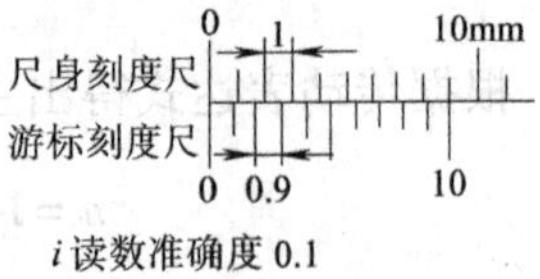

图3-8　0.1mm游标卡尺的读数原理

分度值0.05mm和0.02mm的游标卡尺的读数方法与0.10mm游标卡尺读数方法相同。

2. 微动调节的游标卡尺

如图3-9所示。该型微动调节的游标卡尺是由尺身1和游标尺2、3是微动装置组成。松开螺钉4和螺钉5即可推动游标尺在尺身上移动。需要微动调节时，可将螺钉5紧固，松开螺钉4，移动微动螺母6，通过小螺杆7使游标尺微动。量得尺寸后，可拧紧螺钉4使游标尺紧固。

游标卡尺上端两个量爪8，可用测量齿轮公法线长度和孔距尺寸。下端两量爪9的内测面可测量外径和长度；外测面是圆弧面，也可测量内孔或沟槽。

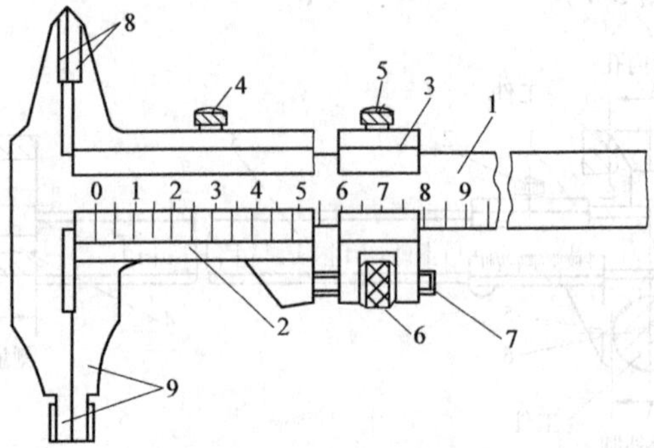

图3-9　可微动调节的游标卡尺

1—尺身　2—游标尺　3—微动装置　4、5—螺钉　6—螺母　7—螺杆　8、9—量爪

3. 游标深度卡尺(图3-10)

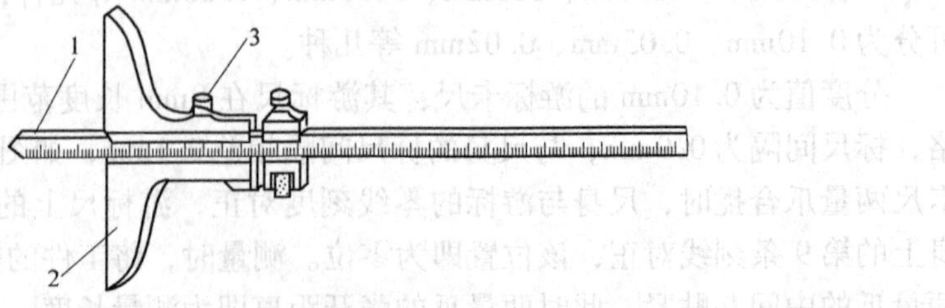

图3-10　深度游标卡尺

1—尺身　2—尺框　3—螺钉

游标深度卡尺用来测量台阶长度和孔、槽的深度，其刻线原理和读法与游标卡尺相同。

4. 游标高度卡尺(图3-11)

游标高度卡尺用来测量零件的高度和进行精密划线。其刻线原理和读法与游标卡尺相同。

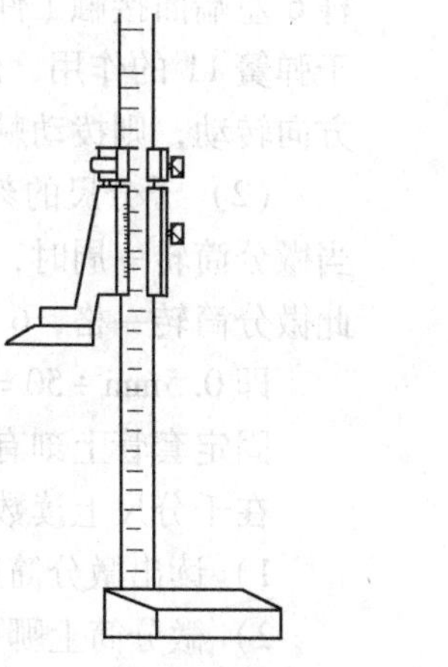

图3-11 游标高度卡尺

二、千分尺

千分尺是一种精密量具。它的精度比游标卡尺高，而且比较灵敏。因此，对于加工精度要求较高的工件尺寸，要用千分尺来测量。

1. 外径千分尺

外径千分尺用来测量外圆直径及长度尺寸。

(1) 结构 其结构如图3-12所示。

图中，1是尺架，尺架的左端有测砧3，右端是表面有刻线的固定套管2，里面是带有内螺纹(螺距0.5mm)的衬套7，测微螺杆6右面的螺纹可沿此内螺纹回转，并用轴套4定心。在固定套管2的外面是有刻线的微分筒9，它用锥孔与6右端锥体相连。6转动时的松紧程度可用棘轮13调节。转动锁紧装置5，通过偏心锁紧可使6固定不动。松开罩壳10，可使6与微分筒9分离，以便调整零线位置。棘轮13用螺钉8与罩壳10连接，转动棘轮盘13，6就会移动。当测微螺

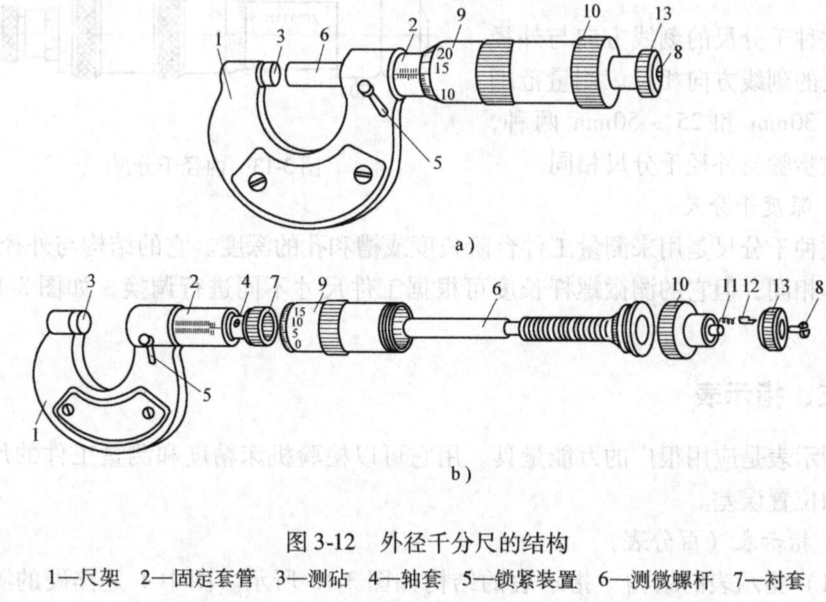

图3-12 外径千分尺的结构

1—尺架 2—固定套管 3—测砧 4—轴套 5—锁紧装置 6—测微螺杆 7—衬套 8—螺钉 9—微分筒 10—罩壳 11—弹簧 12—棘爪 13—棘轮

杆6左端面接触工件时，棘轮13在棘爪销12的斜面上打滑，6就停止前进。由于弹簧11的作用，使棘轮13在棘爪销斜面滑动时发出吱吱声。如果棘轮13反方向转动，则拨动棘爪销12、微分筒9转动，使6向右移动。

（2）千分尺的刻线原理及读数方法　测微螺杆6右端螺纹的螺距为0.5mm。当微分筒转一周时，测微螺杆6就移动0.5mm。微分筒圆锥面上共刻50格，因此微分筒转一格，6就移动0.01mm。

即 $0.5\text{mm} \div 50 = 0.01\text{mm}$

固定套管上刻有主尺刻线，每格0.5mm。

在千分尺上读数的方法可分三步：

1）读出微分筒边缘在固定套管主尺的毫米数和半毫米数。

2）微分筒上哪一格与固定套管上基准线对齐，并读出不足半毫米的数。

3）把两个读数加起来即为测得的实际尺寸。

（3）千分尺的测量范围和分度值　千分尺的规格按测量范围分为：0～25mm、25～50mm、50～75mm、75～100mm、100～125mm等。使用时按被测工件的尺寸选用。

千分尺的分度值可分为0.01mm和0.001mm两种。

2. 内径千分尺

内径千分尺用来测量内径及槽宽等尺寸。内径千分尺如图3-13所示。

这种千分尺的刻线方向与外径千分尺的刻线方向相反。测量范围有5～30mm和25～50mm两种，其读数步骤与外径千分尺相同。

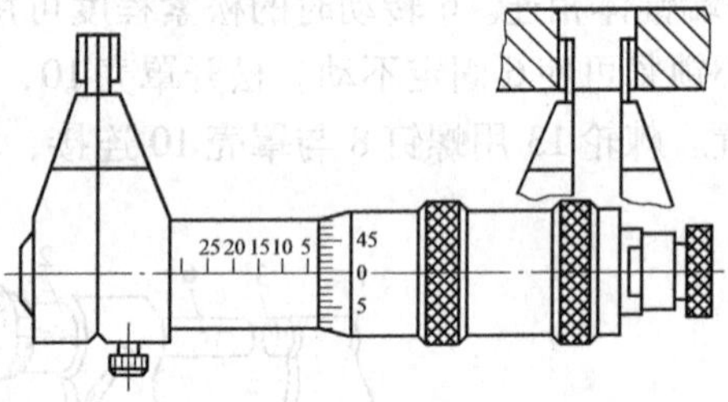

图3-13　内径千分尺

3. 深度千分尺

这种千分尺是用来测量工件台阶长度或槽和孔的深度。它的结构与外径千分尺基本相同，但它的测微螺杆长度可根据工件尺寸不同进行调换，如图3-14所示。

三、指示表

指示表是应用很广的万能量具。用它可以检验机床精度和测量工件的尺寸、形状和位置误差。

1. 指示表（百分表）

（1）指示表的结构　指示表的结构如图3-15所示。图中1是淬硬的测头，用螺纹旋入测量杆2的下端，测量杆的上端有齿。当测量杆上升时，带动齿数为

16 的小齿轮 3，在小齿轮 3 的同轴上装有齿数为 100 的大齿轮 4，再由这个齿轮带动中间的齿数为 10 的小齿轮 5。在小齿轮 5 的同轴上装有长指针 6，因此长指针就随着一起转动。在小齿轮 5 的另一边装有大齿轮 7，在其轴下端装有游丝，用来消除齿轮间的间隙，以保证其精度。该轴的上端装有短指针 8，用来记录长指针的转数(长指针转一圈时短指针转一格)。拉簧 11 的作用是使测量杆 2 能回到原位。在表盘 9 上刻有线条，共分 100 格。转动表圈 10，可调整表盘刻线与长指针的相对位置。

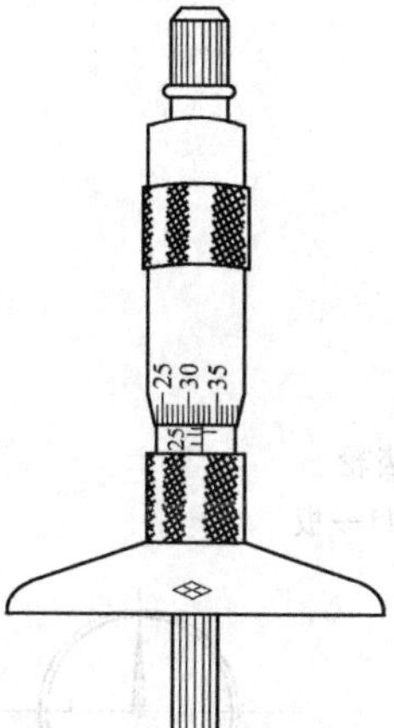

图 3-14　深度千分尺

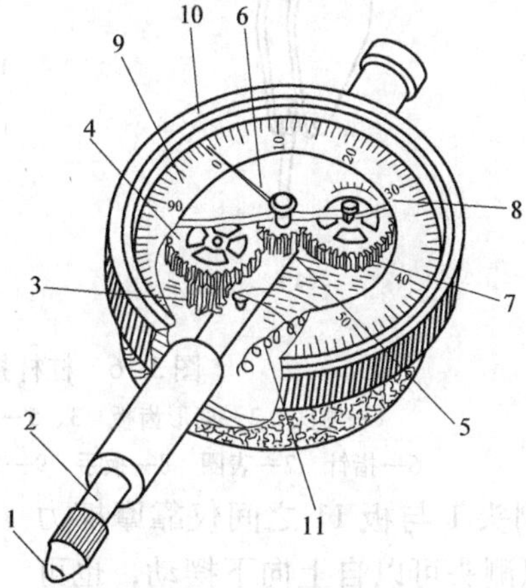

图 3-15　指示表的结构

1—测头　2—测量杆　3、5—小齿轮　4、7—大齿轮

6—长指针　8—短指针　9—表盘　10—表圈　11—弹簧

（2）指示表的刻线原理　指示表内的测量杆和齿轮的齿距是 0.625mm。当齿杆上升 16 齿时(即上升 $0.625 \times 16 = 10$mm)，16 齿小齿轮转一周，同时齿数为 100 的大齿轮也转一周，就带动齿数为 10 的小齿轮和长指针转 10 圈。当测量杆移动 1mm 时，长指针转一周。由于表盘上共刻 100 格，长指针每转一格表示测量杆移动 0.01mm。

（3）指示表的测量范围　指示表的测量范围是指测量杆的最大移动量，有 0～3mm、0～5mm、0～10mm 三种规格。

2. 杠杆指示表

杠杆指示表如图 3-16 所示。这种千分表小巧灵活，常用于车床、磨床上校正工件的安装位置，或用于普通指示表不便使用的地方。杠杆指示表的结构原理如图 3-16 所示。测头 1 与扇形齿板 2 用板 11 连接，当测头向上或向下摆动时，扇形齿轮就带动小齿轮 3 转动。与小齿轮 3 同轴的端面齿轮 4 也随之转动。从而带动小齿轮 5。当小齿轮 5 转动时，同轴的指针 6 也随之转动，即可在表盘上读出读数。转动表圈7，可调整表盘刻线与指针的相对位置。

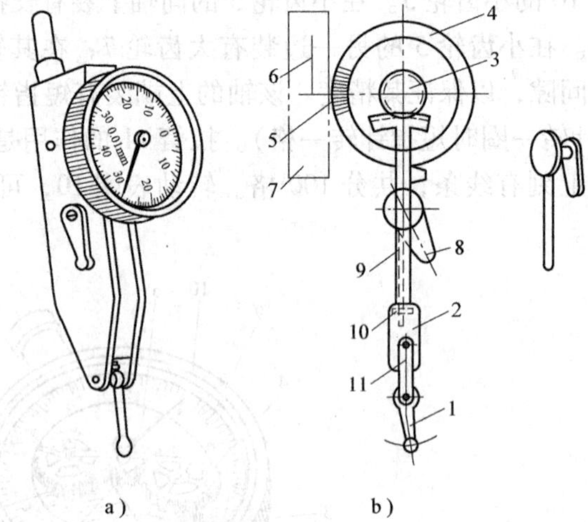

图3-16　杠杆指示表

1—测头　2—扇形齿板　3、5—小齿轮　4—端面齿轮
6—指针　7—表圈　8—扳手　9—钢丝　10—挡销　11—板

由于测头1与板11之间仅靠摩擦力连接，所以测头可以自上向下摆动，也可自下向上摆动。这样就使得在测量难以接近表面的时候，能把测头安置到所要求的位置上。当需要改变测头方向时，只要摆动表壳侧面的扳手8，通过钢丝9和挡销10，就可使扇形齿偏在下面或偏在上面，从而使触头处在所需的方向。

3. 内径指示表

内径指示表可用来测量孔径和孔的形状误差，对于测量深孔极为方便。内径指示表的结构如图3-17所示。

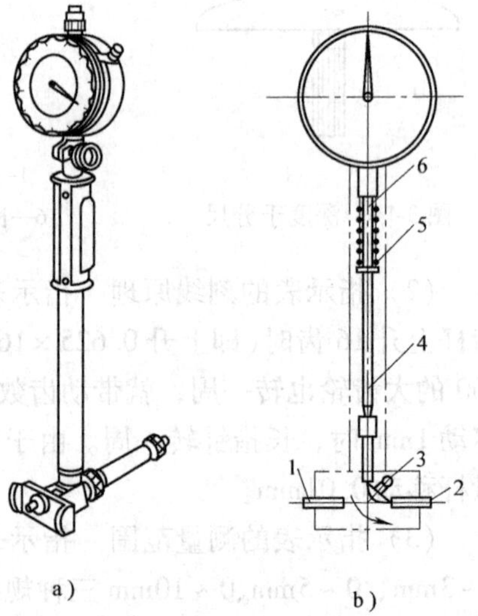

图3-17　内径指示表

1—可换测头　2—量杆　3—摆块
4—直管　5—弹簧　6—触头

内径指示表在测量头端部有可换测头1和量杆2。测量内孔时，孔壁使量杆2向左移动而推动摆块3，摆块3把直管4向上推，就推动指示表测头6，从而使指示表指针指出读数。测量完毕后，在弹簧5的作用下，量杆就回到原位。

通过更换可换测头1，可改变内径指示表的测量范围。内径指示表的测量范围有6 ~ 10mm、10 ~ 18mm、18 ~ 35mm、35 ~ 50mm、50 ~ 100mm、100 ~

160mm、160～250mm 等。

内径指示表的示值误差较大，一般为±（1.5×10^{-5}）mm。因此，在每次测量前都必须用千分尺校对尺寸。

四、游标万能角度尺

游标万能角度尺是用来测量工件和样板内外角度的量具。按游标的分为2′和5′两种，其示值误差分别在±2′和±5′。测量范围是0°～320°。现仅介绍分度值为2′的游标万能角度尺的结构、读数原理。

1. *游标万能角度尺的结构*

如图3-18所示。由刻有角度刻线的主尺1和固定在扇形板2的游标尺3组成。扇形板可在主尺上回转移动，形成和游标卡尺的相似的结构。直角尺5可用卡块4固定在扇形板2上，直尺6用支架固定在直角尺5上。如果拆下直角尺5，也可将直尺6固定在扇形板上。

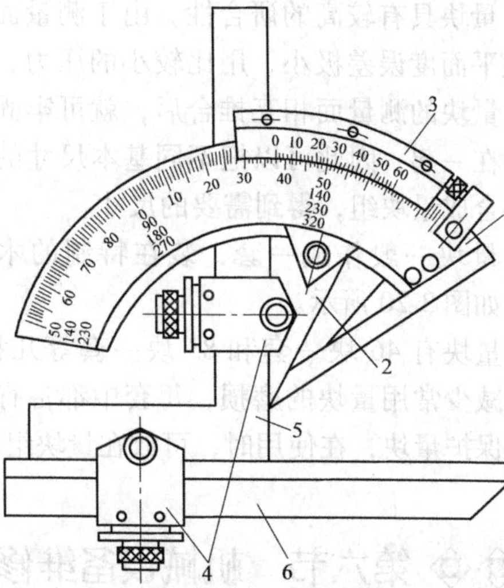

图3-18 游标万能角度尺

1—主尺 2—扇形板 3—游标尺 4—卡块 5—直角尺 6—直尺

2. *游标万能角度尺的刻线原理及读数*

主尺刻线每格1°，游标刻线是将主尺上29°所占的弧长等分为30格，每格所占的角度为$\frac{29°}{30}$，因此游标上1格与主尺1格相差

$$1°-\frac{29°}{30}=\frac{1°}{30}=\frac{60'}{30}=2'$$

即游标万能角度尺的分度值为2′。

游标万能角度尺的读数方法与游标卡尺相似，先从主尺上读出游标零线前的整度数，再从游标上读出角度“分”的数值，两者相加就是被测的角度数值。

五、塞尺

塞尺是用来检验两个相结合面之间间隙大小的片状量规。

塞尺有两个平行的测量平面，由若干片叠合，如图3-19所示。其长度制成50mm、100mm、

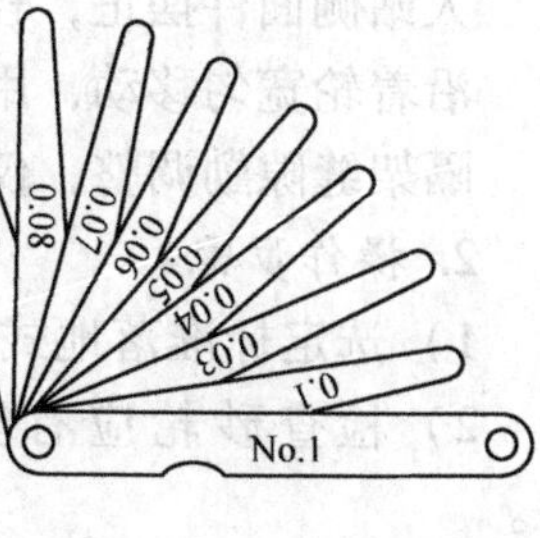

图3-19 塞尺

200mm几种类型，厚度为0.02～0.1mm，中间每片相隔0.01mm；厚度为0.1～1mm的，中间每片相隔0.05mm。

六、量块

量块是机械制造、修理业中长度尺寸的标准。量块可以对量具和量仪进行检验校正，也可用于精密划线和精密机床的调整，附件与量块并用还可测量某些精度要求高的工件尺寸。

量块是用不易变形的耐磨材料(如铬锰钢)制成的长方形六面体。它有两个工作面和四个非工作面，工作面是一对相互平行而且微观平面度误差极小的平面，又叫测量面。

量块具有较高的研合性。由于测量面的微观平面度误差极小，用比较小的压力，把两个量块的测量面相互推合后，就可牢固地研合在一起，因此可以把不同基本尺寸的量块组合成量块组，得到需要的尺寸。

量块一般作成一套，装在特制的木盒内，如图3-20所示。

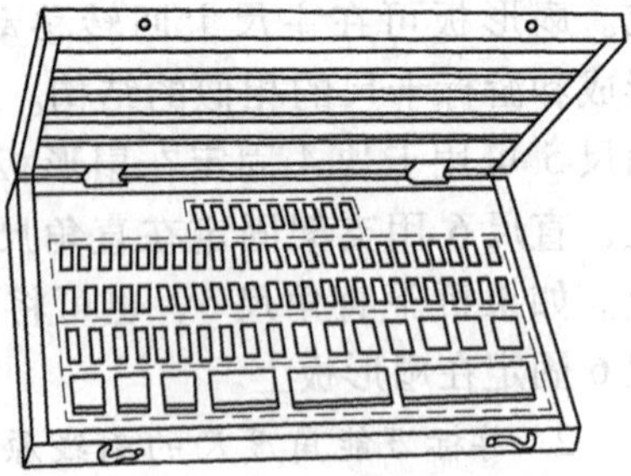

图3-20　量块

量块有46块一套和83块一套等几种。为了减少常用量块的磨损，每套中都备有若干块保护量块，在使用时，可放在量块组的两端，以保护其他量块。

第六节　机械设备维修的技能训练实例

• 训练1　正确使用电动砂轮机

1. 操作要点

人站侧面件摆正，轻稳靠在轮缘顶；

沿着轮宽匀移动，用力适中不过猛；

隔架缝隙勤调整，仅防砂轮破裂生。

2. 操作步骤

1）选定标准落地式砂轮机一台(M3025)，打开砂轮机照明开关。

2）检查砂轮应有安全罩，砂轮应无损坏，外圆平整，搁架间隙应合适。

3）人站在砂轮侧面，按动按钮，待砂轮运转平稳，检查砂轮外圆应无跳动。

4）摆正工件或坯料的角度，轻、稳地靠在砂轮的外圆上，沿砂轮外圆在全宽度上移动，施加的压力不要过大。

5）磨削完毕，关闭电源。

3. 注意事项

1）磨削工件不要掉在或挤在砂轮外圆与搁架之间，否则要发生砂轮碎裂及人身事故。

2）当砂轮磨损后，直径变小，应及时调整搁架与砂轮间的距离，始终保持在3mm之内。

4. 维护保养

1）砂轮磨损后，直径变小，影响使用时，应及时更换新砂轮。

2）砂轮外圆不圆或母线不直时，应及时用修正器进行修整。

3）对砂轮机应定期检查，发现问题应及时修理，并定期加注润滑油。

4）砂轮机工作场地要经常保持整洁。

• 训练2 正确使用手电钻

1. 操作要点

接线检查请电工，绝缘手套戴手上；
找准冲眼对好正，双手握牢钻浅坑；
停钻察看重调整，时进时退莫摆动；
阻力变小轻用力，安全第一勿忘记。

2. 操作步骤

1）选取带有钻夹头钥匙，功率合适的手电钻。准备好钻头。

2）请电工检查手电钻是否漏电，并接上电源。

3）用钥匙夹紧钻头，并取下钥匙。

4）戴好橡胶绝缘手套，点动手电钻开关，察看手电钻运转是否正常。

5）用钻头抵住工件钻孔冲眼，找正钻头与工件加工表面的垂直位置，保持正确的钻孔姿势，双手稳握手电钻，接通开关，试钻一浅坑。

6）检查孔位是否正确，若有偏差，调整钻头角度，修正孔位中心，若无偏差则均匀加力，进给钻孔。

7）钻孔时，手电钻不要摇晃，时常退刀清除切屑。通孔钻到末尾时，要缓慢进给。

8）钻孔结束后，卸下钻头，及时拆掉电源线或拔下电源开关，整理好电源线。

9）清理工作现场。

3. 注意事项

1）手电钻工作时，电源线应放置在不易被人绊着和踩着的地方。

2）钻孔时，一定要双手握紧手电钻，否则容易发生人身事故。

3）使用手电钻时，应轻拿轻放，避免摔坏外壳。

4. 维护保养

手电钻应定期进行检查，对各部件发现的问题要及时进行处理。

• 训练3　正确使用台式钻床

1. 操作要点

调整V带选转速，头架高低到好处；

找正定位要夹牢，主轴转动手进给；

均匀用力慢进给，阻力变小钻到尾。

2. 操作步骤

（1）选取台式钻床一台

（2）调整塔轮V带的位置，选择主轴合适的转速

1）按下V带罩起动按钮，打开台式钻床上部的V带罩(图3-21)。

2）松开电动机紧固手柄，把电动机左移，使V带松开(图3-22)。

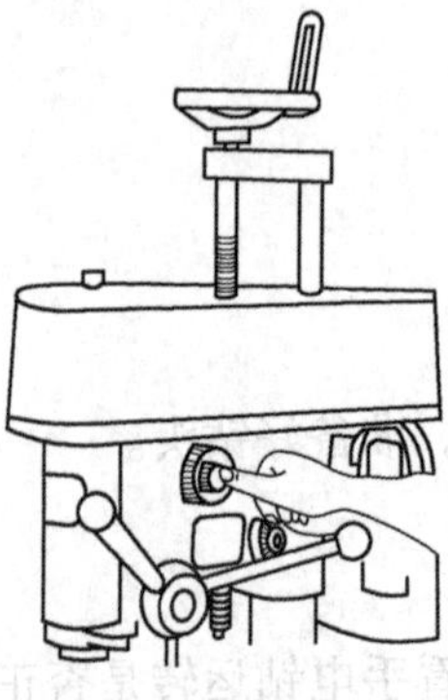

图3-21　打开V带罩

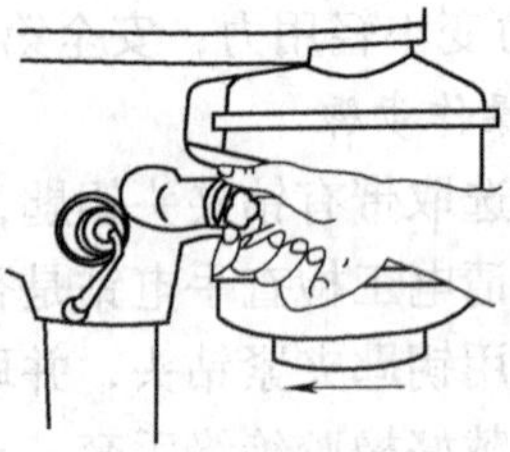

图3-22　松开手柄

3）调整V带位置，使主轴转速符合或接近切削用量要求的转速(图3-23)。

4）将电动机右移张紧V带。

5）用大拇指稍用力按压V带中部，检查V带的松紧程度，其松紧以大拇指感觉富有弹性为宜(图3-24)。

6）锁紧电动机固定手柄。

7）用手压V带罩，使其回位(图3-25)。

（3）调整头架上下位置

1）松开头架锁紧手柄(图3-26)。

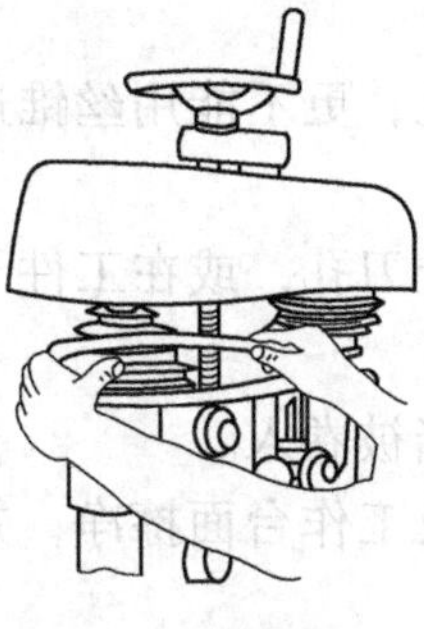

图 3-23　调整 V 带

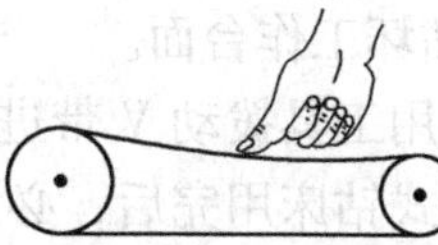

图 3-24　检查松紧

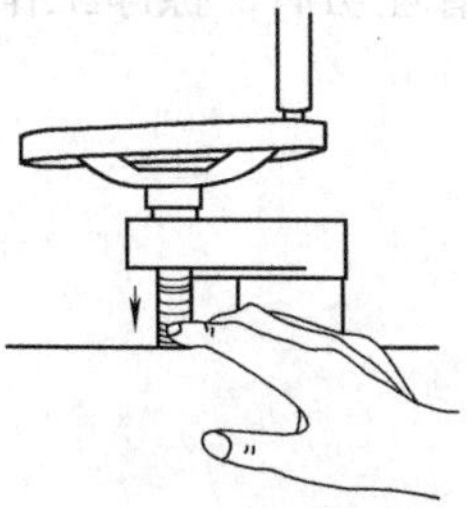

图 3-25　传动带罩回位

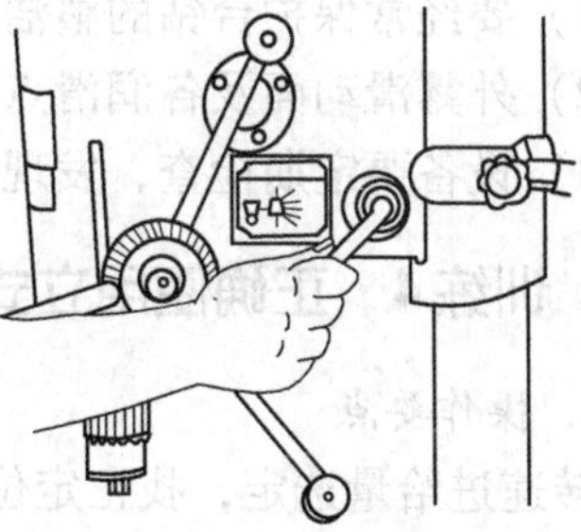

图 3-26　松开头架锁紧手柄

2）转动台式钻床顶部的手柄(顺时针转动头架上升,反之头架下降)，调整头架的上下位置至要求，如图 3-27 所示。

3）锁紧头架手柄。

4）找正工件位置，定位并夹紧。

5）装夹选取的钻夹头、钻头。

6）扳动电动机开关，使主轴正转。

7）站在机床正面，轻握主轴上、下操纵手柄并逆时针转动，实现进给，直至钻孔完毕(钻孔深时,可时常退刀清屑)，如图 3-28 所示。

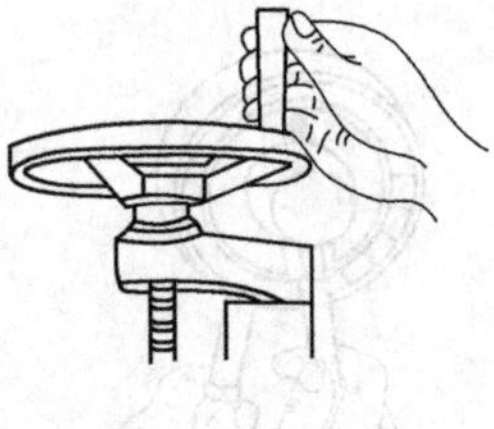

图 3-27　调整头架

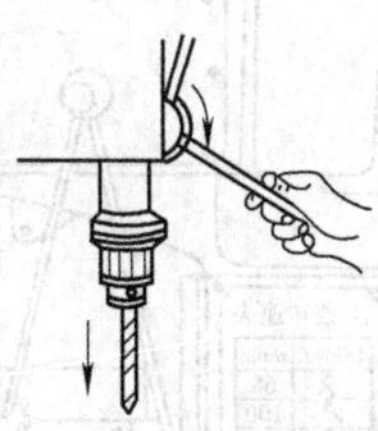

图 3-28　进给

8）退回主轴，关闭电动机，卸下工件、钻夹头及钻头。

9）钻孔结束，整理设备，清理现场。

3. 注意事项

1）台式钻床的转速较高，不适用于锪孔和铰孔，更不能用丝锥进行机攻螺纹。

2）钻通孔时，要使钻头能通过工作台面上的让刀孔，或在工件下面垫上垫铁，以免钻坏工作台面。

3）当用工具拨动V带进行变速时，要防止手指被卷入。

4）台式钻床用完后，必须将机床外露滑动面及工作台面擦净，并对各滑动面及各润滑点加注润滑油。

4. 维护保养

1）要经常保护台钻的整洁，钻孔完毕要及时清理切屑，擦净工作台面。

2）外露滑动面及各润滑点要及时加注润滑油。

3）设备要定期检查，发现问题，及时报修。

训练4　正确使用立式钻床

1. 操作要点

转速进给量选定，找正定位要夹牢；

时进时退切屑少，孔要钻透力要小；

调速检查机停好，安全第一莫忘掉。

2. 操作步骤

1）选取立式钻床一台。

2）工件找正、定位、夹紧。

3）选取适合的钻头、钻夹头，安装并夹紧。

4）扳动主轴箱左侧两个主轴变速手柄，对照主轴转速标牌，选取所需转速（图3-29）。

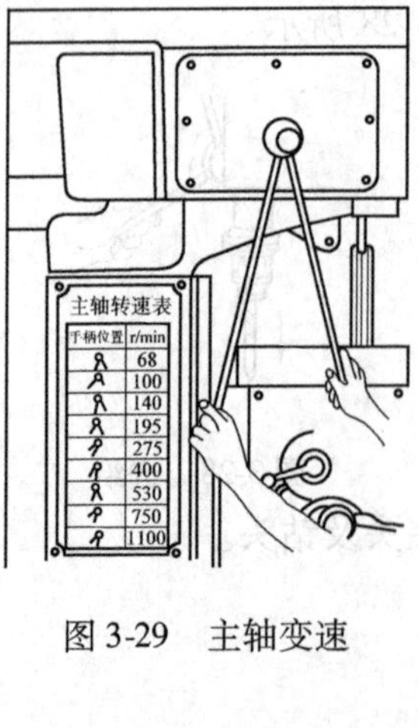

图3-29　主轴变速

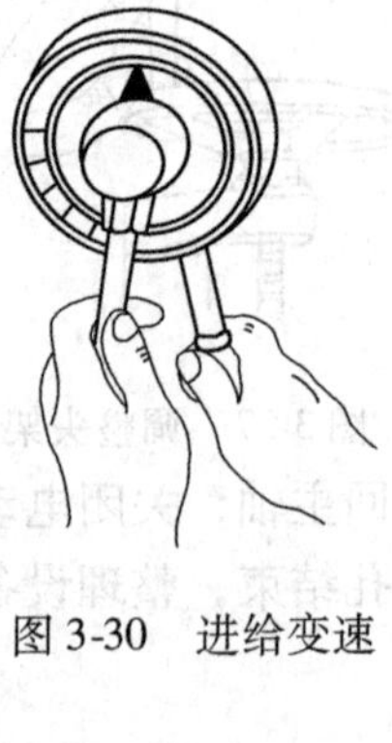

图3-30　进给变速

5）扳动进给箱左侧两个进给变速手柄，对照进给量标牌，选取所需的进给量(图 3-30)。

6）选定机动进给方式，将进给手柄座处的端盖向外拉出。

7）扳动钻床左侧的电动机起动手柄，手柄在中间位置为空挡，向下为主轴正转，向上为主轴反转。

8）主轴自动进给，至钻孔深度。

9）向里推回手柄座处的端盖，退回主轴，钻孔结束，关闭电动机。

10）卸下工件，整理设备，清理现场。

3. 注意事项

1）立钻使用前，须先将各操作手柄移到正确位置，空转试运转，在各部机构都能正常工作时，方可操作使用。

2）变换主轴转速或机动进给时，必须在停机后进行调整。

3）变换主轴转速或机动进给时，必须将手柄座端盖向里推，断开机动进给运动。

4）严禁在主轴旋转状态下，装夹、检测工件。

4. 维护保养

1）设备必须按操作规程合理使用。

2）设备除工作中发生故障应及时排除外，还应认真作好定期检查保养工作。保养工作包括设备外保养，润滑系统保养，冷却系统保养和电气部分的保养。

训练 5　直观诊断台式钻床的常见故障

1. 钻孔出现过多的毛刺

主要原因是：

1）主轴转速选择的不对。

2）传动带过松。

3）钻头磨损或刃磨的不正确。

4）钻夹头不合适。

5）钻削时有过热现象。

2. 主轴转速与标牌不相符（比标牌标定的低）

主要原因是传动带过松。

3. 钻孔超差

1）主轴套筒移动对工作台面的垂直度超差。

2）主轴外锥或锥孔的径向圆跳动超差。

3）钻夹头不合适。

4）钻头磨损或刃磨的不正确。

5）钻削时有过热现象。

6）传动带过松。

7）钻夹头未夹紧。

4. 频繁折钻头

主要原因是：

1）主轴套筒移动对工作台面的垂直度超差。

2）主轴转速不合适。

3）工件松动。

4）进给速度过快。

5. 抬起进给手柄钻头却留在钻孔中

主要原因是：

1）钻夹头不合适。

2）钻夹头未夹紧。

训练6　直观诊断砂轮机的常见故障

1. 砂轮振动

主要原因是：

1）砂轮不平衡。

2）砂轮轴弯曲。

3）电动机有问题。

4）砂轮法兰紧固螺钉松动。

2. 磨削件被轧入

主要原因是：

1）砂轮磨损直径变得过小。

2）砂轮机的搁架与砂轮间的距离过大。

训练7　通过试加工检测台式钻床的工作精度

检验项目：主轴在轴向力作用下，在横向平面内和纵向平面内对底座工作面垂直度的变化。

（1）公差　2mm/1000mm（1000mm 为指示表测头两触点间的距离）

（2）检测方法及误差值的确定（图3-31）

1）将主轴缩回到原始位置。

2）再将主轴箱置于正前方及其行程的中间位置，并锁紧。

3）在主轴端部装置一专用检具A，将底板B放置在底座上，其上放置测力

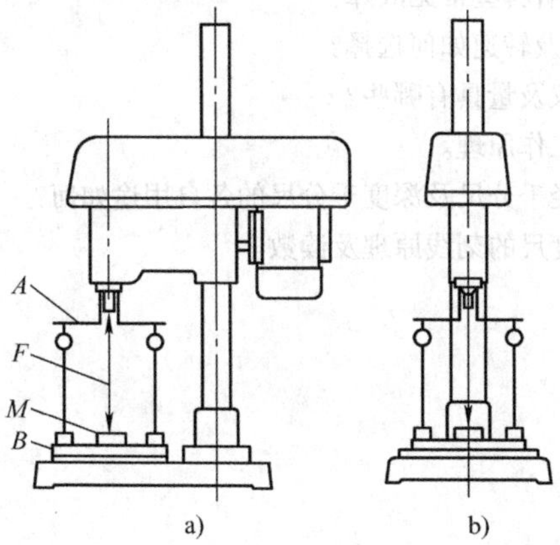

图 3-31 主轴在轴向力作用下，在横向平面内和纵向平面内对底座工作面垂直度的变化检测简图

计 M 和两个指示表，并使两个指示表测头分别依次在横向平面内和纵向平面内触及专用检具 A。

4）通过测力计将一轴向力 F 施加在主轴端部，并进行检验。

5）在横向平面内和纵向平面内的误差应分别计算，两指示表读数的代数差值即为垂直度误差。

（3）上述工作精度检验时施加的轴向力

几种规格的台式钻床施加的轴向力见表 3-1。

表 3-1 工作精度检验时施加的轴向力

机床最大钻孔直径/mm	6	12	16	20	25	32
施加力 F/kN	0.8	1.4	2.4	3.6	4.8	6

复习思考题

1. 试述台式钻床主运动的传递路线。
2. 试述台式钻床进给运动的传递路线。
3. 试述台式钻床塔轮机构组成及主轴转速的调整。
4. 台式钻床是如何实现手动进给的？
5. 台式钻床的进给量如何选择？
6. 台式钻床的主轴转速如何选择？
7. 试述砂轮机的传动系统。

8. 台式钻床、砂轮机有哪些常见故障?
9. 立式钻床的进给量及转速如何选择?
10. 机修钳工常用量仪及量具有哪些?
11. 试述游标卡尺的工作原理。
12. 外径千分尺、内径千分尺及深度千分尺的各自用途如何?
13. 试述游标万能角度尺的刻线原理及读数。

第四章

传动机构的维修

培训目标　了解带传动、摩擦轮传动及铰链四杆机构的种类、特点、工作原理及常见故障；能够对带传动机构、摩擦轮传动机构及铰链四杆机构进行维修。

第一节　带传动机构

一、特点

1. 优点

1）工作平稳、噪声小。

2）结构简单。

3）使用安全（负荷过载时，带和带轮间会打滑）。

4）适于较长距离的传动。

2. 缺点

1）传动比不准确。

2）传动效率低。

3）传动带的寿命短。

4）占用的空间较大。

二、工作原理及传动比

1. 工作原理

带传动是借助传动带作为中间挠性件，依靠传动带与带轮之间的摩擦力或啮合来传递运动和（或）动力的。如图4-1所示，在主动轮 D_1 和从动轮 D_2 的上面包紧一根或几根闭合环形的传动带，从而在传动带与两带轮之间的接触面产生正压力，这样当主动轴 $\xrightarrow{\text{绕}} O_1 \xrightarrow{\text{带动}}$ 主动轮 D_1 回转时 $\xrightarrow{\text{依靠}}$ 传动带与两带轮接触面之间的摩擦力（或同步带齿的啮合）$\xrightarrow{\text{使}}$ 从动轮 $D_2 \xrightarrow{\text{带动}}$ 从动轴 $\xrightarrow{\text{绕}} O_2$ 回转，从而实现了两轴间运动和（或）动力的传递。

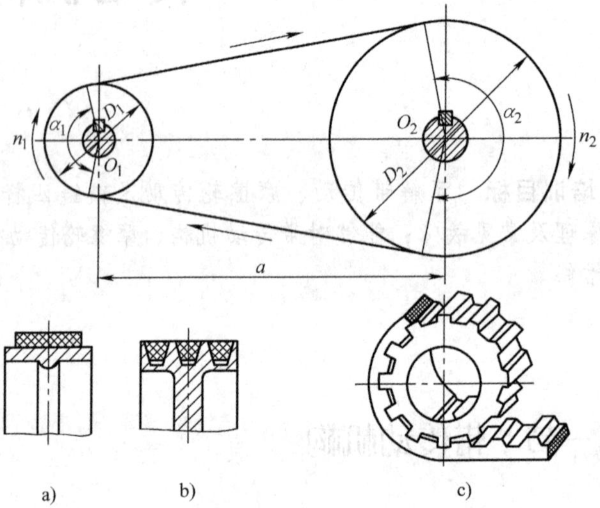

图4-1　带传动

a）平带　b）V带　c）同步带

2. 传动比

$$i=\frac{w_1}{w_2}=\frac{n_1}{n_2}$$

式中　w_1、w_2——主、从动带轮的角速度（rad/s）；

n_1、n_2——主、从动轮的转速（r/min）。

三、分类

按传动带的断面形状来分，常用的有三种，即平带传动、V带传动和同步带。

1. 平带传动

（1）平带传动的形式

1）开口传动　如图4-2所示，主动轴和从动轴平行，两轮的旋转方向相同。此形式应用最为广泛。

2）交叉传动　如图4-3所示，主动轴和从动轴平行，两轮的旋转方向相反。

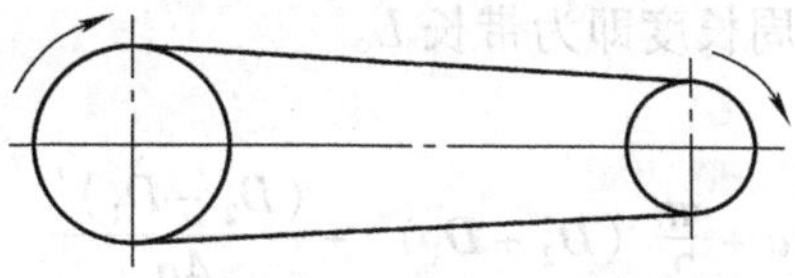

图 4-2 开口传动

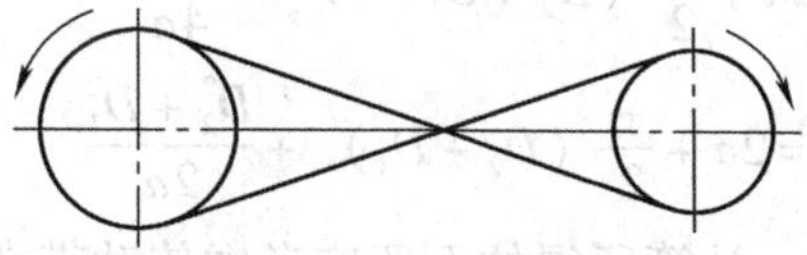

图 4-3 交叉传动

此形式应用也较为广泛。

3）半交叉传动 如图 4-4 所示，通常主动轴和从动轴在空间内成 90°交叉，在传动时，在进入带轮一段传动带的中心平面应与传动带轮宽的中心平面重合，同时还必须保证带轮宽度约为传动带宽的 1.5 ~2 倍，这样才可防止传动带从带轮上滑落下来。

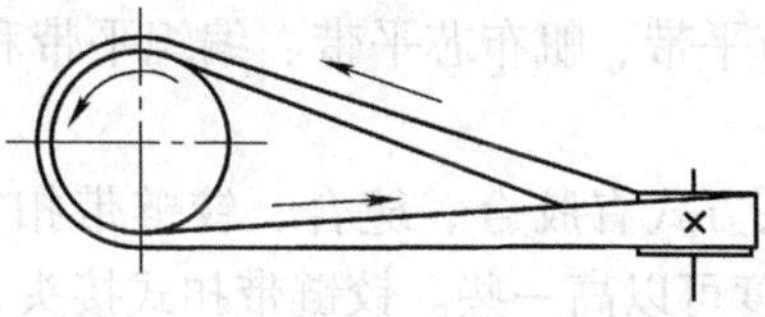

图 4-4 半交叉传动

（2）平带传动的主要参数

1）包角 α

① 定义。带与带轮接触弧所对的圆心角即为包角 α，如图 4-1 所示。包角的大小影响平带传动的承载能力，一般要求包角 $\alpha \geqslant 150°$，由于大带轮上的包角总是比小带轮上的包角大，故只需验算小带轮上的包角是否满足要求即可。

② 计算

a. 开口传动 $\alpha_1 \approx 180° - \dfrac{D_2 - D_1}{a} \times 60°$

b. 交叉传动 $\alpha_1 \approx 180° + \dfrac{D_2 + D_1}{a} \times 60°$

c. 半交叉传动 $\alpha_1 \approx 180° + \dfrac{D_1}{a} \times 60°$

式中 D_1——小带轮直径（mm）；

D_2——大带轮直径（mm）；

a——中心距（mm）。

2）带长 L

① 定义。带的内周长度即为带长 L。

② 计算

a. 开口传动 $L=2a+\frac{\pi}{2}(D_2+D_1)+\frac{(D_2-D_1)^2}{4a}$

b. 交叉传动 $L=2a+\frac{\pi}{2}(D_2+D_1)+\frac{(D_2+D_1)^2}{4a}$

c. 半交叉传动 $L=2a+\frac{\pi}{2}(D_2+D_1)+\frac{D_2^2+D_1^2}{2a}$

注：在实际应用中，计算所得的 L 还应考虑传动带在带轮上的张紧量、悬垂量和平带的接头量。

3）传动比。计算式为

$$i=\frac{n_1}{n_2}=\frac{D_2}{D_1}$$

通常平带的传动比应≤5。

（3）平带的类型和接头方式

1）类型。分为皮革平带、帆布芯平带、编织平带和复合平带等，其中帆布芯平带应用最为广泛。

2）接头方式。接头方式有胶合、缝合、铰链带扣等。胶合或缝合的接头，传动时冲击小，传动速度可以高一些。铰链带扣式接头，传递的功率较大，但转动速度不能太高。

2. V 带传动

（1）V 带的结构和类型　V 带的断面为等腰梯形或近似为等腰梯形，若工作面为两侧面（V 带安装在相应的轮槽内时，不与槽底接触）。

1）结构。按结构不同可分为两种：

① 帘布结构　由四层组成，如图 4-5a 所示。V 带主要采用此结构。

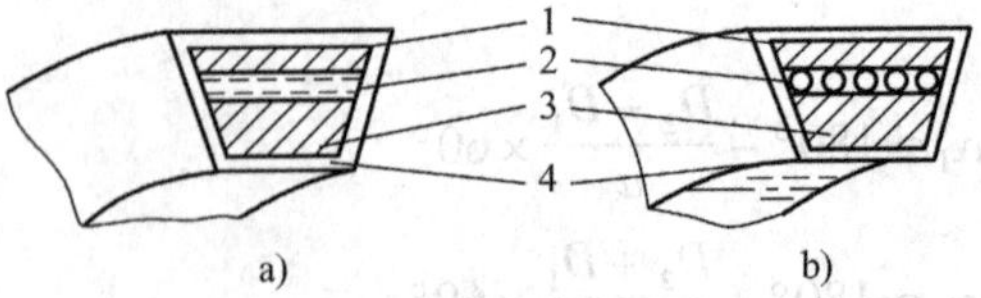

图 4-5　V 带的结构

a）帘布结构　b）线绳结构

1—伸张层　2—强力层（主要承力层）　3—压缩层　4—包布层

② 线绳结构。与帘布结构一样，也同样由四层组成，如图 4-5b 所示。此结构仅用于载荷不大、小直径带轮和轮速较高的场合。

2）类型。主要类型有普通 V 带、窄 V 带、宽 V 带、半宽 V 带等。它们的楔角，即 V 带两侧边的夹角 α，均为 40°。

（2）（普通）V 带传动的主要参数

1）截面尺寸。分为七种，即 Y、Z、A、B、C、D、E。其中 Y 型 V 带的截面积最小，E 型 V 带的截面积最大。截面积越大，传递的功率越大。截面形状如图 4-6 所示。

各种型号 V 带的截面尺寸见国家相应标准。

2）V 带轮的轮槽截面如图 4-7 所示。

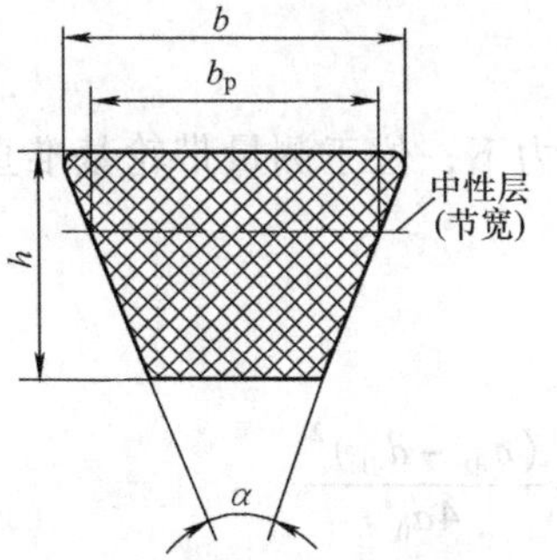

图 4-6 普通 V 带的截面形状

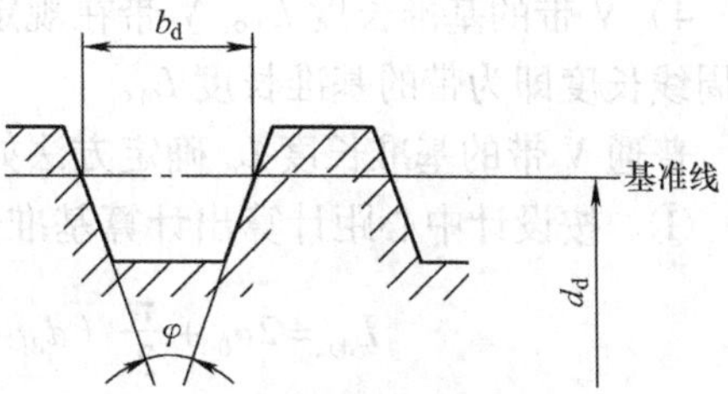

图 4-7 V 带轮的轮槽截面

主要参数如下：

① 基准宽度 b_d。在 V 带轮上，与相配 V 带节面处于同一位置的槽形轮廓即为基准宽度 b_d。

$b_d = b_p$ 即基准宽度 b_d 等于节宽 b_p。节宽即为 V 带断面的中性层面，即节面（V 带绕在带轮上时，长度保持不变的那层）的宽度。

② 基准直径 d_d。轮槽基准宽度处带轮的直径即为基准直径 d_d。对各型号的普通 V 带轮都规定了最小基准直径 $d_{d\,min}$。

普通 V 带传动带轮的基准宽度 b_d 和最小基准直径 $d_{d\,min}$ 见表 4-1。

表 4-1 普通 V 带传动带轮的基准宽度 b_d 和最小基准直径 d_{dmin}

（单位：mm）

普通 V 带型号	Y	Z	A	B	C	D	E
带轮基准宽度 b_d	5.3	8.5	11	14	19	27	32
带轮最小直径 d_{dmin}	20	50	75	125	200	355	500

③ 槽角 φ。轮槽横截面两侧边的夹角即为槽角 φ。

轮槽的槽角 φ 应比 V 带的楔角 α 略小，对于普通 V 带传动，槽角 φ 常取 38°、36°、34°（普通 V 带的楔角为 40°），小带轮 φ 角取小一些，大带轮 φ 取较大值。

3）传动比。计算式为

$$i=\frac{n_1}{n_2}=\frac{d_{p2}}{d_{p1}}$$

式中 d_{p1}——小带轮的节圆直径（mm）；

d_{p2}——大带轮的节圆直径（mm）。

轮槽节宽处的带轮直径即为节径（节圆直径）d_p（轮槽节宽与轮槽基准宽度 b_d 相等）。

通常，带轮的节圆直径可视为基准直径 d_d，即 V 带传动的传动比可用基准直径计算。

通常 V 带传动的传动比应≤7。

4）V 带的基准长度 L_d。V 带在规定的张紧力下，位于测量带轮基准直径上的周线长度即为带的基准长度 L_d。

普通 V 带的基准长度 L_d 确定方法如下：

① 按设计中心距计算出计算基准长度 L_{d0}

$$L_{d0}=2a_0+\frac{\pi}{2}(d_{d1}+d_{d2})+\frac{(d_{d2}-d_{d1})^2}{4a_0}$$

式中 L_{d0}——计算基准长度（mm）；

a_0——设计或初定中心距（mm）；

d_{d1}——小带轮基准直径（mm）；

d_{d2}——大带轮基准直径（mm）。

② 依据 L_{d0}，查国家标准 GB/T 11544—1997《普通 V 带和窄 V 带尺寸》中的相应规定来确定出 L_d。

5）普通 V 带的标记　由截型、基准长度和标准编号等组成。如 V 带顶面有“B 800GB/T 11544—1997”的标记，表示 B 型 V 带，基准长度 L_d 为 800mm，1997 年的国家标准。

6）传动实际中心距 a

$$a=A+\sqrt{A^2-B}$$

式中

$$A=\frac{L_d}{4}-\frac{\pi(d_{d1}+d_{d2})}{8}$$

$$B=\frac{(d_{d2}-d_{d1})^2}{8}$$

7）小带轮包角 α

$$\alpha=180°-57.3°\times\frac{(d_{d2}-d_{d1})}{a}$$

V 带传动，小带轮的包角通常应≥120°。

3. 同步带

同步带传动属于啮合型传动，故能够获得准确的传动比，可以说它兼有带传动和齿轮传动的特性和优点。

（1）特点

1）优点

① 可获得准确的传动比。

② 传动效率高，可达到0.98。

③ 传动功率大，可达数百千瓦。

④ 允许带速较高，可达50m/s。

⑤ 传动比较大，可达12～20。

⑥ 带的预紧力小。

⑦ 作用在轮轴和轴承上的力也很小。

2）缺点

① 制造和安装精度要求较高。

② 价格较贵。

（2）类型

1）按齿形分

同步带按齿形分为两种：梯形齿同步带和曲线齿同步带，如图4-8所示。

① 梯形齿同步带　梯形齿同步带又分为两种：

a. 周节制梯形齿同步带。

b. 模数制梯形齿同步带。

② 圆弧形齿同步带　圆弧形齿同步带又分为两种：

a. 半圆弧齿同步带。

b. 双圆弧齿同步带。

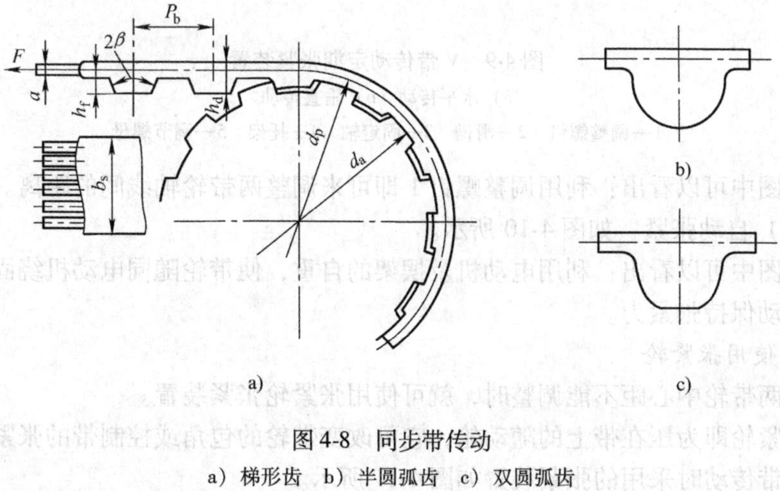

图4-8　同步带传动

a）梯形齿　b）半圆弧齿　c）双圆弧齿

2）按带齿面的数量分

① 单面带。即单面有齿的同步带。

② 双面带。即双面有齿的同步带。

(3) 工作原理

同步齿形带上的齿相当于齿条上的齿，而牵引轮相当于齿轮，它的工作原理就是齿轮与齿条的传动，即由齿轮的旋转运动带动齿条作直线运动。

四、带传动的张紧装置

带传动的张紧装置能够使由于长期受到拉力作用而产生永久变形伸长松弛的带重新张紧。常用的张紧方法有两种：

1. 调整中心距法

常用的张紧装置有两种：

(1) 定期张紧　如图4-9所示。

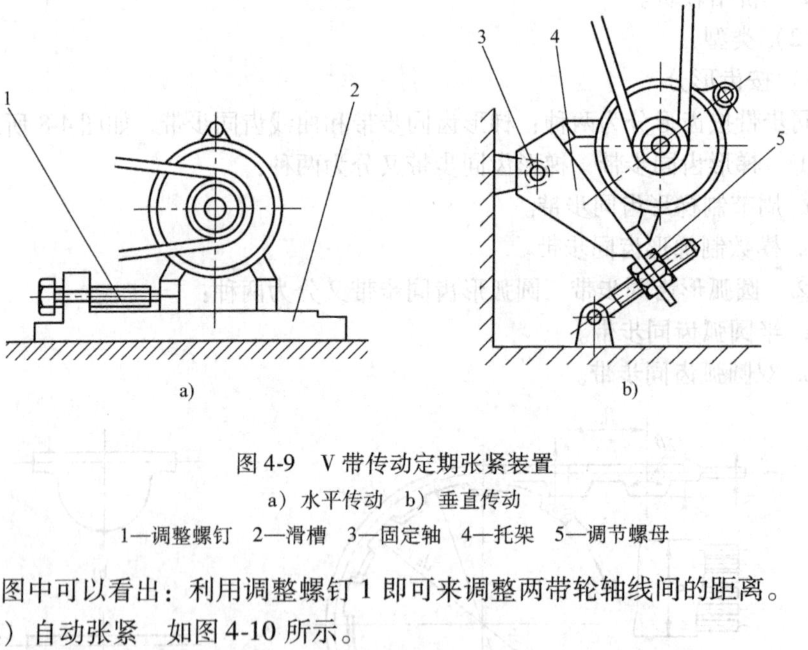

图4-9　V带传动定期张紧装置

a) 水平传动　b) 垂直传动

1—调整螺钉　2—滑槽　3—固定轴　4—托架　5—调节螺母

由图中可以看出：利用调整螺钉1即可来调整两带轮轴线间的距离。

(2) 自动张紧　如图4-10所示。

由图中可以看出：利用电动机及摆架的自重，使带轮随同电动机绕固定轴摆动，自动保持张紧力。

2. 使用张紧轮

当两带轮中心距不能调整时，就可使用张紧轮张紧装置。

张紧轮即为压在带上的随动轮，它可改变带轮的包角或控制带的张紧力。

平带传动时采用的张紧装置如图4-11所示。

从图中可以看出：它是利用平衡锤使张紧轮张紧平带的。

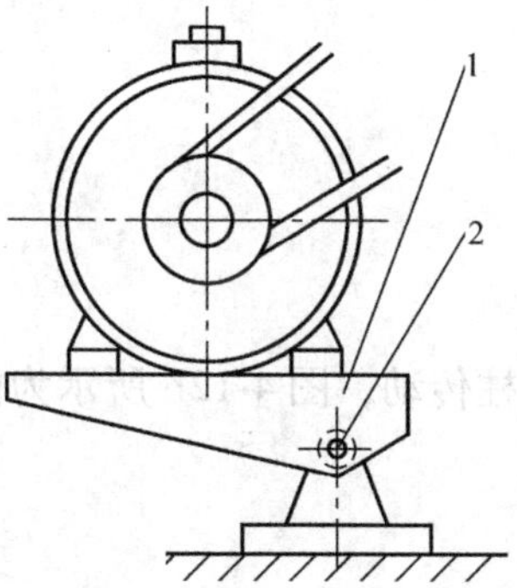

图 4-10 带的重力张紧装置
1—摆架 2—固定轴

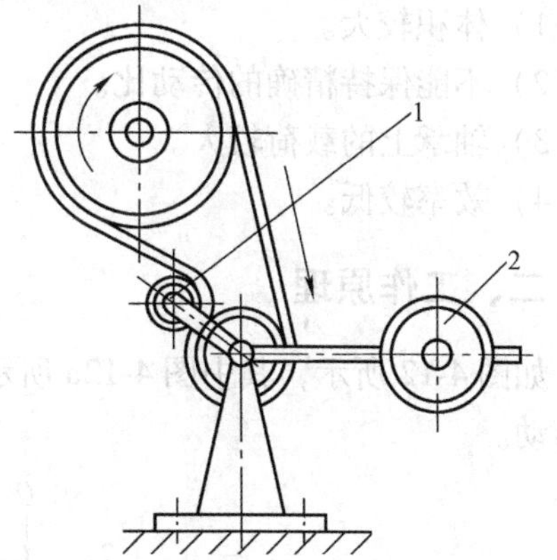

图 4-11 平带传动的张紧轮装置
1—张紧轮 2—平衡重锤

五、常见故障

1）轴颈弯曲。
2）带轮孔与轴配合松动。
3）带轮槽磨损。
4）V 带拉长或破损。
5）平带接头断裂。
6）带轮崩裂。

第二节 摩擦轮传动机构

摩擦轮传动是在两轴相距较近时，利用两轮的直接接触并相互压紧所产生的摩擦力来传递动力的。

一、特点

1. 优点
1）构件简单。
2）运转平稳、无噪声。
3）易于在工作状态下平稳地变更传动比，起动、停止及换向均很便利。
4）过载时，摩擦轮接触处发生打滑，对机器起到安全保护作用。
5）易于实现无级变速。
2. 缺点

1）体积较大。

2）不能保持精确的传动比。

3）轴承上的载荷较大。

4）效率较低。

二、工作原理

如图4-12所示，其中图4-12a所示为外接圆柱传动，图4-12b所示为内接圆柱传动。

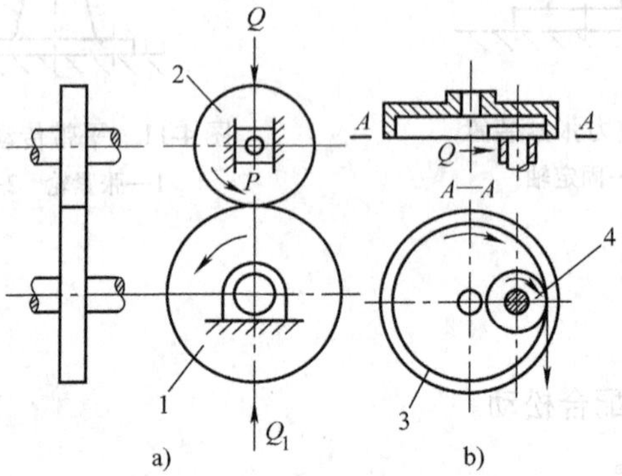

图4-12 两轴平行的摩擦轮传动

图4-12a中的2轮和图4-12b中的4轮的轴心均可移动，当在2轮轴心上的轴承和4轮轴心上的轴承分别施加推力Q时，则在2轮与1轮之间和4轮与3轮之间均将产生一个大小等于Q的压紧力，这样，当主动轮1和主动轮3分别回转时，2轮与1轮间所产生的摩擦力和4轮与3轮间所产生的摩擦力便分别带动从动轮2和从动轮4发生旋转。

三、分类及传动比

1. 定传动比摩擦轮传动

按摩擦轮的结构形状可分为两种：

（1）圆柱形摩擦轮

1）分类

① 圆柱形平摩擦轮，如图4-13所示。

小轮是铸铁制造的，而大轮的轮缘是用木材制成的。

② 圆柱形槽摩擦轮，如图4-14所示。

大轮、小轮均用金属（铸铁）制成，两轮外圆周上均有可相互啮合的沟槽，其作用就是利用楔形增压达到增大接触面上的压紧力的目的。

图 4-13 圆柱形平摩擦轮传动

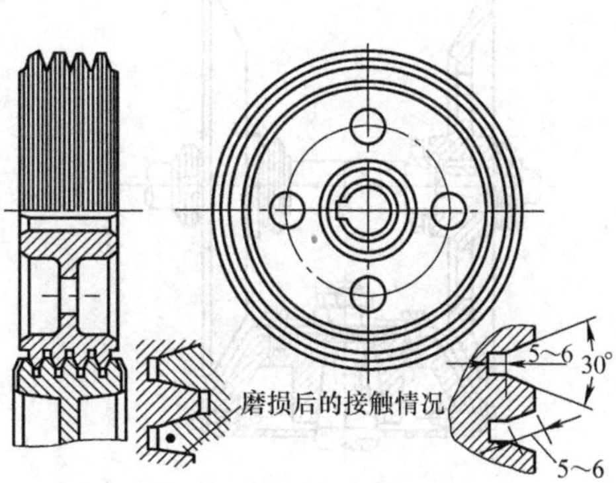

图 4-14 圆柱形槽摩擦轮传动

2）传动比

$$i = \frac{n_1}{n_2} = \frac{w_1}{w_2} = \frac{r_2}{r_1} = \frac{D_2}{D_1}$$

式中 w_1，n_1，r_1，D_1——主动轮的角速度、转速、半径、直径；
w_2，n_2，r_2，D_2——从动轮的角速度、转速、半径、直径。

（2）圆锥摩擦轮

1）分类

① 不可换向的圆锥摩擦轮如图 4-15 所示。

小轮用金属制成，大轮的摩擦面用木材制成。

② 可换向的圆锥摩擦轮传动，如图 4-16 和图 4-17 所示

图 4-16 中，两个从动轮是用金属制成的，当主动轮按一定的方向回转时，当两个从动轮分别依次压在主动轮上时，从动轴即可相应依次获得两个不同的回转方向。

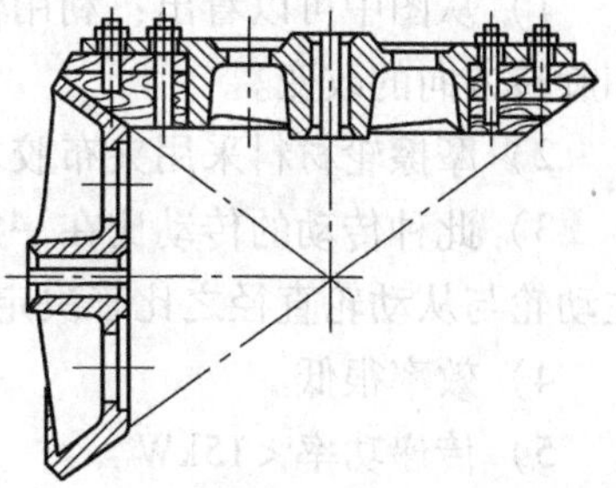
图 4-15 不可换向的圆锥摩擦轮传动

图 4-17 中，主动轮是用金属制造的，而两只从动轮的摩擦面用石棉基塑料制成。

2）传动比 与圆柱形摩擦轮相同。

$$i = \frac{n_1}{n_2} = \frac{w_1}{w_2} = \frac{r_2}{r_1} = \frac{D_2}{D_1}$$

2. 变传动比的摩擦轮传动（无级变速）

无级变速型式有电动式、液压式、机械式和混合式等诸多形式，其中对于小功率传动，以机械式无级变速应用最为广泛。它们都是依据摩擦原理来工作的。

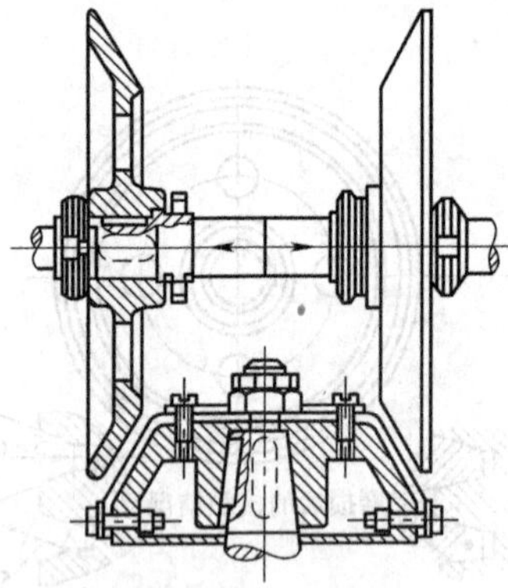

图4-16　可换向圆锥摩擦轮传动（一）

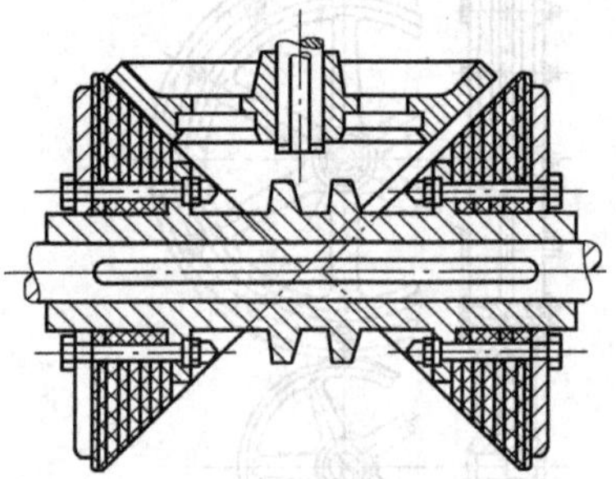

图4-17　可换向圆锥摩擦轮传动（二）

无级变速的形式通常有如下几种：

（1）圆盘无级变速传动　如图4-18所示。

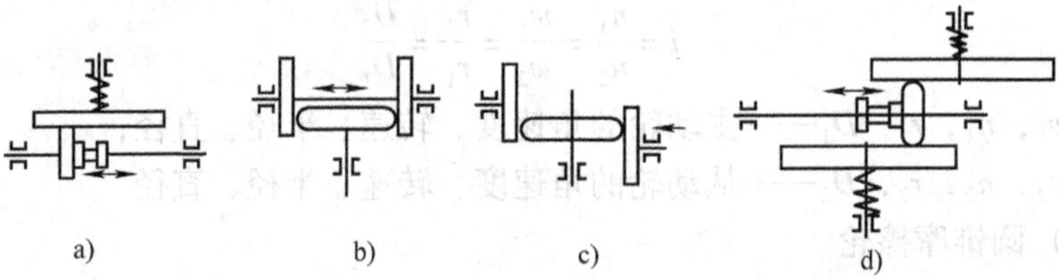

图4-18　圆盘无级变速传动

1）从图中可以看出：利用传动时接触位置的改变来完成从动轴转速的调整和旋转方向的改变。

2）摩擦轮材料采用夹布胶木与钢（或铸铁）制成。

3）此种传动的传动比在一定范围内可无级地改变，其传动比的最大值是由主动轮与从动轮直径之比来决定的。

4）效率很低。

5）传递功率 < 15kW。

6）广泛应用在金属切削机床、锻压机械及转速计等机器和仪器之中。

（2）无中间环节的圆锥无级变速传动　如图4-19所示。

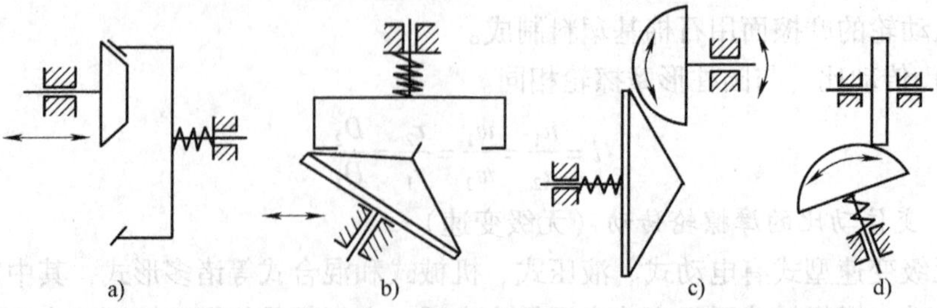

图4-19　无中间环节的圆锥无级变速传动

1）此种传动的工作原理与调速范围与圆盘无级变速传动相同。

2）摩擦轮材料采用夹布胶木与钢（或铸铁）制成。

3）工作面磨损小。

4）制造和安装较为复杂。

5）传递最大功率 = 74kW。

6）通常用于高速钻床及某些仪器上。

（3）有中间环节（可移动）的圆锥无级变速传动 如图 4-20 所示。

此传动是通过安放在两锥形摩擦轮中间的滚轮的轴向移动来实现传动比大小的改变。

（4）可动的圆锥无级变速传动 此种传动是以诸如钢球、钢环、块带、V 带或链条等为中间环节，通过移动圆锥摩擦轮或钢球的位置来改变转速。

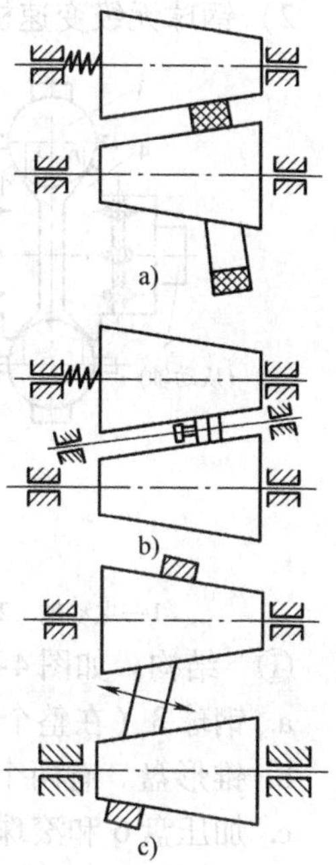

图 4-20 有中间环节的圆锥无级变速传动

此种传动形式应用最为广泛。

主要介绍以下两种无级变速机构。

1）锥形轮式无级变速机构。如图 4-21 所示。

① 结构 如图 4-21 所示，主要组件如下：

a. 锥形轮 2（一对） 装在轴 8 上，并可沿其轴向滑移。

b. 锥形轮 4（一对） 装在轴 5 上，并可沿其轴向滑移。

c. 传动带。其底面镶有楔状块，它被挂在两对锥形轮（锥形轮 2 和锥形轮 4）之间。

d. 杠杆 3。它将两对锥形轮即 2 和 4 连接起来，并能以支架 6 为支点摆动一个角度，以此来操纵锥形轮的分离与合拢。

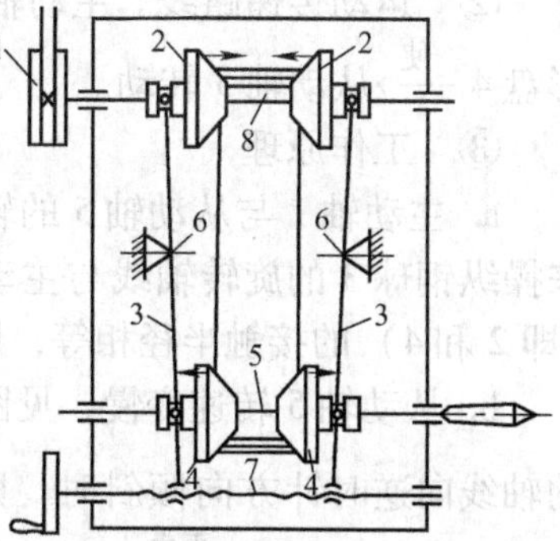

图 4-21 锥形轮式无级变速机构

② 工作原理。当锥形轮 2 分开，锥形轮 4 合拢时，因挂传动带处的直径不同，致使带轮 1 的转速$\xrightarrow{\text{通过}}$轴 8 $\xrightarrow{\text{传给}}$轴 5，轴 5 的转速就会降低；反之，就可提高轴 5 的转速。

③ 速度调节。当转动手轮时，丝杠 7 将会带动其上的两个螺母同时相对或相背的移动，带动杠杆 3，从而达到了调节速度的目的。

2）钢球无级变速机构。如图4-22所示。

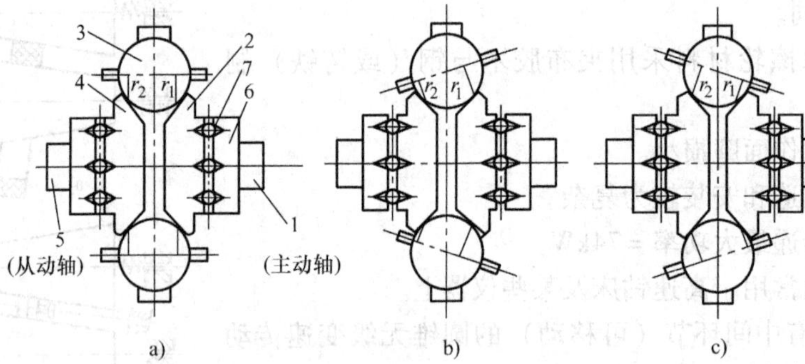

图4-22　钢球无级变速机构

1—主动轴　2、4—锥形盘　3—钢球　5—从动轴　6—加压盘　7—滚珠

① 结构。如图4-22所示，主要组件如下：

a. 钢球3（在整个圆周上共有6个）。它有自己的旋转轴线。

b. 锥形盘。有两个，即右面锥形盘之和左面锥形盘4。

c. 加压盘6和滚珠7，通过两端用加压盘6和滚珠7压紧，致使锥形盘2和锥形盘4均与钢球3紧密接触。

d. 轴1。为主动轴。

e. 轴5。为从动轴。

② 运动传递路线。主动轴1转动时$\xrightarrow{\text{通过}}$钢球3和右面锥形盘2$\xrightarrow{\text{传给}}$左面锥形盘4$\xrightarrow{\text{使}}$从动轴5转动。

③ 工作原理

a. 主动轴1与从动轴5的转速相同，见图4-22a。当用专用的调速蜗轮装置来操纵钢球3的旋转轴线与主动轴1平行时，因钢球3旋转轴线与两端锥形盘（即2和4）的接触半径相等，即$r_1=r_2$，故主动轴1和从动轴5的转速相同。

b. 从动轴5转速变慢，见图4-22b。当用专用的调速蜗轮装置来操纵钢球3的轴线向逆时针方向倾斜时，则$r_1>r_2$，此时，相当于锥形盘2$\xrightarrow{\text{带动}}$一个半径（r_1）较大的摩擦轮$\xrightarrow{\text{再由}}$一个半径（r_2）较小的摩擦轮$\xrightarrow{\text{带动}}$一个半径较大的摩擦轮（即锥形盘4），从而使从动轴5的转速变慢。

c. 从动轴5转速变快，见图4-22e。与上b反之，即当用专用的调速蜗轮装置来操纵钢球3的轴线向顺时针方向倾斜时，则$r_1<r_2$，即上述b中的传递过程中的大小都倒过来，从而致使从动轴5的转速变快。

四、常见故障

1）用木材制成的大轮轮缘损坏。

2）槽摩擦轮的沟槽磨损。

3）从动摩擦轮轴上的轴承疲劳损坏。

4）主动摩擦轮轴上的轴承疲劳损坏。

5）可换向圆锥摩擦轮传动中的从动轮用石棉基塑料制成的摩擦面磨损或损坏。

第三节　平面连杆机构

平面连杆机构是由一些刚性构件用转动副和移动副相互连接而组成的在同一平面或相互平行平面内运动的机构。

平面连杆机构能够实现某些较为复杂的平面运动，在生产中广泛用于动力的传递或改变运动形式。

最常用的平面连杆机构是具有四个构件的低副机构，称之为铰链四杆机构。

一、特点

1. 优点

1）结构简单，易于制造。

2）工作可靠，承载能力大，耐磨性好。

3）可实现多种运动形式的变换和多种运动规律的输出。

2. 缺点

1）设计难度大。

2）缺乏设计资料参考。

3）运动速度较高时，要进行动平衡计算，需要专用设备和仪器。

二、组成

如图4-23所示，铰链四杆机构主要由以下构件组成：

（1）机架　机构中固定不动的构件称之为机架，如图4-23中的构件4。

（2）连杆　机构中不与机架相连的构件称之为连杆，如图4-23中的构件2。

（3）连架杆　机构中与机架用低副相连的构件称之为连架杆，如图4-23中的构件1和构件3。连架杆按其运动特征可成如下两种：

1）曲柄。机构中能绕固定铰链回转整圈的连架杆称之为曲柄。

2）摇杆。机构中能绕固定铰链摆动的连架杆称之为摇杆。

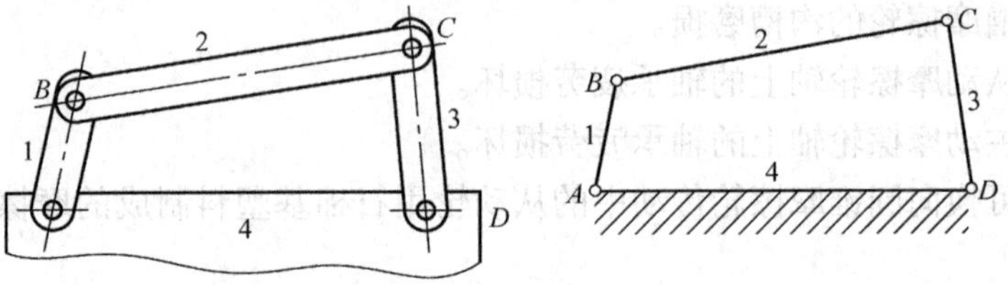

a)　　b)

图 4-23　铰链四杆机构

1、3—连架杆　2—连杆　4—机架

三、基本类型及其工作原理

铰链四杆机构的基本类型有如下三种：

1. 曲柄摇杆机构

（1）定义　具有一个曲柄和一个摇杆的铰链四杆机构称之为曲柄摇杆机构，如图 4-24 所示。

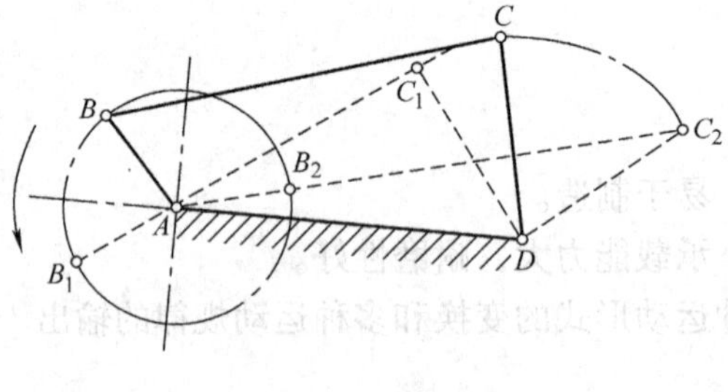

图 4-24　曲柄摇杆机构

（2）工作原理　曲柄摇杆机构能够将主动件（曲柄 AB）的回转运动转换为从动件（摇杆 CD）的往复摆动。

具体运动过程如下：主动件曲柄 AB 开始作逆时针等速转动，当曲柄 AB 的 B 端从 B 点$\xrightarrow{\text{回转到}}B_1$点时，从动件摇杆 CD 也跟随着逆时针摆动，其 C 端从 C 点$\xrightarrow{\text{摆动到}}C_1$点；主动件曲柄 AB 继续回转，当曲柄 AB 的 B 端从 B_1 点$\xrightarrow{\text{顺时针回转到}}B_2$点时，从动件摇杆 CD 又跟随着顺时针摆动，其 C 端从 C_1 点$\xrightarrow{\text{摆动到}}C_2$点；主动件曲柄 AB 继续回转，其 B 端从 B_2 点$\xrightarrow{\text{回转到}}B_1$点时，从动件摇杆 CD 再次跟随着逆时针摆动，其 C 端从 C_2 点$\xrightarrow{\text{摆回到}}C_1$点。这样，当主动件曲柄 AB 连续不断地做等速回转时，则从动件摇杆 CD 将跟随着连续不断地在 C_1C_2 范围内作变速往复摆动。也就说：曲柄摇杆机构将主动件曲柄的圆周回转运动转换为从动件摇杆的往复运动。

（3）应用　现举二例：

1）牛头刨床横向进给机构，如图 4-25 所示。

工作过程：齿轮 1 $\xrightarrow{\text{带动}}$ 齿轮 2 及与齿轮 2 固连的销盘 3（相当于曲柄 *AB*）转动 $\xrightarrow{\text{带动}}$ 杆 4（相当于摇杆 *BC*）$\xrightarrow{\text{带动}}$ 有棘爪的杆 5（相当于摇杆 *CD*）往复摆动；棘爪 $\xrightarrow{\text{再带动}}$ 与棘轮 6 固连的丝杠 7 完成单向间歇进给运动。

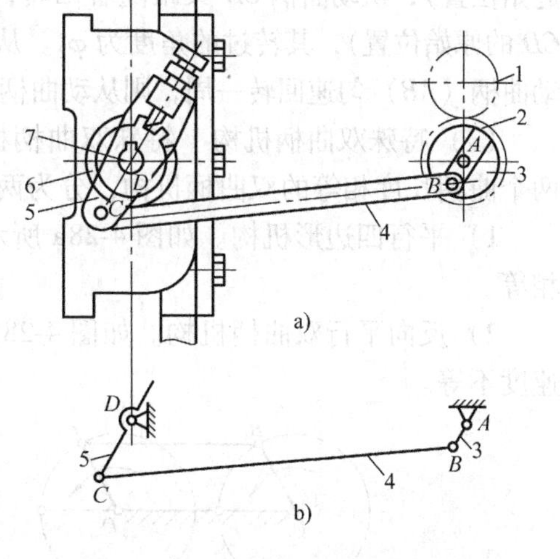

图 4-25 牛头刨床横向进给机构

1、2—齿轮 3—销盘 4、5—杆 6—棘轮 7—丝杠

2）缝纫机踏板机构，如图 4-26 所示。

在缝纫机踏板机构中，踏板相当于摇杆 *CD*，当它为主动件做往复摆动时，连杆 *BC* 驱动曲轴（相当于曲柄 *AB*）和带轮连续回转。在此例中，摇杆 *CD*（踏板）变为了主动件，而曲柄 *AB*（曲轴）变为了从动件，这样一换位，就可以将主动件摇杆的往复摆动转换成从动件曲柄的圆周回转运动。

2. 双曲柄机构

（1）定义 具有两个曲柄的铰链四杆机构称之为双曲柄机构，如图 4-27 所示。

（2）工作原理 在双曲柄机构中，主动曲柄匀速回转一周，从动曲柄就随之变速回转一周。也就是说：从动曲柄回转时，其角速度有时大于主动曲柄的角速度，有时小于主动曲柄的角速度。

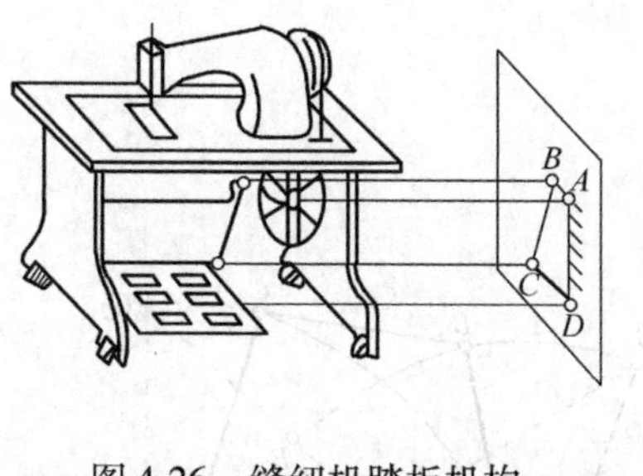

图 4-26 缝纫机踏板机构

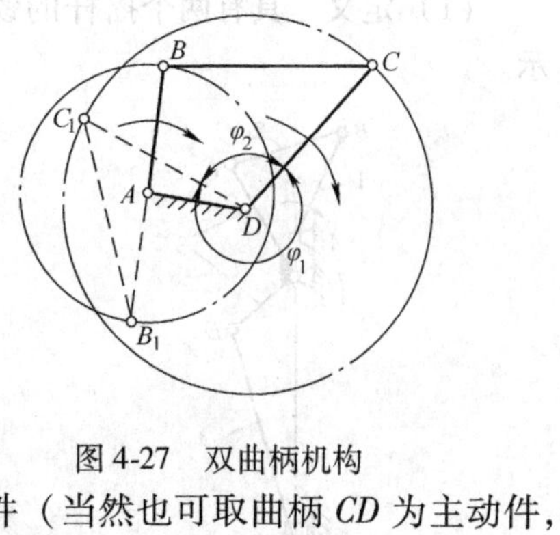

图 4-27 双曲柄机构

具体运动过程如下：现取曲柄 *AB* 为主动件（当然也可取曲柄 *CD* 为主动件，两个曲柄可以分别为主动件，并均可作整圈旋转），当主动件曲柄 *AB* 顺时针回转 180°到 AB_1 位置时，从动曲柄 *CD* 也跟随着顺时针回转到 C_1D 位置，其转过的角度

为 φ_1；主动曲柄 AB 继续回转 180°，即曲柄 AB 从 AB_1 位置转回到 AB（曲柄 AB 的起始位置），从动曲柄 CD 又跟随着回转，曲柄 CD 从 C_1D 位置转回到 CD（曲柄 CD 的原始位置），其转过的角度为 φ_2。从图中显而易见：$\varphi_1 > \varphi_2$，就是说：当主动曲柄（AB）匀速回转一周，则从动曲柄（CD）就跟随变速回转一周。

（3）特殊双曲柄机构　特殊双曲柄机构就是指：连杆与机架的长度相等且两个曲柄长度相等的双曲柄机构，分为两种：

1）平行四边形机构。如图 4-28a 所示，即两曲柄的回转方向相同，角速度相等。

2）反向平行双曲柄机构。如图 4-28b 所示，即两曲柄的回转方向相反，角速度不等。

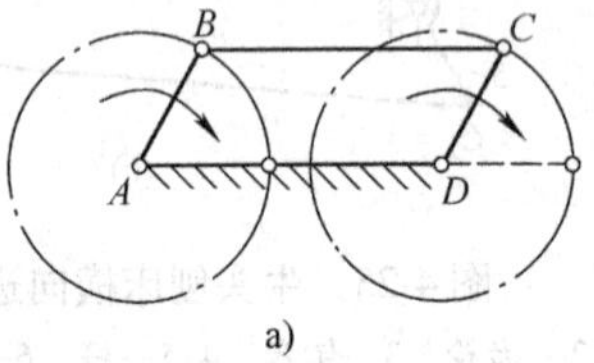

图 4-28　等长双曲柄机构

（4）应用　现举一例

插床切削机构，如图 4-29 所示。

图中杆 1、2、3 和 4 组成双曲柄机构。当主动件（曲柄 1）等速回转一周时，曲柄 3 变速回转一周，与滑块固连的插刀做往复直线运动。这样插刀工作行程平均运动速较低，而空行程平均运动速度较高，这样就提高了生产率。

3. 双摇杆机构

（1）定义　具有两个摇杆的铰链四杆机构称之为双摇杆机构，如图 4-30 所示。

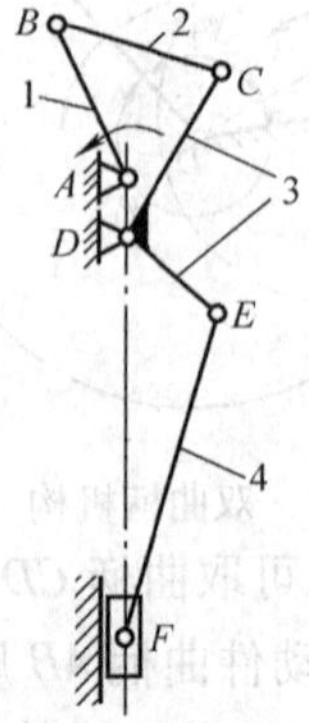

图 4-29　插床切削机构

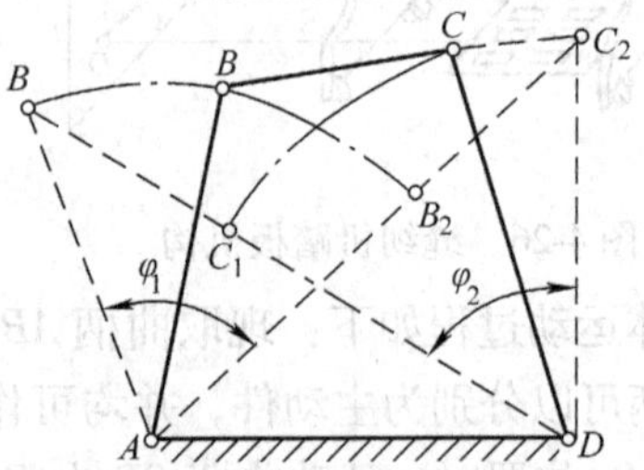

图 4-30　双摇杆机构

（2）工作原理　在此机构中，两摇杆即 AB 和 CD 可以分别为主动件，在摇杆摆动中，当连杆 BC 与摇杆 AB 和 CD 共线时，即图中 B_1C_1D 和 C_2B_2A，此刻机构即处于死点位置，所谓死点位置就是机构处于“卡死”现象的位置，从图中不难看出：φ_1 与 φ_2 分别为摇杆 AB 和摇杆 CD 的最大摆角，也就是说：摇杆 AB 与摇杆 CD 分别在 φ_1 与 φ_2 范围内摆动。

（3）应用　现举一例：

自卸翻动装置，如图 4-31 所示。

图中杆 AD 为机架，AB 与 CD 为两个摇杆，当液压缸活塞杆向右伸出时，即可带动 AB 和 CD 向右摆动，从而将翻斗中的货物自动卸下；当液压缸活塞杆向左缩回时，则带动 AB 与 CD 向左摆动，这样又使翻斗恢复到原来的位置。

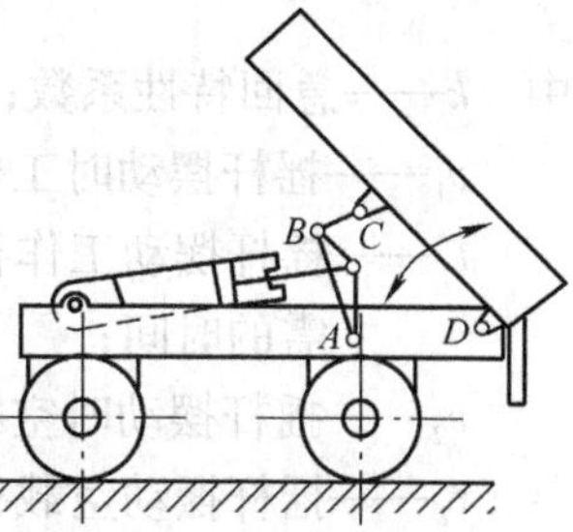

图 4-31　自卸翻斗装置

四、基本性质

1. 曲柄存在的条件

曲柄是铰链四杆机构中的关键构件，因为只有能作整圈旋转的曲柄才能用电动机等可连续转动的装置来带动。

铰链四杆机构中曲柄存在的条件如下：

A. 连架杆与机架中必有一个是最短件。

B. 最短杆与最长杆长度之和必小于或等于其余两杆长度之和。

上述两个条件缺一不可，否则铰链四杆机构中曲柄不存在。

由上面两个条件，可以得出铰链四杆机构三种基本类型的判别方法，即：

1）当上述 A 条件成立时：

①　当取最短杆为连架杆时，则构成曲柄摇杆机构。

②　当取最短杆为机架时，则构成双曲柄机构。

③　当取最短杆为连杆时，则构成双摇杆机构。

2）当上述 B 条件不成立时，即最短杆与最长杆长度之和大于（不是小于或等于）其余两杆长度之和时，则曲柄不存在，只能构成双摇杆机构。

2. 急回特性

在曲柄摇杆机构中，虽然曲柄作等速回转运动，而摇杆摆动时空载行程的平均速度却大于工作（负载）行程的平均速度，此性质即称之为机构的急回特

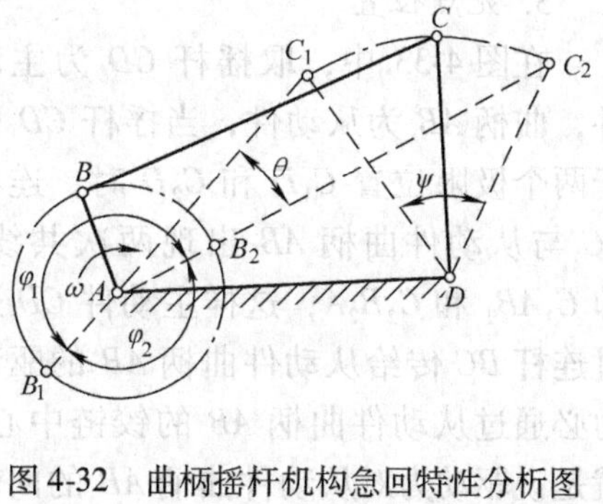

图 4-32　曲柄摇杆机构急回特性分析图

性，如图4-32所示。

机构的急回特性用急回特性系数 k 表示：

$$k=\frac{\text{从动件空载行程平均速度}}{\text{从动件工作行程平均速度}}$$

$$=\frac{v_2}{v_1}=\frac{t_1}{t_2}=\frac{\varphi_1}{\varphi_2}=\frac{180°+\theta}{180°-\theta}$$

式中 k——急回特性系数；

v_1——摇杆摆动时工作行程的平均速度；

t_1——摇杆摆动工作行程时，从其一个极限位置摆动到另一个极限位置所需的时间；

v_2——摇杆摆动时空载行程的平均速度；

t_2——摇杆摆动空载行程时，从其一个极限位置摆动到另一个极限位置所需的时间；

φ_1——摇杆工作行程时，摇杆从一个极限位置摆动到另一个极限位置时，曲柄相应转过的角度；

φ_2——摇杆空载行程时，摇杆从一个极限位置摆动到另一个极限位置时，曲柄相应转过的角度；

θ——极位夹角 C 即摇杆位于两极限位置时，曲柄所夹的锐角。

从上式中可以看出：

1）机构有无急回特性，取决于急回特性系数 k，即 k 值越大，急回特性越显著，即从动件回程越快；$k=1$ 时，机构无急回特性。

2）k 与极位角 θ 有关：

① 当 $\theta=0$，则 $k=1$，机构无急回特性。

② 当 $\theta>0$，则机构有急回特性，而且 θ 越大，急回特性越显著。

一些断续负载的机械，如插床、刨床等，常利用此急回特性来缩短空载行程时间，以提高生产率。

3. 死点位置

在图4-33中，取摇杆 CD 为主动件，曲柄 AB 为从动件，当摇杆 CD 处于两个极限位置 C_1D 和 C_2D 时，连杆 BC 与从动件曲柄 AB 出现两次共线，即 C_1AB_1 和 C_2B_2A，这样主动件 CD 通过连杆 BC 传给从动件曲柄 AB 的驱动力必通过从动件曲柄 AB 的铰链中心，就是说驱动力对从动件曲柄 AB 的回转

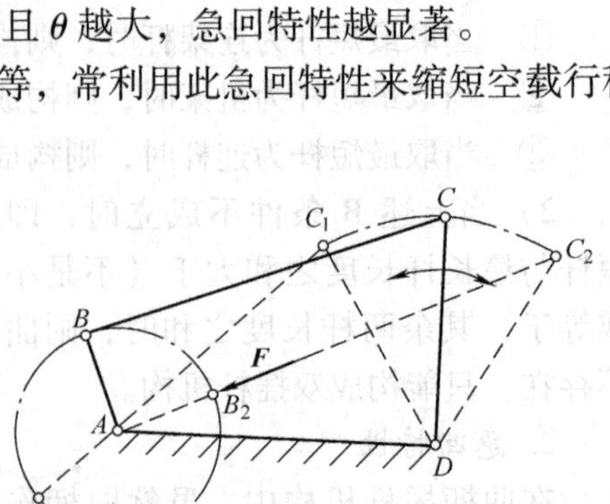

图4-33 曲柄摇杆机构的死点位置

力矩等于零，此时，无论施加多大的驱动力，都不能使从动件曲柄AB转动，即机构处于“卡死”的位置，且转向也不能确定，这种位置称之为死点位置。

对于传动机构来说，应采取措施使机构顺利通过死点位置，通常可利用从动件的惯性来通过死点位置，如缝纫机就是借助带轮（相当于飞轮）的惯性通过死点位置的。

在工程上，许多场合常利用死点位置来达到机构工作要求。如：钻床连杆式快速夹具就是利用死点位置来夹紧工件的。

五、常见故障

1）铰链轴或与其相配的套磨损。

2）滑块或与其相配的导向槽磨损。

第四节　传动机构维修的技能训练实例

• 训练 1　带传动机构的维修

（1）轴颈弯曲　视弯曲程度可采用矫直或更换的方法修复。

（2）带轮与轴配合松动

1）当轮孔或轴颈磨损不大时，可将轮孔修整，有时键槽也需修整或在圆周方向另开新槽。

2）对与其相配合的轴颈可用堆焊、刷镀或镀铬后修磨法加大直径，然后磨削加工至配合尺寸。

3）当轮孔磨损严重时，轮孔可镗大镶套，再用骑缝螺钉固定，加工出新的键槽。

（3）带轮槽磨损　可在不影响带轮强度的情况下，适当车深轮槽，并修整外缘尺寸。

（4）V 带拉长或磨损

1）V 带在正常范围内拉长，可通过调节装置来调整中心距。

2）当超过正常的伸长量，则应更换 V 带（注意：一组 V 带应一起更换）。

（5）平带接头断裂　可重新联接。

（6）带轮崩裂　更换带轮。

• 训练 2　摩擦轮传动机构的维修

（1）用木材制成的大轮轮缘损坏　更换新的大轮。

(2) 槽摩擦轮的沟槽磨损 更换新的槽摩擦轮。

(3) 从动摩擦轮轴上的轴承疲劳损坏 更换新轴承。

(4) 主动摩擦轮轴上的轴承疲劳损坏 更换新轴承。

(5) 可换向圆锥摩擦轮传动中的从动轮用石棉基塑料制成的摩擦面磨损或损坏 更换新的摩擦面。

训练3 铰链四杆机构的维修

(1) 铰链轴或与其相配的套磨损

1) 修复套配新铰链轴。

2) 修复铰链轴配新套。

3) 更换新套配新链轴。

(2) 滑块或与其相配的导向槽磨损

1) 修复滑块。

2) 修复导向槽，配作新滑块。

复习思考题

1. 带传动的特点是什么？
2. 试述带传动的工作原理。
3. 常用的带传动分为哪三类？
4. 平常传动有哪几种形式？
5. 平带传动有哪些主要参数？
6. V带结构分为哪两种？
7. V带分为哪几种类型？
8. 普通V带有哪些传动的主要参数？
9. 同步带的特点有哪些？
10. 同步带分为哪两种？
11. 试述同步带的工作原理。
12. 带传动常用的张紧方法有哪两种？
13. 带传动有哪些常见故障？
14. 摩擦轮传动的特点是什么？
15. 试述摩擦轮传动的工作原理。
16. 试述摩擦轮传动的分类。
17. 摩擦轮传动有哪些常见故障？
18. 平面连杆机构的特点是什么？
19. 铰链四杆机构主要由哪些构件组成？

20. 铰链四杆机构有哪三种基本类型？
21. 试述曲柄摇杆机构的定义及其工作原理。
22. 试述双曲柄机构的定义及其工作原理。
23. 试述双摇杆机构的定义及其工作原理。
24. 曲柄存在的条件有哪两个？
25. 试述曲柄存在条件的推论。
26. 何谓曲柄摇杆机构的急回特性？
27. 何谓铰链四杆机构的死点位置？
28. 铰链四杆机构有哪些常见故障？

第五章

典型零部件的维修

培训目标 掌握滚动轴承的结构、分类、装配要求及常见故障；掌握键联接的作用、分类及常见故障；能够更换滚动轴承；能够修配固定键联接。

第一节 滚动轴承

以滚动摩擦为主的轴承称为滚动轴承。

一、特点

1. 优点（与滑动轴承相比）

1）摩擦阻力小，效率高。

2）工作灵敏、稳定。

3）轴向尺寸小。

4）内部间隙小，回转精度高。

5）润滑简便，易于密封、维护。

6）标准化专业生产，互换性好。

2. 缺点（与滑动轴承相比）

1）滚动轴承径向尺寸大（在轴颈直径相同条件下）。

2）承受冲击、振动的能力差。

3）安装精度要求高。

4）高速时噪声大。

5）寿命较短。

二、结构

滚动轴承主要由外圈、内圈、滚动体和保持架等组成，如图 5-1 所示。

（1）外圈 1　外圈 1 的内表面制有槽，称为滚道，内圈 2、外圈 1 分别与轴颈和轴承座装配在一起，通常外圈固定不动（但也有外圈回转内圈固定的应用形式）。

（2）内圈 2　内圈 2 的外表面也同样制有与外圈的内表面凹槽相配的凹槽，即滚道，内圈 2、外圈 1 分别与轴颈和轴承座装配在一起，通常内圈随轴颈一起回转。

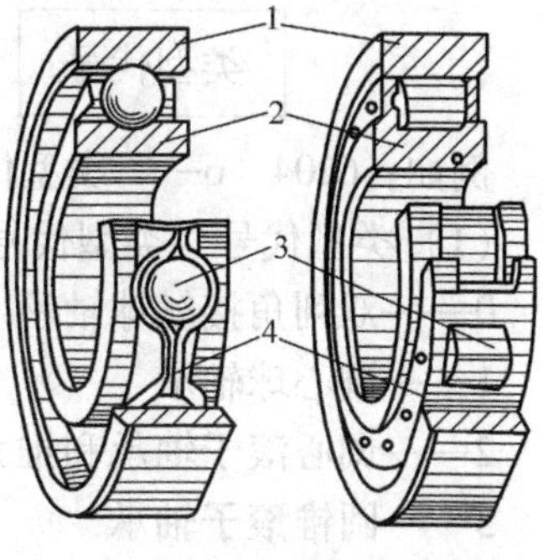

图 5-1　滚动轴承的基本结构
1—外圈　2—内圈　3—滚动体
4—保持架

（3）滚动体 3　滚动体 3 在内、外圈的滚道间既作自转又作公转，滚动体的形状有球、短圆柱滚子、圆锥滚子、球面滚子、螺旋滚子、长圆柱滚子、滚针等。

（4）保持架 4　保持架的作用是把滚动体均匀地隔开，以避免相邻的滚动体直接接触而增加磨损。

三、分类

按照滚动轴承所受载荷不同，可分为三大类：

（1）向心轴承　仅承受径向（垂直于回转轴线）载荷的滚动轴承，如深沟球轴承。

（2）推力轴承　仅承轴向（沿着或平行于回转轴线）载荷的滚动轴承，如推力球轴承。

（3）向心推力轴承　同时承受径向载荷和轴向载荷的滚动轴承，如角接触轴承。

四、规格及代号

滚动轴承的种类和规格很多，而且性能各异，为便于制造和选用，均以代号表示。

滚动轴承的代号由数字和字母组成，以此来表示滚动轴承的结构、尺寸、公差等级、技术性能等特征。

轴承代号由三段组成，即前置代号、基本代号和后置代号。

1. 前置代号

前置代号用字母 L、R、K、WS、GS 表示，为成套轴承分部件代号。

2. 基本代号

基本代号表示轴承的基本类型、结构和尺寸，是轴承代号的基础。基本代号由轴承类型代号、尺寸系列代号和内径代号构成：

类型代号	尺寸系列代号	内径代号

例如：6204　6——类型代号，2——尺寸系列（02）代号，04——内径代号

（1）类型代号　类型代号用数字或字母表示，具体如下：

0——双列角接触球轴承

1——调心球轴承

2——调心滚子轴承和推力调心滚子轴承

3——圆锥滚子轴承

4——双列深沟球轴承

5——推力球轴承

6——深沟球轴承

7——角接触球轴承

8——推力圆柱滚子轴承

N——圆柱滚子轴承（双列或多列用字母 NN 表示）

U——外球面球轴承

QJ——四点接触球轴承

（2）尺寸系列代号　由轴承的宽（高）度系列代号和直径系列代号组合而成，具体见标准 GB/T 272—1993。

（3）内径代号　表示轴承公称内径，见表 5-1。

表 5-1　滚动轴承的内径代号

轴承公称内径/mm		内径代号	示　例
0.6 到 10（非整数）		用公称内径毫米数直接表示，在其与尺寸系列代号之间用“/”分开	深沟球轴承 618/2.5 $d=2.5\text{mm}$
1 到 9（整数）		用公称内径毫米数直接表示，对深沟及角接触球轴承 7，8，9 直径系列，内径与尺寸系列代号之间用“/”分开	深沟球轴承 62/5 $d=5\text{mm}$ 深沟球轴承 618/5 $d=5\text{mm}$
10 到 17	10	00	深沟球轴承 6200 $d=10\text{mm}$
	12	01	
	15	02	
	17	03	

（续）

轴承公称内径/mm	内径代号	示 例
20 到 480 （22，28，32 除外）	公称内径除以 5 的商数，商数为一位时在商数左边加“0”，如 08	调心滚子轴承 23208 $d=40$mm
等于和大于 500， 以及 22，28，32	用公称内径毫米数直接表示，与尺寸系列代号之间用“/”分开	调心滚子轴承 230/500 $d=500$mm 深沟球轴承 62/22

3. 后置代号

后置代号代表了内部结构、密封与防尘套圈变型、保持架及其材料、轴承材料、公差等级、游隙、配置等信息。后置代号用字母加数字的形式表示，位于基本代号的右边，并与基本代号空半个字距（带好中有符号“-”，“/”除外）。具体代号及含义见标准 GB/T 272—1993。

4. 滚动轴承代号举例

32207/P6X2——表示内径为 35mm，轻宽系列圆锥滚子轴承，6X 级公差，2 组径向游隙。

五、公差与配合

1. 公差等级

滚动轴承公差等级共分/P0、/P6、/P6X、/P5、/P4、/P2 6 级，见 GB/T 272—1993。

2. 配合

1）滚动轴承内圈与轴颈的配合采用基孔制。

2）滚动轴承外圈与轴承座孔的配合采用基轴制。

3）配合的松紧程度分别由轴颈和轴承座孔的尺寸公差来保证（见国家轴承标准）。

六、轴向固定

为了防止轴承在工作时受轴向力而产生移动，轴承在轴上或壳体上都应加以轴向固定。

1. 轴承内圈在轴上的固定

1）用于承受单向轴向载荷，如图 5-2a 所示。

2）用于转速不高和轴向载荷不大的场合，如图 5-2b 所示。

3）用于承受较大的双向轴向载荷和高转速的场合，如图 5-2c、d 所示。

2. 轴承外圈在轴承座孔中的固定

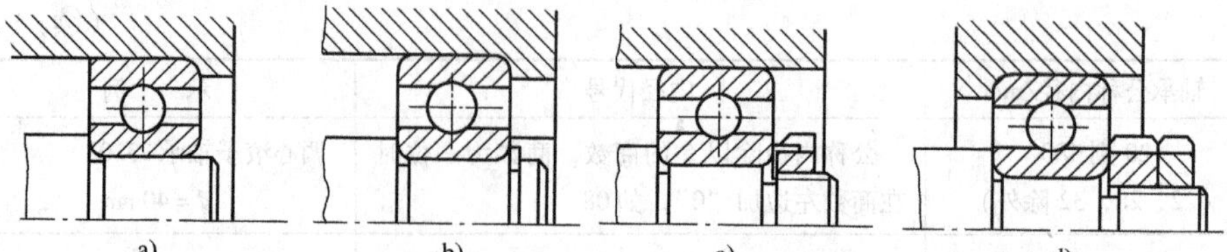

图5-2　滚动轴承内圈的轴向固定

1）用于转速高且轴向载荷大的场合，如图5-3a所示。

2）用于轴向载荷较小的场合，如图5-3b、c所示。

3）用于需要调整轴向游隙的场合，如图5-3d所示。

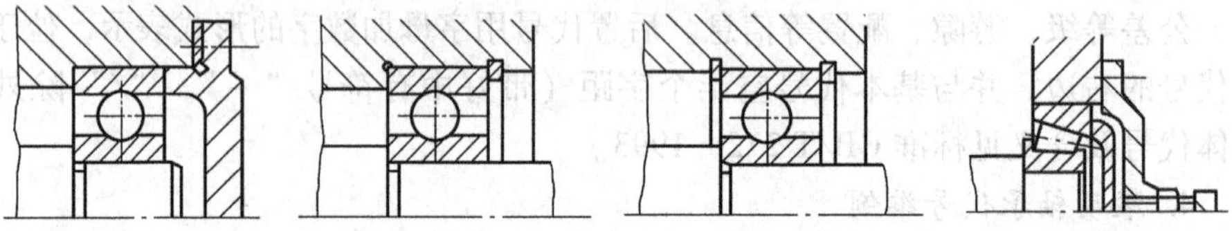

图5-3　滚动轴承外圈的轴向固定

3. 在轴向留有移动的余地

滚动轴承在某些情况下还应考虑在轴向留有移动的余地。如图5-4所示，图中所留轴向间隙 c 应大于轴的热胀伸长量。

七、拆卸与装配

1. 拆卸

拆卸轴承需用专门工具。常用的是顶拔器，它是靠3个拉爪钩住轴承内圈而拆下轴承的，这样就必须让轴承内圈定位轴肩上留出足够的高度。

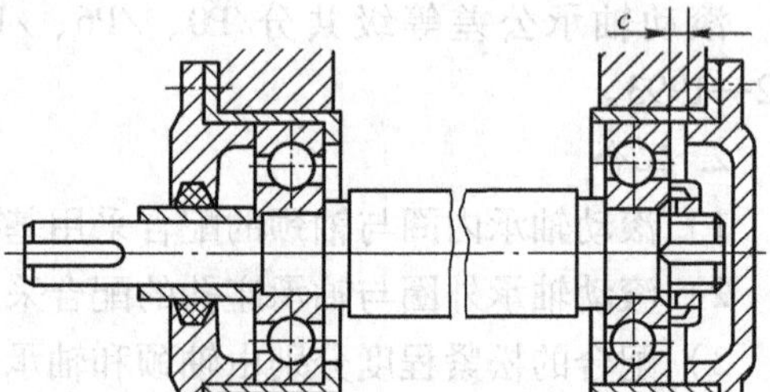

图5-4　一端轴承留有轴向热胀间隙

2. 装配

（1）装配要求

1）装配前，必须清除配合表面的凸痕、毛刺、锈蚀、斑点等缺陷。如果轴承上有锈迹，应用化学除锈，不用砂布和砂纸打磨。

2）与轴承配合的表面需用煤油清洗干净，并检查尺寸，其圆度、圆柱度误差不允许超过尺寸公差的1/4～1/2。

3）禁止用锉刀锉轴承的配合表面，壳体孔表面允许用刮刀稍加修整，但必须保证其几何精度在公差范围内。

4）装配前，轴承需用煤油洗涤。

5）要保持轴承体清洁，防止杂物侵入。装配时，在轴、轴承及轴承座孔的配合表面先加一层清洁的润滑油，然后再进行装配。

6）装配时，作用力需均匀地作用在带过盈的轴承环上。

7）轴承必须紧贴在轴肩或孔肩上，不准有间隙。

8）轴承端面、垫圈及压盖之间的结合面必须平行，当拧紧螺钉后，压盖应均匀地贴在垫圈上，不允许局部有间隙。如果需有间隙，则四周间隙应均匀。

9）装配后，用手转动轴承或轴承座时，轴承应能均匀、轻快、灵活地转动。

10）试运转时，在正常运转后，温升不得大于允许的数值。

（2）装配方法　常用的方法有：敲入法、压入法和热套法。

1）敲入法

① 借助钢套、铜套，用锤子敲入。

② 用铜棒分别对称地将轴承的内圈或外圈均匀敲入。

2）压入法。对尺寸较大的轴承，可用螺旋压力机或油压机压入。

3）热套法。适用于过盈配合轴承的装配。把轴承放入温度不超过 80 ~ 90℃ 的热油中加热，然后趁热装在轴颈上。

八、常见故障

滚动轴承经过长期使用后，表现的损坏形式是工作游隙增大，工作表面产生麻点、凹坑或裂纹等。

第二节　键　联　接

通过键将轴与轴上零件（齿轮、带轮、凸轮等）结合在一起，实现周向固定，并传递转矩的连接称为键联接。

一、作用

1）实现周向固定，并传递转矩。

2）实现零件的轴向固定或轴向滑动。

二、特点

1）结构简单。

2）工作可靠。

3）装拆方便。

4）加工容易。

5）已经标准化。

三、分类

键联接可分为松键联接、紧键联接和花键联接三大类。

1. 松键联接

（1）特点　松键联接的特点是靠键的侧面来传递转矩，只对轴上的零件作周向固定，如需轴向固定，还需附加紧定螺钉或定位环等零件。

（2）分类　有如下三种：

1）普通平键，如图5-5所示。

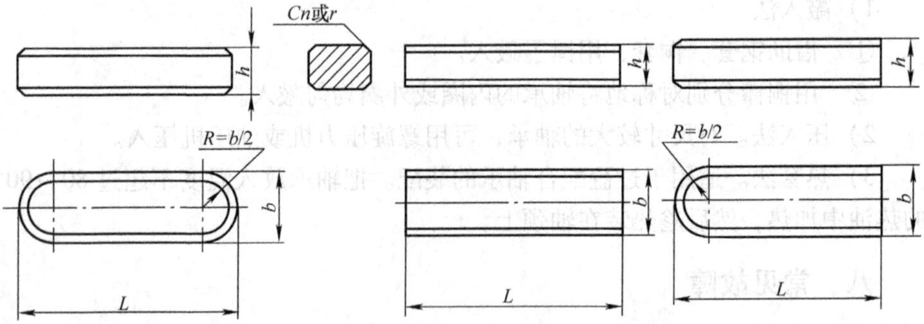

图5-5　普通平键

①　特点

a. 对中性良好。

b. 装拆方便。

c. 制造容易。

②　应用。适用于高速、高精度和承受变载、冲击的场合。

2）导向平键，如图5-6所示。

①　特点。轴上安装的零件可沿轴向移动。

②　应用。用于轴上零件需要沿轴向移动的场合。

3）半圆键，如图5-7所示。

①　特点

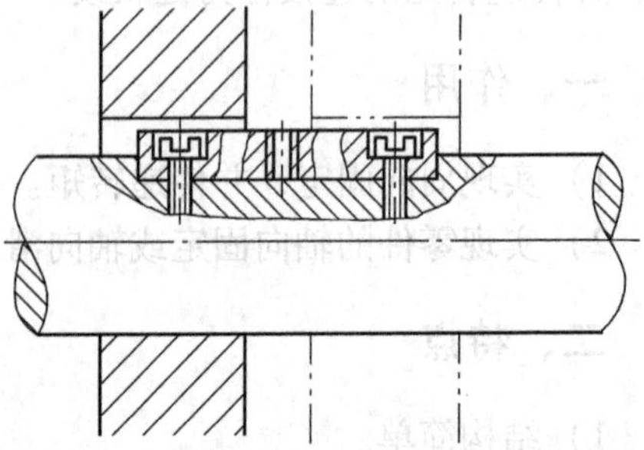

图5-6　导向平键联接

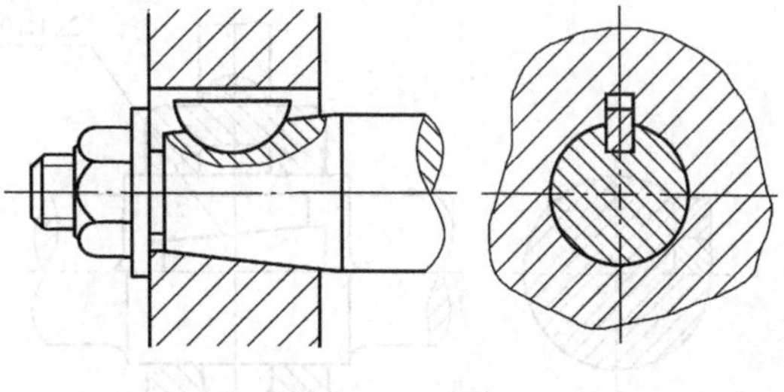

图 5-7　半圆键

a. 装拆方便。

b. 制造容易。

c. 键在轴槽中能绕自身几何中心沿槽底圆弧摆动。

② 应用。用于轻载或辅助性联接，特别适用于锥形轴与轮毂的联接。

2. 紧键联接

(1) 特点　紧键联接的特点是键与键槽的侧面之间有一定的间隙，键的上下两面是工作面。

(2) 分类　有如下三种：

1) 普通楔键，如图 5-8 和图 5-10 所示。

a)　b)　c)

图 5-8　普通楔键

a) A 型　b) B 型　c) C 型

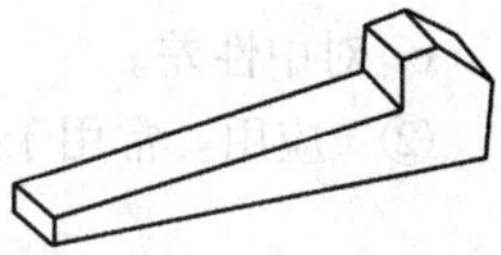

图 5-9　钩头楔键

① 特点

a. 可以轴向固定轴上零件，并可传递单向轴向力。

b. 对中性差。

c. 在冲击和变载荷的作用下容易发生松脱。

2) 钩头楔键，如图 5-9 和图 5-10 所示。它主要用于不能从另一端将键打出的场合。

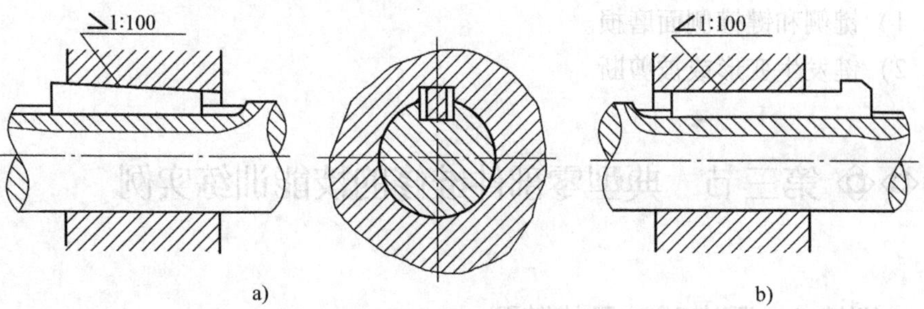

a)　b)

图 5-10　楔键联接

a) 普通楔键联接　b) 钩头楔键联接

3) 切向键，如图 5-11 所示。

切向键是由一对具有 1∶100 斜度的楔键沿斜面拼合而成；其上下两窄面为工

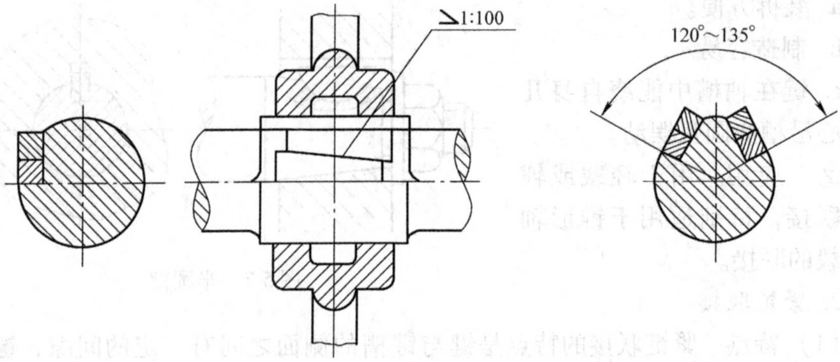

图5-11　切向键联接
a）一对切向键联接　b）两对切向键联接

作面，且互相平行，轴和轮毂上的键槽底面没有斜度。

①　特点

a. 一对切向键只能传递一个方向的转矩，若要传递双向转矩时，须用两组，互成120°~135°，如图5-11b所示。

b. 会严重削弱轴的强度。

c. 对中性差。

②　应用。常用于轴颈较大、精度要求不高、转速较低和传递转矩较大的场合。

3. 花键联接（请见《机修钳工（中级）》第四章）

四、常见故障

1）键侧和键槽侧面磨损。

2）键发生变形或被剪断。

第三节　典型零部件维修的技能训练实例

• 训练1　深沟球轴承的装配（图5-12）

滚动轴承装配可以采用热套法，也可以采用手动压床压入法，这里选用敲击法装配。

（1）要点

1）装配前应认真检查实际尺寸，根据配合性质，采用正确的方法进行装配。

2）装配时，轴承要摆正，外力应均匀，对称地加在轴承内、外端面上。

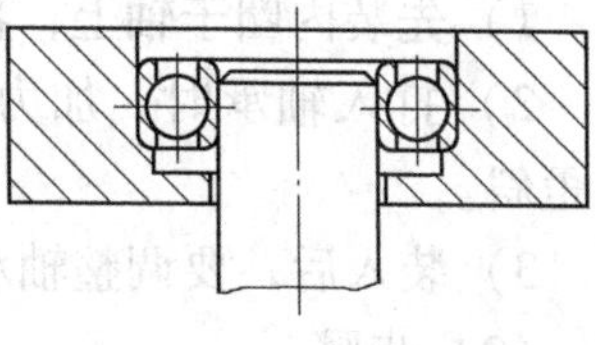

图 5-12 深沟球轴承装配

（2）步骤

1）读图。轴承的内圈须与轴配合，外圈与壳体孔配合。

2）准备工具、量具、辅具。选取锉刀一把、锤子一把、千分尺、内径指示表各一件，专用套筒一件，煤油、润滑油适量。

3）检查零件。按装配图检查轴承的规格、牌号、精度等级正确。用内径指示表和千分尺分别测量轴承孔和轴径符合要求。

4）装配

① 用锉刀将轴承孔、轴颈上的毛刺去掉并倒角。

② 用煤油清洗轴承和全部装配零件。

③ 在配合表面涂上洁净的润滑油（需要润滑脂的轴承涂上洁净的润滑脂），并将轴承放置在轴承孔内及轴颈上，注意不要歪斜。

④ 采用专用套筒、顶住轴承内、外圈端面，敲击套筒中央，将轴承装配到位，如图 5-13 所示。

⑤ 当用锤子和有一定硬度的圆棒顶住轴承的内圈或外圈敲击装配时，要从四周对称地交替轻敲，用力要均匀，不使轴承倾斜。

5）检查装配。用手转动轴，应转动自如。

（3）注意事项

1）不要用锤子直接敲击轴承。

2）用软钢作垫棒敲击时，要轻而均匀地敲打内圈或外圈。不可敲轴承的保持架，严禁用铜棒或铝棒作垫棒，以防杂物、铜屑或铝屑掉入轴承滚动体及滚道间。

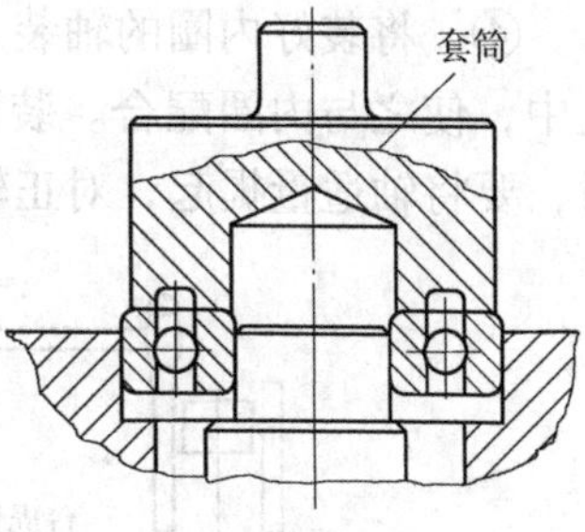

图 5-13 轴承内径和外径过盈配合安装

3）安装内圈时，作用力应加在内圈上，安装外圈时，作用力应加在外圈上，内、外圈同时装配时，作用力应同时作用在内、外圈上。

• 训练 2 圆锥滚子轴承的装配（图 5-14）

圆锥滚子轴承的装配，其轴承间隙的调整方法有多种，这里选择螺钉调整法。

（1）要点

1）先装内圈于轴上，再装外圈于孔中。

2）打入轴承时，加力要均匀、对称，避免轴承歪斜。

3）装入后，要调整轴承间隙。

（2）步骤

1）读图。圆锥滚子轴承的内、外圈可以分开装配。

2）准备工具、量具、辅具。选取锉刀、锤子、有一定硬度的软钢垫棒、活扳手各一件，选取千分尺、内径指示表各一件。取煤油、润滑油适量。

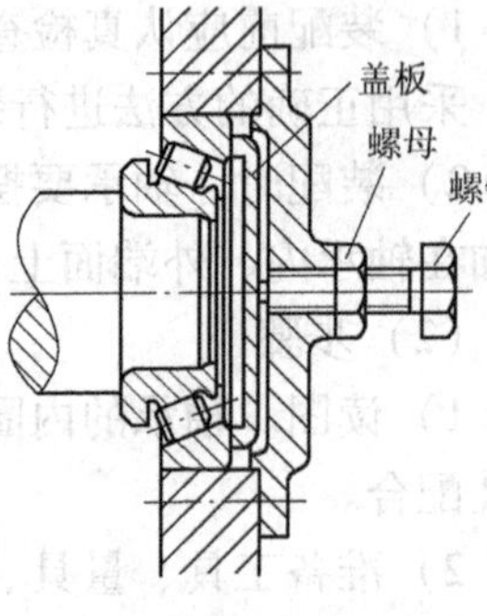

图5-14　圆锥滚子轴承装配

3）检查零件。按图检查装配轴承的型号、精度等级是否正确。用千分尺、内径指示表检测轴承孔及轴径、轴承外径与壳体孔的配合尺寸是否正确。

4）装配

① 用锉刀将轴颈和轴承座孔的毛刺去掉，并倒角。

② 用煤油清洗轴承及全部装配零件，并在配合表面涂上洁净的润滑油。

③ 将轴承内圈装在轴颈上、放平摆正，用垫棒、锤子（或专用套筒）从四周对称地交替轻敲，将内圈轻轻敲入轴颈，如图5-15所示。当内圈装入1/3以上时，可以加大敲击力，直至内圈装配到位。

④ 将装好内圈的轴装入轴承孔中。再将轴承外圈从轴承孔座的另一侧装入孔中，使之与内圈配合。装配方法与内圈相同。但应注意，当外圈与内圈靠近时，要将轴适量提起，对正轴心，如图5-16所示。

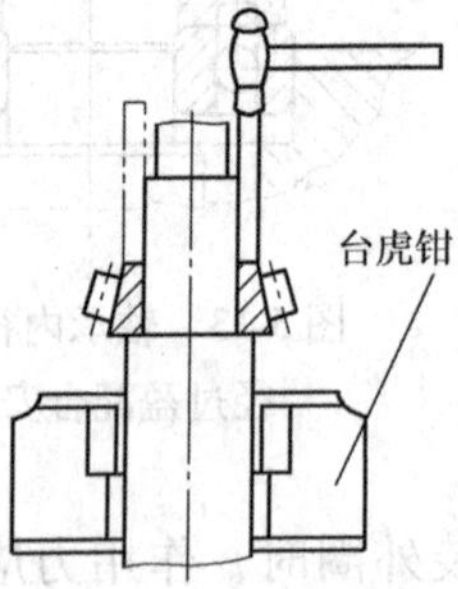

图5-15　装入内圈

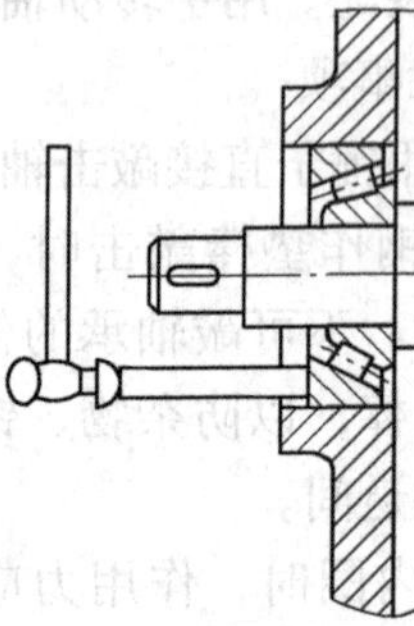
图5-16　装入外圈

⑤ 调整轴承间隙。将端盖按要求装在轴承座上，拧紧调整螺钉，顶紧盖板，使轴承间隙正好消除，再根据间隙要求，将调整螺钉松1/8～1/4转后，拧紧锁定螺母。

5）检查装配。按图自检，应满足装配要求。

(3) 注意事项

1) 在导入段，敲击轴承的力不可过大。

2) 轴承的内、外圈装配要到位。

3) 压轴承盖板的端面应平整。

• 训练3　角接触球轴承的装配(图5-17)

这种轴承的内圈、外圈和滚动体都能拆开，外圈和轴承座孔配合，内圈和轴配合。安装后，调整内、外圈之间的间隙。

(1) 要点

1) 调整轴承间隙时，必须预加负荷，通过修配调整垫实现。

2) 轴承装配时，要摆正大小口径的方向。

3) 装配时，加力要均匀、对称，避免轴承歪斜。

(2) 步骤

1) 读图。轴承类型为7000型。靠垫圈调整轴承间隙。

2) 准备工具、量具、辅具。选取锉刀、锤子各一件，内六角扳手一套，选取千分尺、内径指示表各一件，选取专用套筒一件，煤油、润滑油适量。

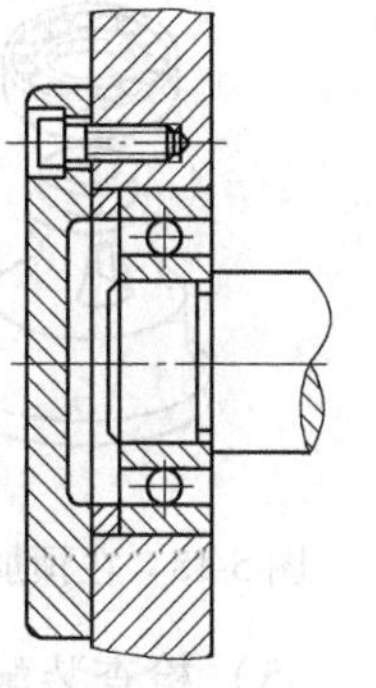

图5-17　角接触球轴承装配

3) 检查零件。按图清点零件，检查轴承型号、精度等级是否正确。用千分尺、内径指示表检测轴径和轴承座孔配合尺寸是否正确。

4) 装配

① 用锉刀将轴承孔、轴颈上的毛刺去掉并倒角。

② 用煤油清洗轴承及全部装配零件。

③ 在配合表面涂上洁净的润滑油，按装配图上的轴承方向将轴承放置在轴承孔上及轴颈上，注意要摆正。

④ 采用专用套筒、顶住轴承内、外圈端面，敲击套筒中央，将轴承装配到位，如图5-18所示。

⑤ 调整轴承间隙

第一，将轴承支承放在平板上，再把角接触球轴承内圈的宽边向下，对正平放在专用轴承支承的上表面上。在轴承外圈的宽边上面，按装配图给出的预加负荷量压上重量等于预加负荷的重物 A（图上未画出）。

第二，轴承在重力 A 作用下，消除了间隙，内、外圈的端面产生了高低差，用指示表测量出端面的高低差值，如图5-18所示。

第三，将留有调整余量的垫圈及端面高低差按要求装在轴承孔座中，均匀地拧紧轴承盖上的螺钉，使轴承间隙为零。再用塞尺测量端盖与轴承座的缝隙 K

值的大小，如图5-19所示。根据K值及轴承预紧测得的内、外圈端面高低差值，修磨调整垫圈的厚度至要求。

⑥ 装入修配好的调整垫圈、端盖，用内六角扳手均匀地将端盖螺钉拧紧。

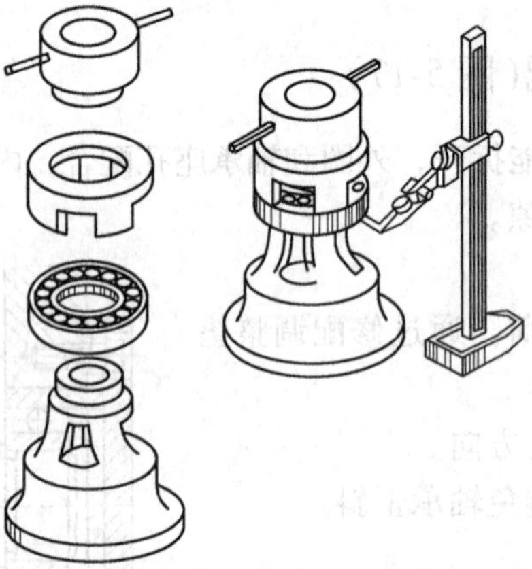

图5-18 在预加负荷作用下测量出轴承端面差

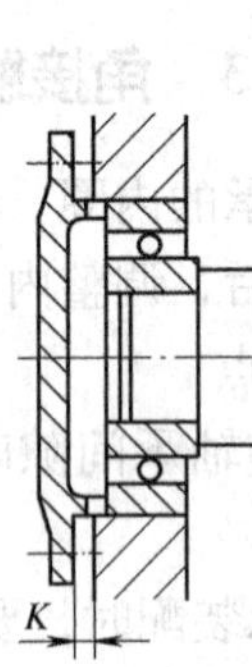

图5-19 测量K值

5）检查装配。按装配图要求自检装配是否合格。

（3）注意事项

1）角接触球轴承的装配有方向要求，装配时，必须严格按图装配。

2）轴承的装入，不应通过滚动体承受装配力。安装外圈时，应使专用套顶住外圈。安装内圈时，应使专用套顶住内圈。内、外圈同时安装时，应使套筒同时顶住内、外圈。

训练4 平键联接的装配(图5-20)

（1）要点

1）键的棱边要倒角，键的两端倒圆后，长度与轴槽留有适当的间隙。

2）要保证键侧与轴槽、孔槽的配合正确。

3）键的底面要与轴槽底接触，顶面与零件孔槽底面留有一定的间隙。

4）穿入孔槽时，平键要与轮槽对正。

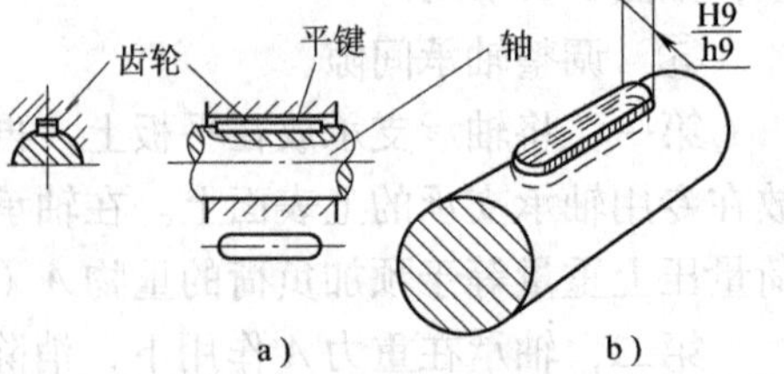

图5-20 平键联接

（2）步骤

1）读装配图。键的两侧面与轴槽两面的配合性质为N9/h9，平键的两端为半圆头。

2）准备装配工具、量具。选取300mm锉刀、平刮刀各一把，铜棒一根，锤子一把，选择游标卡尺一把，内径指示表一块。

3）检查装配零件。用游标卡尺、内径指示表检查轴和齿轮孔的实际配合尺寸是否合格，若配合尺寸不合格，采用磨削加工修至合格，如图5-21所示。

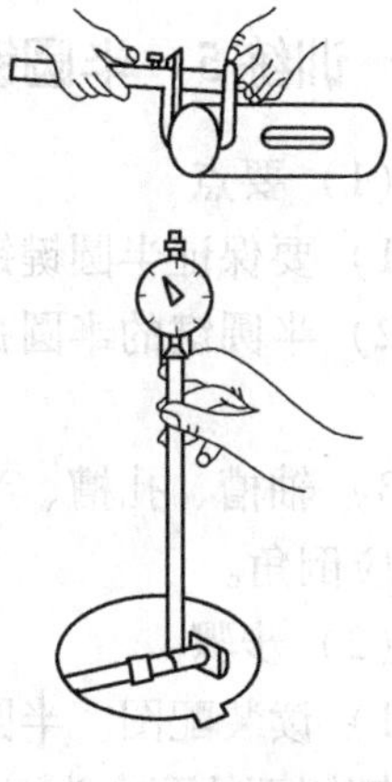

图5-21　检查配合件

4）装配

① 用锉刀去除轴槽上的锐边，防止装配时造成过大的过盈。

② 先不装入平键，试装配轴和轴上的齿轮，以检查轴和孔的配合状况，避免装配时轴与孔的配合过紧。

③ 用磨削平面的办法，修磨平键与键槽的配合面，要求配合稍紧。

④ 按轴上键槽的长度，配锉平键半圆头，使其与轴上键槽间留有0.1mm左右的间隙，如图5-22所示。将平键的棱边倒角，去除锐边。

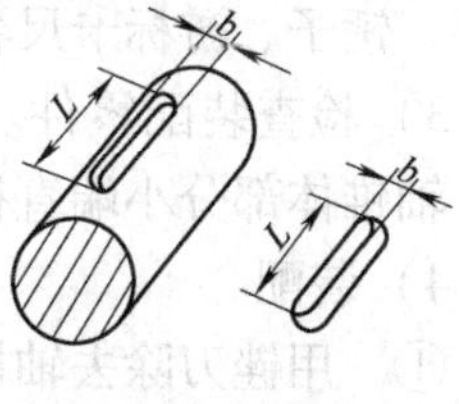

图5-22　修配键长

⑤ 将平键安装于轴的键槽中，在配合面上加注全损耗系统用油，用铜棒敲击，将平键压入轴上键槽内，并与槽底接触。用游标卡尺测量平键装入后的高度应小于孔内槽深度尺寸，公差0.3~0.5mm，如图5-23所示。

⑥ 试配并安装齿轮，保证键顶与轮槽底面留有0.3~0.5mm间隙。若侧面配合过紧，应拆下配件，根据接触印痕，修整键槽两侧面，但不允许有松动，以免传递动力时产生冲击与振动。装配时，齿轮的键槽与轴上的平键应对齐，用铜棒和锤子敲击至装配位置。

5）检查平键装配。按装配图给出的装配关系、技术要求检查平键装配是否满足要求。

（3）注意事项

1）键槽与平键装配前，要去除锐边。

2）轴与轴上配件，平键与轴槽、轮槽不要盲目装配，要达到配合精度后才能进行装配。避免因反复拆装而降低装配精度。

3）平键在装配时应加注全损耗系统用油。

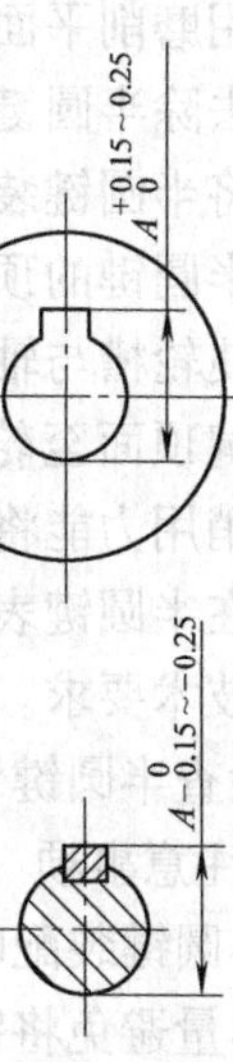

图5-23　顶隙

训练5　半圆键联接的装配(图5-24)

(1) 要点

1) 要保证半圆键键侧与轴槽、孔槽的配合正确。

2) 半圆键的半圆弧应与槽底吻接，顶面与轮槽底面留有0.3～0.5mm的间隙。

3) 轴槽、孔槽、半圆键的锐边应倒角。

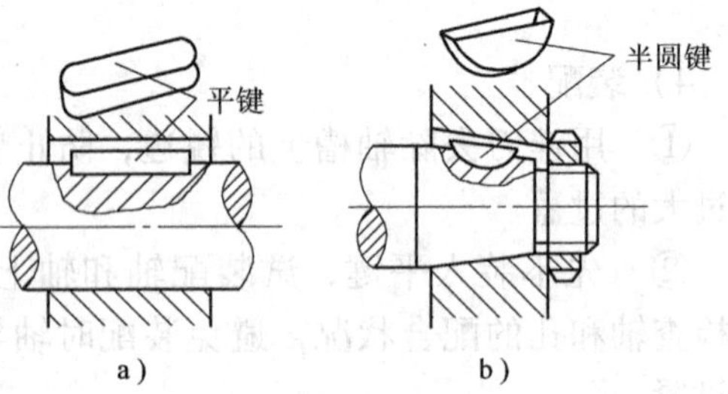

图5-24　松键联接

(2) 步骤

1) 读装配图。半圆键键侧与轴槽侧面的配合为N9/h9。

2) 准备装配工具。选取300mm锉刀一把，软钳口一副，铜棒一根，规格合适的钩扳手、锤子、游标卡尺各一把。

3) 检查装配零件。用游标卡尺检查半圆键键厚度与轴槽槽宽尺寸是否正确，轴锥体部分小端直径应大于孔小端部分直径。

4) 装配

① 用锉刀除去轴槽上的锐边。

② 先不装入半圆锥，试装轴与轮锥体部分，保证轴锥小端在孔锥端面之内。

③ 用磨削平面的方法，修磨半圆键侧与轮槽的配合表面，要求配合稍紧。并用锉刀去除半圆键周边毛刺及锐边。

④ 将半圆键装于轴的键槽中，用铜棒敲击，使半圆键的半圆弧与轴槽半圆弧接触，半圆键的顶平面与轴锥母线平行。

⑤ 使轮槽与轴上的半圆键对齐，用铜棒和锤子敲击齿轮，试装半圆键，并修配半圆键顶面至轮槽底面留有0.3～0.5mm的间隙。半圆键侧与轮槽间装配时，用手稍用力能将齿轮推入，但不要产生间隙即可。

⑥ 在半圆键表面加注全损耗系统用油，按装配图安装轴、齿轮、半圆键及圆螺母至技术要求。

5) 检查半圆键装配。按装配图检查半圆键装配是否满足要求。

(3) 注意事项

1) 半圆键装配时，不要用锤子等猛砸，避免将键砸变形。

2) 尽量避免将键修出不等厚的台阶。

• 训练6　楔键联接的装配(图 5-25)

（1）要点

1）楔键的上、下结合面接触必须良好，键侧应留有一定的间隙。

2）楔键的钩头应与轮件的端面保持一定的距离。

3）楔键的斜面应楔紧。

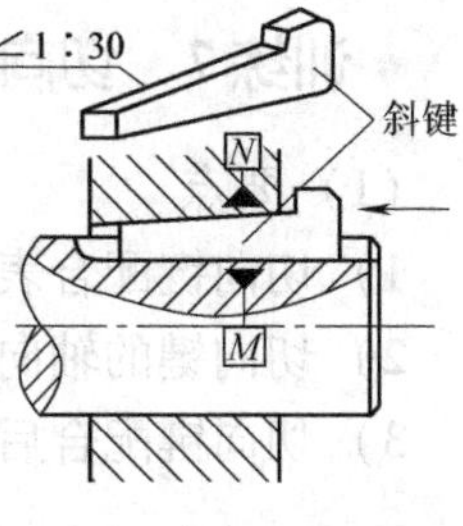

图 5-25　钩头键联接

（2）步骤

1）读装配图。在图 5-25 中，轴槽底面 M、轮槽底面 N 分别和楔键的上下平面压紧，形成紧固配合。

2）准备装配工具、量具。选择 300mm 的锉刀、刮刀各一把，铜棒一根，锤子一把，游标卡尺一把，内径指示表一块，红丹粉适量。

3）检查装配零件。用游标卡尺、内径指示表检查各配合尺寸是否正确。

4）装配

① 用锉刀修去键槽及键周边的毛刺与锐边，并根据轴上键槽的宽度配锉键宽，使键侧与键槽保持一定的配合间隙。

② 将轮与轴试装，检查轴与孔的配合状况，避免装配时轴与孔的配合过紧。

③ 将轮的键槽与轴上键槽对正，在楔键的斜面上涂红丹粉后敲入键槽内，如图 5-26 所示。

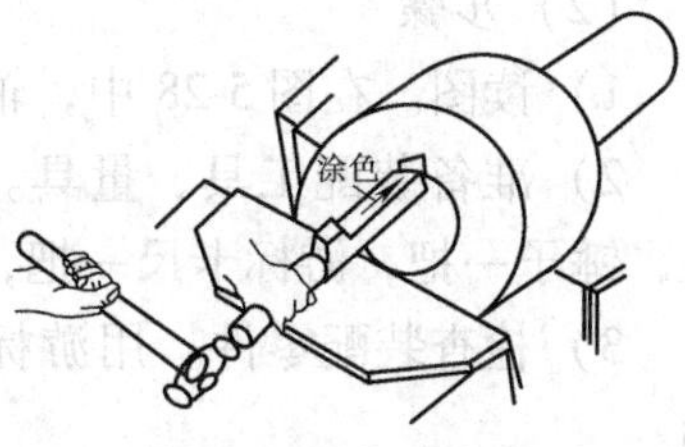

图 5-26　敲入楔键

④ 拆卸楔键，拆卸工具如图 5-27 所示。根据接触斑点判别斜度配合是否良好。并用锉削或刮削的方法进行修整，使键与键槽的上、下结合面紧密贴合，并保持键的钩头离轮件端面有一定的距离，以便拆卸。

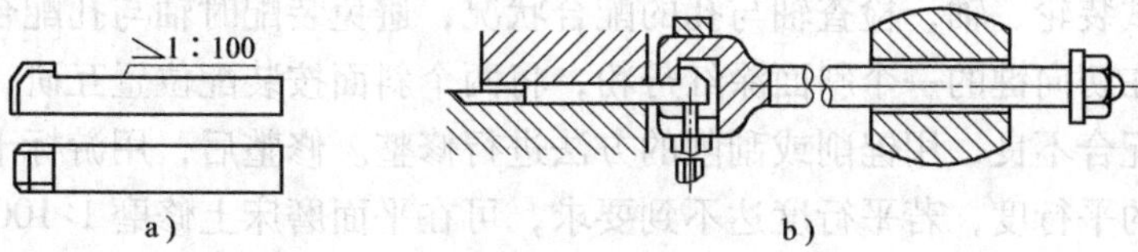

图 5-27　拆卸楔键
a）楔键　b）拆卸工具

⑤ 用煤油清洗楔键与键槽。

⑥ 将轮槽与轴槽对齐，将楔键加注 L—AN32 全损耗系统用油后，用铜棒和锤子将其敲入键槽并揳紧。

5）检查楔键装配。按装配图技术要求检查斜键装配，是否满足要求。

（3）注意事项

1）楔键的拆卸应采用拆卸工具，不要乱敲、乱砸，避免损伤楔键。

2）楔键的锐边、棱角应倒圆，防止装配时拉伤。

• 训练7　切向键联接的装配(图5-28)

（1）要点

1）切向键配合表面、工作表面的接触率必须合格。

2）切向键的轴向装配位置应满足要求。

3）切向键配合后，必须楔紧。

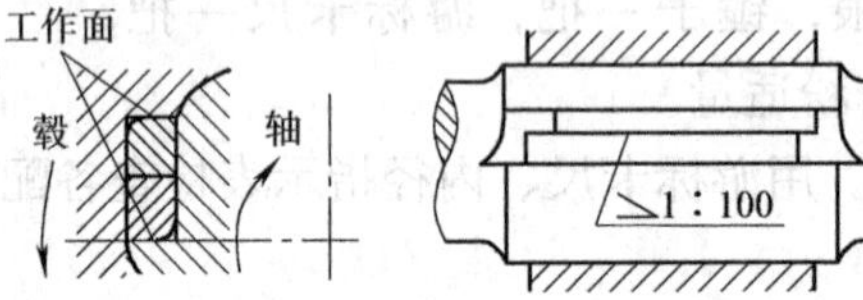

图5-28　切向键联接

（2）步骤

1）读图。在图5-28中，轴、轮是由一组切向键联接。

2）准备装配工具、量具。选取300mm的锉刀、平面刮刀各一把，铜棒一根，锤子一把，游标卡尺一把，红丹粉适量。

3）检查装配零件。用游标卡尺检查各配合尺寸、切向键零件尺寸是否正确。

4）装配

① 用锉刀去除切向键表面毛刺及各棱边锐角，去除油槽、轮槽锐边、清理装配零件。

② 试装轮、轴，检查轴与孔的配合状况，避免装配时轴与孔配合过紧。

③ 在切向键的一个斜面涂红丹粉，将两个斜面按装配位置互研，检查接触良好，若配合不良，用锉削或刮削的方法进行修整。修整后，用游标卡尺检查两工作面间的平行度，若平行度达不到要求，可在平面磨床上修磨1∶100斜度至要求。

④ 对正轮槽和轴槽，在切向键的配合表面加注全损耗系统用油，按图5-28中位置先装入一个楔键后，再用铜棒和锤子敲入另一个楔键并楔紧。

5）检查切向键装配。按装配图给出的位置、尺寸及技术要求检查切向键装配是否合格。

（3）注意事项

1）切向键装入时，不要将键的端面打变形或打出毛刺，以免影响键的配合质量。

2）装配时，键的配合表面应涂润滑油。

复习思考题

1. 滚动轴承的特点是什么？
2. 试述滚动轴承的组成。
3. 滚动轴承分为哪三大类？
4. 滚动轴承代号含义是什么？
5. 滚动轴承的内径如何认定和计算？
6. 试述滚动轴承的配合方式？
7. 滚动轴承内圈、外圈分别在轴上和轴承座孔中如何固定？
8. 滚动轴承的装配有哪些要求？
9. 键联接的作用是什么？
10. 键联接分为哪三大类？
11. 松键联接分为哪几类？
12. 紧键联接分为哪几类？
13. 滚动轴承有哪些常见故障？
14. 键联接有哪些常见故障？

第六章

小型设备的维护保养

培训目标 了解机械设备的拆卸、装配及润滑专业知识，对其关键、要点之处应掌握；能够正确拆卸和装配一些简单的零部件；了解台式钻床、砂轮机、锯床的保养及维护知识；了解润滑油的分类和用途；了解机械零件的清洗知识；能够对台式钻床、砂轮机、锯床等小型简单设备的操控、安全装置，润滑、冷却系统及温度、仪表装置进行维护保养；能够对台式钻床、砂轮机等小型简单设备的易损件进行更换和维修。

第一节 机械设备的拆卸必备专业知识

拆卸是机修工作中的一个重要环节，如果拆卸不当，不但会造成设备零件的损坏，而且会造成设备的精度丧失，甚至有时因一个零件拆卸不当使整个拆卸工作停顿，造成很大损失。

拆卸工作简单地来讲，就是如何正确地解除零、部件在机器中相互的约束与固定形式，把零、部件有条不紊地分解出来。

一、机械设备拆卸的一般原则

1）拆卸前必须首先弄清楚设备的结构、性能，掌握各个零、部件的结构特点、装配关系以及定位销、弹簧、垫圈、锁紧螺母与顶丝的位置及退出方向，以便正确进行拆卸。

2）设备的拆卸程序与装配程序相反。在切断电源后，先拆外部附件，再将整机拆成部件，最后拆成零件，并按部件归并放置，不准就地乱扔乱放，特别是还可以继续使用的零件更应保管好，精密零件要单独存放，丝杠与长度大的轴类零件应悬挂起来，以免变形。螺钉、垫圈等标准件可集中放在专用箱内。

3）选择合适的拆卸方法，正确使用拆卸工具。

①　如果用锤子敲击零件，应该在零件上垫好衬垫，或者用铜锤谨慎敲打，决不允许用锤子直接猛敲狠打，更不允许敲打零件的工作表面，以免损坏零件。

②　直接拆卸轴孔装配件时，通常要坚持用多大力装配，就应该基本上用多大力拆卸的原则。如果出现异常情况，就要查找原因，防止在拆卸中将零件拉伤，甚至损坏。

③　热装零件要利用加热来拆卸。

④　一般情况下不允许进行破坏性拆卸。当决定采用破坏性拆卸时，必须在拆卸过程中应有保证其他零件不受损坏的有效措施。

4）拆卸大型零件时，要坚持慎重、安全的原则。拆卸中应仔细检查锁紧螺钉及压板等零件是否拆开。吊挂时，要注意安全。

5）对装配精度影响较大的关键件，为保证重新装配后仍能保持原有的装配关系和配合位置，在不影响零件完整和不损伤零件的前提下，在拆前应做好打印记号工作。

6）对于精密、大型、复杂设备，拆卸时应特别谨慎。在日常维护时一般不许拆卸，尤其是光学部件、数控部件。

7）要坚持拆卸服务于装配的原则。如被拆设备的技术资料不全，拆卸中必须对拆卸过程进行记载，必要时还要画出装配关系图。装配时，遵照“先拆后装”的原则装配。

二、拆卸作业前的准备

设备拆卸前要做好各项准备工作。准备工作的好坏，对于设备的停台时间和修理质量都有直接影响。为了使修理工作顺利进行，事先应做一些必要的调查研究和做好工具、材料以及工作场地的准备工作，使设备修理工作开始后就能有条不紊地进行。

1. 对要修理的设备做好现场调查研究

1）组织机修钳工、技术人员认真听取操作工人对设备修理的要求，并详细了解机床的主要毛病。认真阅读设备修理作业计划书，掌握设备精度丧失情况、主要件的磨损情况、设备传动系统的精度及外观缺损等。

2）在操作工人的配合下，对必要的项目进行修理前的试机检查，如主轴精度、导轨磨损程度、传动系统的振动情况、操作机构的灵活性及进给机构的准确性等，逐项检查，做好记录。

3）了解设备修理时需要搬迁的情况，并做出必要的安排，使修理设备能安全地运到修理场地。

2. 研究熟悉有关技术资料

1）查阅设备说明书、总图及部件装配图及历次修理记录。详细了解设备的结构、传动、规格、性能及传动系统等情况。

2）了解设备修理的精度检验标准，仔细研究确定达到各项精度要求的措施。

3. 准备拆卸工具

根据设备的实际情况，准备必要的通用和专用工具、量具，特别是自制的特殊工具。以下是几种简易拆卸工具。

（1）顶拔器　如图6-1所示，它通过手柄1转动双头丝杠2（一头左旋螺纹，另一头右旋螺纹），利用杠杆原理，产生拉卸动作，将工件3拉卸出。

顶拔器型号为GX—1000S。其参数为：最大拉卸长度45mm；被拉件外径100～250mm；被拉件最大厚度100mm。

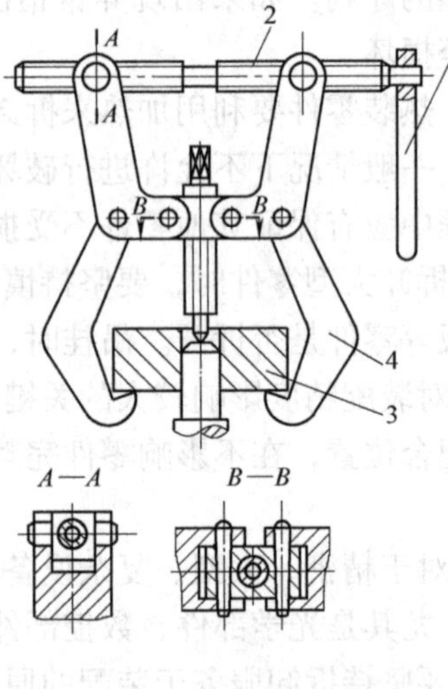

图6-1　GX—1000S型顶拔器

1—手柄　2—双头丝杠

3—工件　4—拉钩

（2）轴用顶具　如图6-2所示，弓形架3的上板钻孔，与螺母2焊接，下板开一U形槽，槽宽B由轴颈确定。弓形架3两边各焊一根加强肋4。并可配制数块槽宽为$b(b<B)$的系列多用平板，使用时按轴径大小选择相应的槽口，交叉叠放于弓形架3的U形槽上，这样可使一副弓形架适用于多种不同轴径的需要。旋转螺栓1，就能顶出轴上零件。

（3）孔用拉具　如图6-3所示，膨胀套4下端十字交叉开口，直径应略小于零件内径。旋转螺母3，使安装在支架2上的锥头螺杆5上升，膨胀套4胀开，勾住零件6(注意不要胀得过紧)，再旋转螺母1，便能拉出孔内零件。

（4）圆锥滚子轴承拉具　图6-4所示为拉具的结构图。卡箍4为在整体加工后沿中心线切开的两半件。当花键轴花键部分的外径与轴承内圈的外径相同时，为使卡箍抓轴承内圈更牢固些，也可把卡箍内孔加工成花键套的形式。使用时，将两半卡箍4卡住被拉圆锥滚子轴承6，套上外箍5，用小轴3连接拉杆1与两半的卡箍4，用撞块2向后撞，即可将圆锥滚子轴承6拉出。

（5）拉轴承外圈用的工具　在图6-5中，齿轮两端装有圆锥滚子轴承外圈，将工具的钩部钩住轴承外圈端面，旋转右端手柄即可将轴承外圈拉出。如果拉头还不能拉出轴承外圈时，则需同时用干冰局部冷却轴承外圈，迅速从齿轮中拉出轴承外圈。

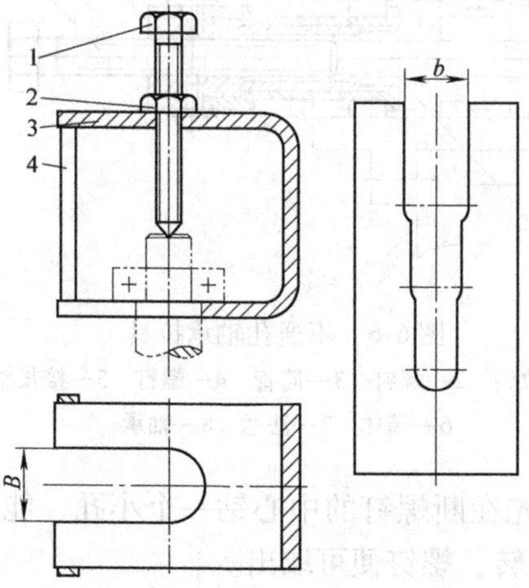

图 6-2　轴用顶具

1—螺栓　2—螺母　3—弓形架　4—加强肋

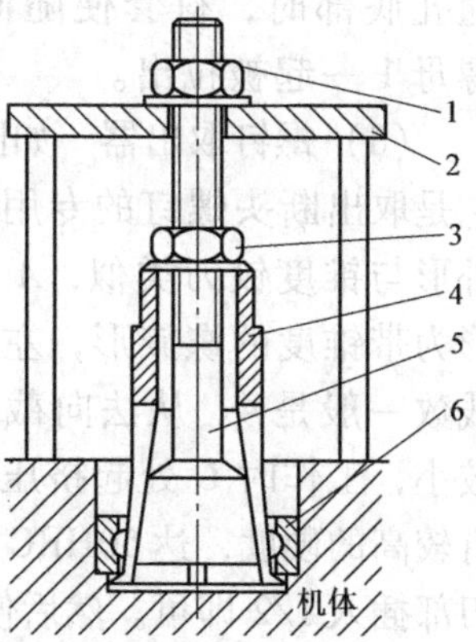

图 6-3　孔用拉具

1、3—螺母　2—支架　4—膨胀套　5—螺杆　6—被拉零件

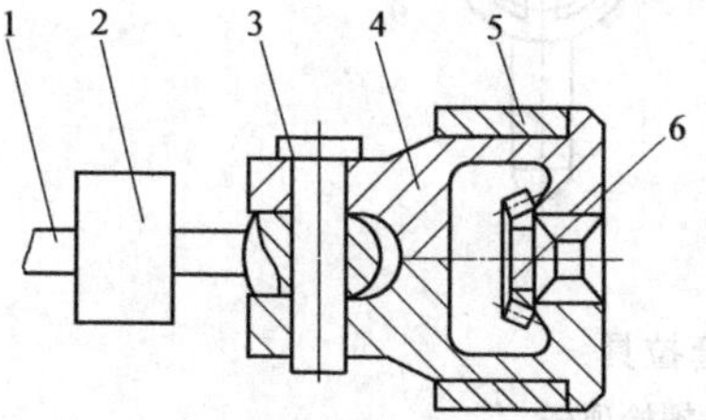

图 6-4　圆锥滚子轴承拉具

1—拉杆　2—撞块　3—小轴　4—卡箍　5—外箍　6—轴承

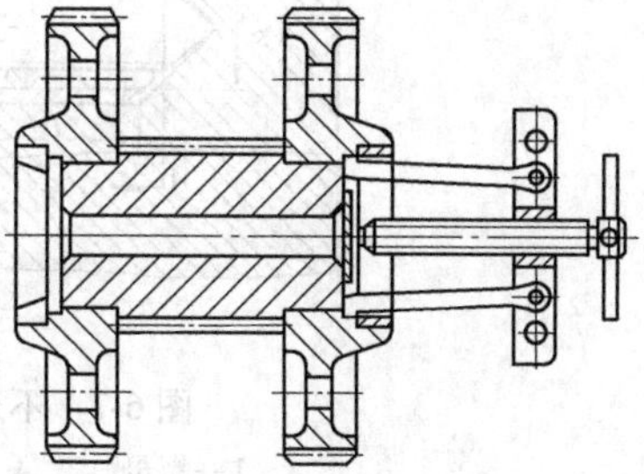

图 6-5　拉轴承外圈用的工具

（6）不通孔轴承拉具　如图 6-6 所示，弧形拉钩 1 与筒管 3 用螺钉 2 紧固成一体，螺钉 4 旋入筒管 3 的螺孔中，拉卸轴承时，把两件对称的弧形拉钩放入轴承孔座内，并把筒管伸入两拉钩之间，用扳手旋进螺钉 4，便可将轴承 8 从装在油箱箱体 6 上的轴承不通孔中卸出。若螺钉 4 长度不够时，可在筒管 3 头端垫入一直径略小于筒管 3 孔径的接长轴 5。

（7）不通孔取衬套拉具　如图 6-7 所示，衬套内孔与 d_1 为间隙配合，d_2 比 d_1 大 2.5～4mm。使用时，用手使弹性钩爪螺母 1 做径向收缩后插入衬套内径中，并使其四钩爪正好挂在衬套的内端面上，这时一手握止动扳手2，另一只手握旋转扳手4，顺时针方向转动，当螺栓顶杆3顶到不通孔底部时，衬套便随同弹性钩爪螺母1一起被拉出。

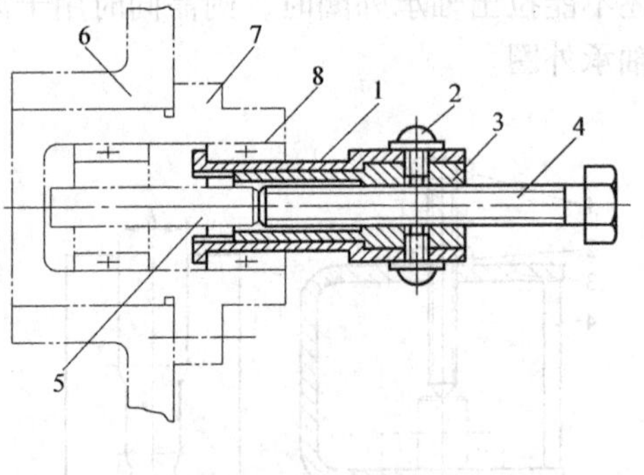

图6-6　不通孔轴承拉具

1—拉钩　2—螺钉　3—筒管　4—螺钉　5—接长轴　6—箱体　7—法兰　8—轴承

(8) 螺钉取出器　如图6-8所示，它是取出断头螺钉的专用工具，它的外形与锥度铰刀类似，*A*为刃部，外形为带锥度的螺旋形，左旋，螺旋线线数一般是4。从法向截面看，曲率较小，工作时*G*处起挤压作用。刃部有较高的硬度，达50HRC左右，使用时，先在断螺钉的中心钻一个小孔，能使刃部插入1/2即可。然后使取出器反时针旋转，螺钉便可取出。

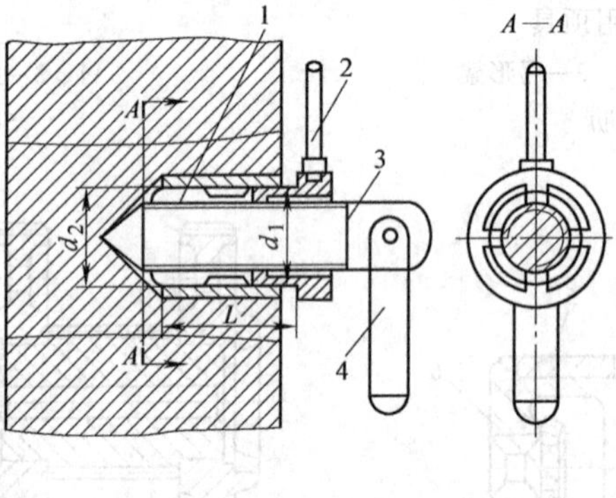

图6-7　不通孔取衬套拉具

1—螺母　2、4—扳手　3—螺栓顶杆

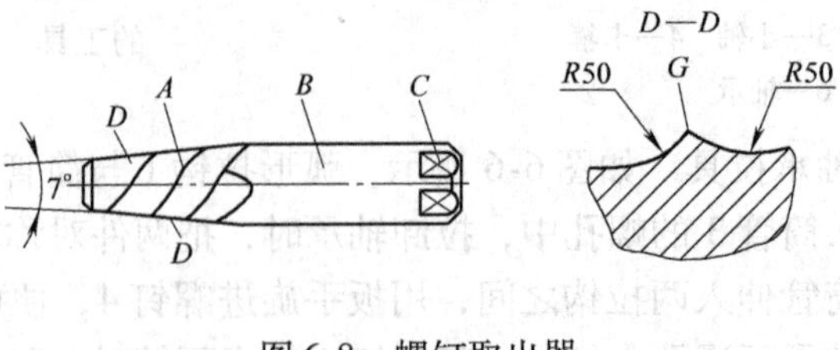

图6-8　螺钉取出器

三、机械设备的拆卸方法

设备拆卸包括两方面的内容，首先是将整机按部件解体，其次是将各部件拆卸成零件。设备拆卸是十分重要的工作，拆卸质量直接关系到设备的修理质量，因此掌握几种拆卸方法的特点及注意事项是非常必要的。

设备拆卸，按其拆卸的方式可分为击卸、拉卸、压卸、热拆卸及破坏性拆卸。在拆卸中应根据实际情况，采用不同的拆卸方法。

1. 击卸法

击卸法是利用锤子或其他重物的冲击能量，把零件拆卸下来，此法是拆卸工作中最常用的一种方法。

（1）击卸法的优缺点　优点为使用工具简单，操作方便，不需要特殊工具与设备。

它的不足之处是如果击卸方法不对，容易损伤或破坏零件。

击卸法适用的场合广泛，一般零件几乎都可以用击卸法拆卸。

（2）击卸分类　击卸大致分为三类：

1）用锤子击卸：在机修中，由于拆卸件是各种各样的，一般都是就地拆卸为多，故使用锤子击卸十分普遍。

2）利用零件自重冲击拆卸：在某种场合适合利用零件自重冲击的能量来拆卸零件，例如一些锻压设备拆卸锤头与锤杆时往往采用这种办法。

3）利用其他重物冲击拆卸：在拆卸结合牢固的大型和中型轴类零件时，往往采用重型撞锤。

（3）注意事项　由于击卸法本身的特点是冲击，故此处以锤击为例简述拆卸时必须注意的事项。

1）要根据拆卸件尺寸大小、重量以及结合的牢固程度，选择大小适当的锤子和注意用力的轻重。如果击卸件重量大、配合紧，而选择的锤子太轻，零件不易击动，还容易将零件打毛。

2）要对击卸件采取保护措施，通常用铜棒、胶木棒、木棒及木板等保护被锤击的轴端、套端及轮缘等。如图6-9所示，图6-9a所示为保护主轴的垫铁；图6-9b所示是为了保护轴端顶尖孔而制作的平整垫铁；图6-9c所示是为了保护轴端螺纹不受直接敲击，用螺母加垫套锁住轴的肩台，以减轻螺纹受力；图6-9d所示是利用废套作垫套保护套端的情况。

3）要先对击卸件进行试击，目的是考察零件的结合牢固程度，试探零件的走向。如听到坚实的声音，要立即停止击卸，然后检查，看是否是由于走向相反或由于紧固件漏拆而引起的。发现零件严重锈蚀时，可加些煤油加以润滑。

4）要注意安全。击卸前应检查锤子柄是否松动，以防猛击时锤头飞出击人。要观察锤子所划过的空间是否有人或其他障碍物。击卸时为保证安全，垫铁等不宜用手直接扶持的可用抱钳等夹持。

2. 拉卸法

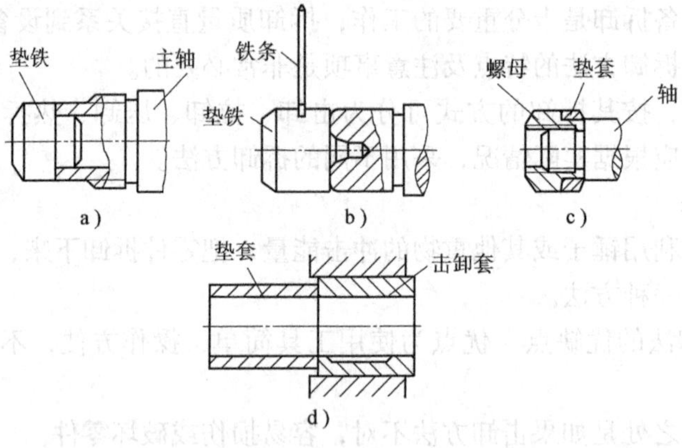

图 6-9 击卸保护示意图

a) 保护主轴的垫块 b) 保护轴端顶尖孔的垫块

c) 保护轴端螺纹设施 d) 保护套端的垫套

拉卸法是使用专用拉具把零件拆卸下来的一种静力拆卸方法。

(1) 拉卸法的优缺点 拉卸法的优点是拆卸件不受冲击力，拆卸比较安全，不易破坏零件；其缺点是需要制作专用拉具。

拉卸法是拆卸工作中常用方法，尤其适用于精度较高，不许敲击的零件和无法敲击的零件。

(2) 拉卸法分类

1) 轴端零件的拉卸：利用各种拉出器拉卸装于轴端的带轮、齿轮以及轴承等零件的情形，如图 6-10 所示。拉卸时，顶拔器拉钩应保持平行，钩子与零件接触要平整，不然容易打滑。为了防止打滑，可用具有防滑装置的顶拔器，如图 6-10c 所示。这种顶拔器的螺纹套内孔与丝杠空套。使用时，将螺纹套退出几转，旋转丝杠带动螺母外移，通过防滑板使拉钩将轴承扣紧后，再将螺纹套旋紧抵住螺母，转动丝杠便可将轴承拉出。

2) 轴的拉卸：使用专用拉具，拉卸 X62W 铣床主轴的情形如图 6-11 所示。使用时，将拉杆穿过主轴内孔，旋紧螺母 2，转动手把，就可将主轴拉出（注：转动手把前，应将主轴上定位零件松开）。

也常用拨销器拉卸有中心螺孔的传动轴，使用中应将联接螺栓拧紧。

3) 套的拉卸：拉卸套时需用一种特殊的拉具，可以拉卸一般套，也可拉卸轴两端设有孔径相等的套。

4) 钩头键的拉卸：钩头键是具有 1∶100 斜度的键，它能传递转矩，又能作轴向固定零件用。装配时将键用力打入，其结合牢固程度较大，如图 6-12 所示。常用锤子、錾子将键挤出，这样做，容易损坏零件，用图 6-13 所示的专用拉具拆卸较为可靠，不易损坏零件。

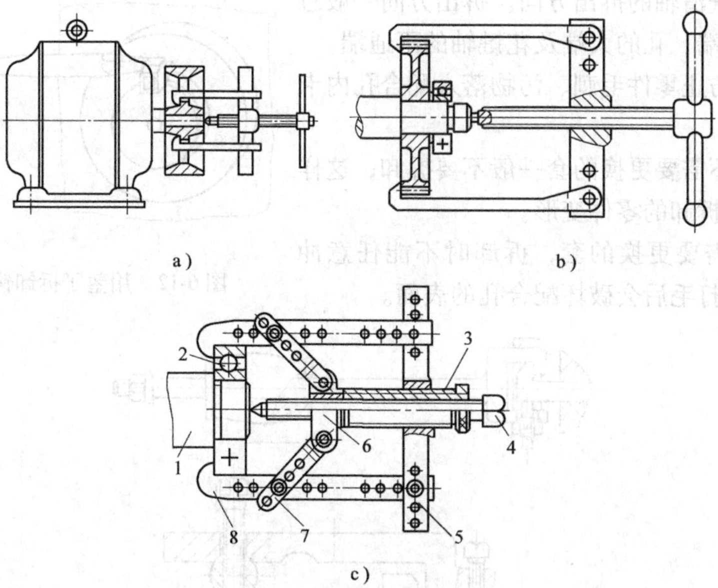

图 6-10　轴端零件的拉卸

a）、b）顶拔器　c）具有防滑装置的拉卸器

1—轴　2—轴承　3—螺纹套　4—丝杠　5—支臂　6—螺母　7—防滑板　8—拉钩

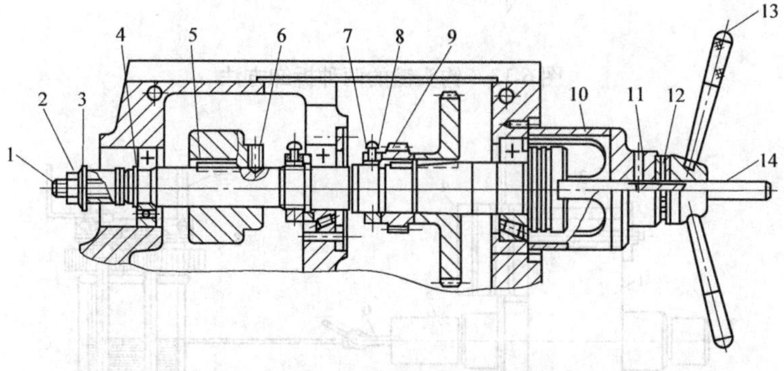

图 6-11　专用拉具拉卸主轴

1—轴　2—螺母　3—垫圈　4—弹性卡圈　5—平键　6—止动螺钉

7—圆螺母　8—紧固螺钉　9—齿轮　10—支撑体　11—螺钉销

12—推力球轴承　13—手把　14—拉杆

5）绞击拉卸法：对于某些大型零件，必要时，可以利用吊车，绞车等结合锤击进行拆卸。图 6-14 所示为利用绞车结合锤击的情形。

（3）注意事项　在拉卸中，以轴、套的拉卸居多，此处以它们为例简述拉卸时需要注意的事项。

1）要仔细检查轴、套上的定位紧固件是否完全拆开。

2）查清轴的拆出方向。拆出方向一般总是轴的大端、孔的大端及花键轴的不通端。

3）防止零件毛刺、污物落入配合孔内卡死零件。

4）不需要更换的套一般不要拆卸，这样做可避免拆卸的零件变形。

5）需要更换的套，拆卸时不能任意冲打，套端打毛后会破坏配合孔的表面。

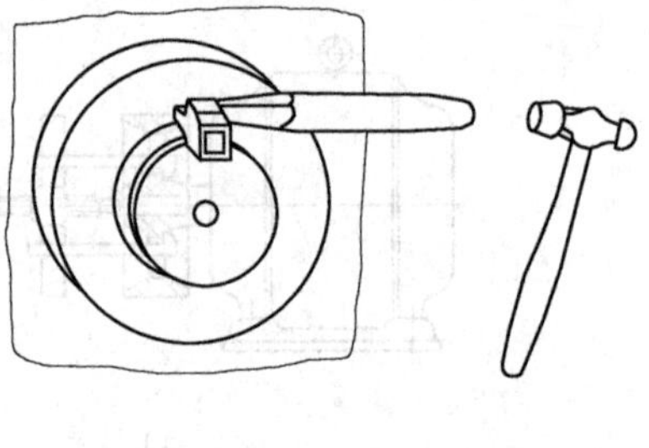

图 6-12　用錾子拆卸钩头键

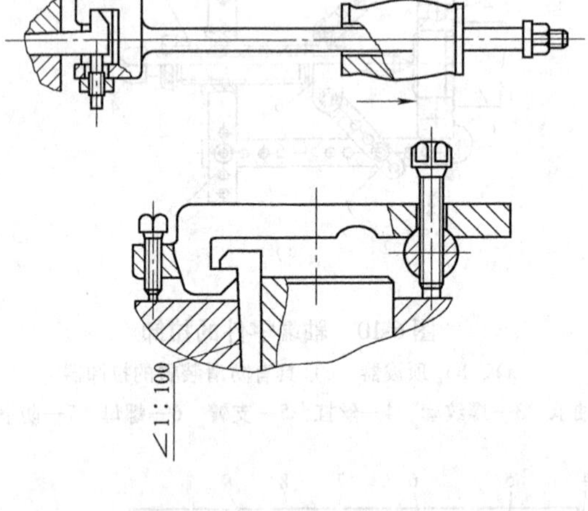

图 6-13　钩头键的两种拆卸方法

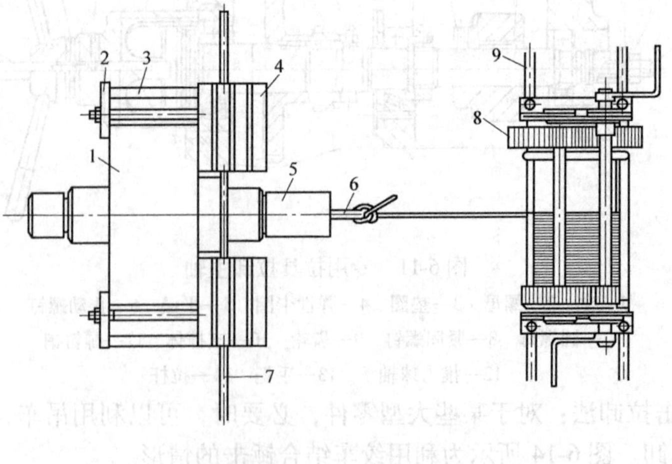

图 6-14　绞击拉卸法

1—叶轮　2—压板　3—垫块　4—工作台　5—主轴

6—吊环　7—走条　8—绞车　9—地面走条

3. 压卸法

压卸法也是一种静力拆卸方法，是在各种手压机、液压机上进行的。一般适用于形状简单的静止配合零件。在机修拆卸中，许多零件都不能在压力机上拆卸，故应用相对少些。

4. 热拆卸法

拆卸尺寸较大和热盈配合的零件，比如拆卸这种情况的轴承与轴时，往往需要对轴承内圈用热油加热才能拆下来，如图 6-15 所示。在加热前用石棉把靠近轴承的那部分轴隔离开来，防止轴受热胀大，用顶拔器卡爪钩住轴承内圈，给轴承施加一定拉力。然后迅速将加热到 100℃左右的热油浇注在轴承圈上，待轴承内圈受热膨胀后，即可用拉力器将轴承拉出。

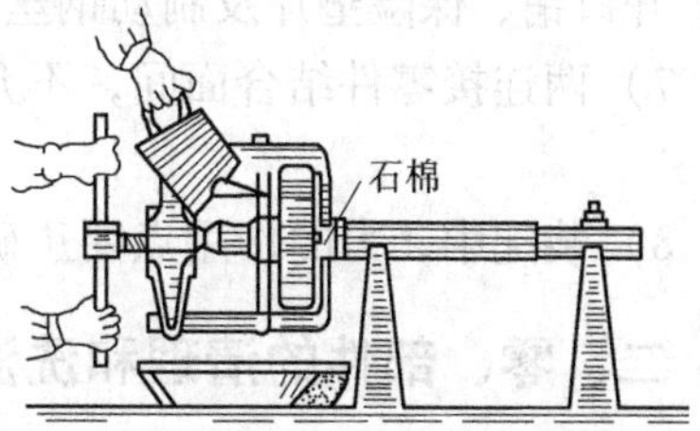

图 6-15　用热油加热轴承内圈拆卸法

5. 破坏性拆卸法

此法是拆卸中用得最少的一种方法，只有在拆卸热压、焊接、铆接等固定联接件等情况才不得已采用保存主件、破坏副件的措施。

第二节　机械设备装配的必备专业知识

设备修理的装配就是把经过修复的零件以及其他全部合格的零件按照一定的装配关系、一定的技术要求，有序地装配起来，并达到规定精度要求和使用性能要求的整个工艺过程。

装配包括组装、部装和总装。装配质量的好坏直接影响设备的精度、性能和使用寿命，它是修理过程中很重要的一环。

一、装配工作的一般要求

1）必须熟悉机床装配图、装配工艺文件和技术要求，了解每个零件的功能和相互间的联接关系。确定装配方法、顺序及所需工、夹具。

2）装配零件要清洗干净。及时清除在装配工作中由于补充加工如配钻、攻螺纹等所产生的切屑，清理装配表面如棉绒毛、切屑等物，以免影响装配质量。

3）装配前，要对所有零件、部件按技术要求进行检查。对于重要的旋转零件，如带轮、齿轮等，应按规定进行平衡试验。在装配过程中，要随时对装配质量进行检查，以防全部装完后再返工。

4）对所有配合件和不能互换的零件，应按拆卸、修理或制造时所作的标记，成对或成套地进行装配，确保装配质量。

5）配合关系要适宜。对固定连接的零件，除要求具有足够的连接强度外，还应保证其紧密性。例如，床头、立柱等与床身的固定连接，要求在接合面上的接触点均匀分布，用0.04mm厚的塞尺应插不进去。对滑动配合的零件，应具有最小的允许间隙，滑动要灵活自如。对过盈配合的零件，在装配前应进行实件测量，装配的过盈量一般可控制在允许过盈量的较大值范围。

6）所有附设的锁紧制动装置，如弹簧垫圈、保险垫片、制动钢丝等要配齐。开口销、保险垫片及制动钢丝一般不允许重复使用。

7）两连接零件结合面间，不允许放置图样上没有的或结构本身不需要的衬垫。

8）装配中，力的作用点要正确，用力要适当。

二、零、部件的清理和洗涤

零件在装配前，必须对再用零件和新换零件进行清理与洗涤，这是机械设备修理中的一个重要环节，它直接影响到机床的修理、装配质量。

1. 范围

（1）鉴定前的清洗　为了准确地判断零件的破损形式和磨损程度，对拆后零件的基准部位和检测部位必须进行彻底地清洗，这些部位清洗不净，就不能制定出正确的修理方案，甚至由于未发现已经产生的裂纹而造成隐患。

（2）装配前的清洗　影响装配精度的零件表面的杂物、灰尘要认真洗涤。如果清洗不合格，会导致机械的早期磨损或事故损坏。

（3）液压件、气动元件及各类管件也属清洗范围　这类零件清洗质量不高将直接影响工作性能甚至完全不能工作。

2. 清洗液的种类和特点

清洗液可分为有机溶剂和化学清洗液两类。

有机溶液包括：煤油、柴油、工业汽油、酒精、丙酮、乙醚、苯及四氯化碳等。其中，工业汽油、酒精、丙酮、乙醚、苯、四氯化碳的去污、去油能力都很强，清洗质量好，挥发快，适于清洗较精密的零部件，如光学零件、仪表部件等。

煤油和柴油同工业汽油相比，清洗能力不及工业汽油，清洗后干燥也较慢，但比工业汽油使用安全。

化学清洗液中的合成清洗剂对油脂、水溶性污垢有良好的清洗能力，且无毒、无公害、不燃烧、无腐蚀、成本低，以水代油，节约能源，正在被广泛利用。

化学清洗液中的碱性溶液是氢氧化钠、磷酸钠、碳酸钠及硅酸钠按不同的浓度加水配制的溶液。用碱性溶液清洗时应注意：油垢过厚时，应先将其擦除；材料性质不同的工件不宜放在一起清洗；工件清洗后，应用水冲洗或漂洗干净，并及时干燥，以防残液损伤零件表面。

3. 清洗方法

为了去除机件表面的旧油、锈层和漆皮，清洗工作常按以下步骤进行：

（1）初步清洗　初步清洗包括去除机件表面的旧油、铁锈和刮漆皮等工作。清洗时，用专门的油桶把刮下的旧干油保存起来，以做它用。

1）去旧油。一般用竹片或软质金属片从机件上刮下旧油或使用脱脂剂。

脱脂方法：小零件浸在脱脂剂内 5 ~ 15min；较大的金属表面用清洁的棉布或棉纱浸蘸脱脂剂进行擦洗；一般容器或管件的内表面用灌洗法脱脂，每处灌洗时间不少于 15min；大容器的内表面用喷头淋脱脂剂进行冲洗。

2）除锈。轻微的锈斑要彻底除净，直至呈现出原来的金属光泽；对于中锈应除至表面平滑为止。应尽量保持接合面和滑动面的表面粗糙度和配合精度。除锈后，应用煤油或汽油清洗干净，并涂以适量的润滑油脂或防锈油脂。各种表面的除锈方法见表 6-1。

表 6-1　各种表面的除锈方法

项次	表面粗糙度 *Ra*/μm	除锈方法
1	不加工表面	用砂轮、钢丝刷、刮具、砂布、喷砂或酸洗除锈
2	5.0 ~ 6.3	用非金属刮具磨石或 F150 的砂布蘸全损耗系统用油擦除或进行酸洗除锈
3	3.2 ~ 1.6	用细磨石或 F150（或 F180）的砂布蘸全损耗系统用油擦除或进行酸洗除锈
4	0.8 ~ 0.2	先用 F180 或 F240 的砂布蘸全损耗系统用油进行擦拭，然后再用干净的棉布（或布轮）蘸全损耗系统用油和研磨膏的混合剂进行磨光
5	<0.1	先用 F280 的砂布蘸全损耗系统用油进行擦拭，然后用干净的绒布蘸全损耗系统用油和细研磨膏的混合剂进行磨光

注：1. 有色金属加工面上的锈蚀应用粒度号不低于 F150 的砂布蘸全损耗系统用油擦拭。轴承的滑动面除锈时，不应用砂布。

2. 表面粗糙度 *Ra* > 12.5μm，形状较简单（没有小孔、狭槽、铆接等）的零部件，可用质量分数为 6% 硫酸或质量分数为 10% 盐酸溶液进行酸洗。

3. 表面粗糙度 *Ra* 为 6.3 ~ 1.6μm 的零部件，应用铬酸酐—磷酸溶液酸洗或用棉布蘸工业醋酸进行擦拭；铬酸酐—磷酸水溶液配比和使用方法：

铬酸酐 CrO_3	150g/L
磷酸 H_3PO_4	80g/L
酸洗温度	85 ~ 95℃
酸洗时间	30 ~ 60min

4. 酸洗除锈后，必须立即用水进行冲洗，再用含氢氧化钠 1g/L 和亚硝酸钠 2g/L 的水溶液进行中和，防止腐蚀。

5. 酸洗除锈、冲洗、中和、再冲洗、干燥和涂油等操作应连续进行。

3）去油漆。常用的去油漆方法有以下几种：

① 一般粗加工面都采用铲刮的方法。

② 粗、细加工面可采用布头蘸汽油或香蕉水用力摩擦来去除。

③ 加工面高低不平(如齿轮加工面)时，可采用钢丝刷或用钢丝绳头刷。

(2) 用清洗剂或热油冲洗　机件经过除锈去漆之后，应用清洗剂将加工表面的渣子冲洗干净。原有润滑脂的机件，经初步清洗后，如仍有大量的润滑脂存在，可用热油烫洗，但油温不得超过120℃。

(3) 净洗　机件表面的旧油、锈层、漆皮洗去之后，先用压缩空气吹(以节省汽油)，再用煤油或汽油彻底冲洗干净。

4. 三种零部件的清洗

(1) 油孔的清洗　油孔是机械设备润滑的孔道。清洗时，先用钢丝绑上沾有煤油的布条塞到油孔中往复通几次，把里面的切屑、油污擦干净，再用清洁布条捅一下，然后用压缩空气吹一遍。清洗干净后，用油枪打进润滑脂，外面用蘸有润滑脂的木塞堵住，以免灰尘侵入。

(2) 滚动轴承的清洗　滚动轴承是精密机件，清洗时要特别仔细。在未清洗到一定程度之前，最好不要转动，以防杂质划伤滚道或滚动体。清洗时，要用汽油，严禁用棉纱擦洗。在轴上清洗时，先用喷枪打入热油，冲去旧润滑脂。然后再喷一次汽油，将内部余油完全除净。清洗前要检查轴承是否有锈蚀、斑痕，如有，可用研磨粉擦掉。擦时要从多方向交叉进行，以免产生擦痕。滚动轴承清洗完毕后，如不立即装配，应涂油包装。

(3) 齿轮箱(如主轴箱、变速箱等)的清洗　清洗前，应先将箱内的存油放出(若是润滑脂也应想法去掉)，再注入煤油，借手动使齿轮回转，并用毛刷、棉布清洗，然后放出脏油。待清洗洁净后，再用棉布擦干，但应注意箱内不得有切屑和灰砂等杂物。

如箱内所涂的防锈润滑脂过厚，不易清洗时，可用全损耗系统用油加热至70～80℃或用煤油加热至30～40℃，倒入箱中清洗。

5. 安装设备前清洗注意事项

1）安装设备前，首先应进行表面(如工作台面、滑动面及其他外表面等)清洗。

2）滑动面未清洗前，不得移动它上面的任何部件。

3）设备加工面的防锈油层，只准用干净的棉纱、棉布、木刮刀或牛角刮具清除，不准使用砂布或金属刮具。如为润滑脂，可用煤油清洗；如为防锈漆，可用香蕉水、酒精、松节油或丙酮清洗。

4）加工表面如有锈蚀，用油无法去除时，可用棉布蘸醋酸擦掉，但除锈后要用石灰水擦拭，使其中和，并用清洁棉纱或布擦干。

5）使用汽油或其他挥发性高的油类清洗时，勿使油液滴在机身的油漆面上。

6）凡需组合装配的部件，必须先把结合面清洗干净，涂上润滑油后才能进行装配。

7）设备清洗后，凡无油漆部分均需用清洁棉纱擦净，涂以全损耗系统用油防锈，并用防尘苫布罩盖好。

8）清洗设备所用的油及用过的油布等，不得落于设备基础上，以免影响灌注水泥砂浆的质量。

三、装配工艺概述

1. 装配工艺过程

（1）装配前的准备工作

1）研究和熟悉装配图，了解设备的结构、零件的作用以及相互间的连接关系。

2）确定装配方法、顺序和所需要的装配工具。

3）对零件进行清理和清洗。

4）对某些零件要进行修配、密封试验或平衡工作等。

（2）装配分类　装配工作分部装和总装。

1）部装就是把零件装配成部件的装配过程。

2）总装就是把零件和部件装配成最终产品的过程。

（3）调整、精度检验和试运转

1）调整是指调节零件或部件的相对位置，配合间隙和结合松紧等。

2）精度检验指几何精度和工作精度的检验。

3）试运转是设备装配后，按设计要求进行的运转试验。它包括运转灵活性、工作温升、密封性、转速、功率、振动和噪声等的试验。

（4）油漆、涂油和装箱　按要求的标准对装饰表面进行喷漆、用防锈油对指定部位加以保护和准备发运等工作。

2. 装配方法

为了使相配零件得到要求的配合精度，按不同情况可以采取以下四种装配方法。

（1）互换装配法　在装配时各配合零件不经修配、选择或调整即可达到装配精度。

（2）分组装配法　在成批或大量生产中，将产品各配合副的零件按实测尺寸分组，装配时，按组进行互换装配以达到装配精度。

（3）调整装配法　在装配时，用改变产品中可调整零件的相对位置或选用合适的调整件，以达到装配精度。

（4）修配装配法　在装配时，修去指定零件上预留修配量，以达到装配精度。

3. 装配工作要点

（1）清理和清洗　清理是指去除零件残留的型砂、铁锈及切屑等。清洗是指对零件表面的洗涤。这些工作都是装配不可缺少的内容。

（2）加油润滑　相配表面在配合或连接前，一般都需要加油润滑。

（3）配合尺寸准确　装配时，对于某些较重要的配合尺寸进行复验或抽验，尤其对过盈配合等装配后不再拆下重装的零件，这常常是很必要的。

（4）做到边装配边检查　当所装的产品较复杂时，每装完一部分就应检查一下是否符合要求，而不要等到大部分或全部装完后再检查，此时，发现问题往往为时已晚，有时甚至不易查出问题产生的原因。

（5）试运转时的事前检查和起动过程的监视　试运转意味着机器将开始运转并经受负荷的考验，不能盲目地从事，因为这是最有可能出现问题的阶段。试运转前应全面检查装配工作的完整性，各连接部分的准确性和可靠性，活动件运动的灵活性及润滑系统是否正常等，在确保都准确无误和安全的条件下，方可开机运转。

开机后，应立即全面观察一些主要工作参数和各运动件的运动是否正常。主要工作参数包括润滑油压力和温度、振动和噪声及机器有关部位的温度等。只有当起动阶段各运行指标正常稳定时，才能进行下一阶段的试运行内容。

4. 装配中的调整

装配中的调整就是按着规定的技术规范调节零件或机构的相互间位置、配合间隙与松紧程度，以使设备工作协调可靠。

（1）程序

1）确定调整基准面。即找出用来确定零件或部件在机器中位置的基准表面。

2）校正基准件的准确性。调整基准件上的基准面，在调整之前，应首先对其进行检查、校核，以保证基准面具备应有的精度。若基准面精度超差，则必须对其进行修复，使其精度合格，才能作为基准来调整其他零件。

3）测量实际位置偏差。就是以基准件的基准面为基准，实际测量出调整件间各项位置偏差，供调整参考。

4）分析。根据实际测量的位置偏差，综合考虑各种调整方法，确定最佳调整方案。

5）补偿。在调整工作中，只有通过增加尺寸链中某一环节的尺寸，才能达到调整的目的，称为补偿。

6）调整。以基准面为基准，调节相关零件或机构，使其位置偏差、配合间隙及结合松紧在技术规范允差范围之内。

7）复校。以基准件的基准面为基准，重新按技术文件规定的技术规范检查、校核各项位置偏差。

8）紧固。对调整合格的零件或机构的位置进行固定。

（2）基准的选择

1）选择有关零、部件几个装配尺寸链的公共环，如卧式车床的床身导轨面。

2）选择精度要求高的表面作调整基准，如卧式铣床以床身主轴安装孔轴线为基准，来修复床身，调整其他各部件的相互位置精度。

3）选择适于作测量基准的水平或铅垂面。

4）选择装配调整时修刮量最大的表面。

（3）方法

1）自动调整。即利用液压、气压、弹簧、弹性胀圈和重锤等，随时补偿零件间的间隙或因变形引起的偏差。

改变装配位置，如利用螺钉孔空隙调整零件装配位置使误差减小，也属自动调整。

2）修配调整。即在尺寸链的组成环中选定一环，预留适当的修配量作为修配件，而其他组成环零件的加工精度则可适当降低。例如调整前将调整垫圈的厚度预留适当的量，装配调整时，修配垫圈的厚度达到调整的目的。

3）自身加工。机器总装后，加工及装配中的综合误差可利用设备的自身进行精加工达到调整的目的。如牛头刨床工作台上面的调整，可在总装后，利用自身精刨的加工方法，恢复其位置精度与几何精度。

4）误差集中到一个零件上，进行综合加工。自镗卧式铣床主轴前支架轴承孔，使其达到与主轴轴线同轴度要求的方法就是属于这种方法。

四、典型零部件的装配要点

1. 过盈连接的装配

过盈连接的装配就是将较大尺寸的被包容件（例如轴）装入较小尺寸的包容件（例如套）中。过盈连接的可靠性取决于过盈量是否符合装配要求。过盈连接结构简单、定心性好，能承受大的轴向力、转矩及动载荷，也能承受变载荷和冲击载荷，可避免零件由于加工键槽等原因而使其强度削弱。但是，过盈连接配合面的加工精度要求高，尤其是圆锥面加工不容易，装配不方便，拆卸较困难。

过盈连接应用广泛，例如：齿轮、飞轮、带轮、链轮、联轴器与轴的连接，轴承座与轴承套的连接等。近年来，由于采用液压装拆，使无键过盈连接在齿形联轴器上获得广泛应用。

过盈连接的装配应力求省力、省时，保证质量和不损伤零件。主要装配方法有：人工装配、常温下压装、热装和冷装等。这些装配方法的特点、使用的工具和设备以及应用范围见表6-2。

表6-2　过盈连接装配方法

装配方法		工艺特点	主要设备和工具	适用范围
压入法	人工装配	人工施力，简便、不易导向，易损伤机件	锤子或重物冲击	配合面要求较低，长度较短，过渡配合的键、销、短轴，单件生产
	工具机装配	施力均匀，方向易控制，生产率高	齿条式压力机（<15000N） 螺旋式压力机（<20000N） 杠杆式压力机（<15000N）	较小过盈量的轮圈、齿轮、套筒、滚动轴承，多用于小批生产
	压力机压装	压力范围广，导向性好，生产率高	螺旋式压力机（<100000N） 液压式压力机（>100000N）	中等过盈量的车轮、飞轮、齿圈、连杆衬套、滚动轴承，成批生产，应用较广
热胀法	介质加热	加热包容件，热胀均匀	沸水槽(80～120℃) 热油槽(90～320℃) 蒸汽加热槽120℃	用于过盈量较小的场合和较小的工件，如滚动轴承、连杆衬套、齿轮等
	电阻加热和辐射加热	加热包容件、热胀均匀、温度易控	电阻炉(400℃) 红外辐射加热箱	小、中型连接件，适合于精密设备或有易爆易燃场合
	感应加热	加热时间短、效率高、温度易控、加热包容件	感应加热器(400℃以上)	中、大型连接件、重过盈配合，适合于装有精密设备或有易爆易燃场合
	燃气加热	加热包容件、操作简便、易于控制	喷灯、氧乙炔、丙烷加热器、炭炉温度<350℃	适用于局部受热和热胀尺寸要求严格控制的中、大型连接件，如叶轮、曲轴等

（续）

装配方法		工艺特点	主要设备和工具	适用范围
冷缩法	干冰冷却	冷却被包容件，操作简便	干冰箱可冷至 -78℃	过盈量较小的小型连接件和薄型衬套、包容件尺寸很大、形状复杂、不便或不准加热
	低温冷却	冷却被包容件	低温箱可冷却（-40 ~ -140℃）	配合面精度较高的连接件，在热态下工作的薄壁件
	液氮冷却	冷却被包容件，冷却时间短，生产率高	液氮槽可冷至 -195℃	过盈量较大的连接件
液压套合法	液压套合	压力达 150 ~ 200MPa，操作工艺要求严格、套合后拆卸方便	高压泵、扩压器、高压油枪、高压密封件、接头等	过盈量较大的大、中型连接件，特别适用于套合定位要求严格的部件

2. 紧固连接的装配

紧固连接分为可拆和不可拆两类。可拆连接有螺钉、键、销等；不可拆连接有铆接、焊接和粘接等。装配要点如下。

（1）螺钉螺母连接

1）凡与螺钉螺母贴合的表面均应光洁、平整，否则易使连接件松动或使螺杆弯曲。

2）保证被连接件的紧固性和获得正确位置。在工作中不得松动、不毁坏。装配时，螺母可用手拧入，如过紧，不许强行拧入，需用板牙、丝锥校正。不要使用不合格的螺钉和螺母。

3）拧紧力矩要适当，通常用标准扳手或测力扳手拧紧。对在工作中有振动或冲击的联接件，不仅要拧紧，还必须采用合适的防松锁紧装置，例如：双螺母防松、弹簧垫圈防松、止动垫圈防松、开口销防松等。

4）拧紧多个螺母时，必须按一定的顺序拧紧，并分多次逐步拧紧，否则会使零件或螺钉产生松紧不一致甚至变形。在拧紧方形或圆形布置的成组螺母时应对称地进行，如图 6-16 所示。

拧紧长方形布置的成组螺母时，应从中间开始，逐渐向两边对称地扩展，如图 6-17 所示。

（2）键联接装配　用平键联接时，键与轴上键槽两侧面应留有一定的过盈。装配前先去毛刺、配键、洗净、加油，将键轻轻敲入槽内并与底面接触，然后试

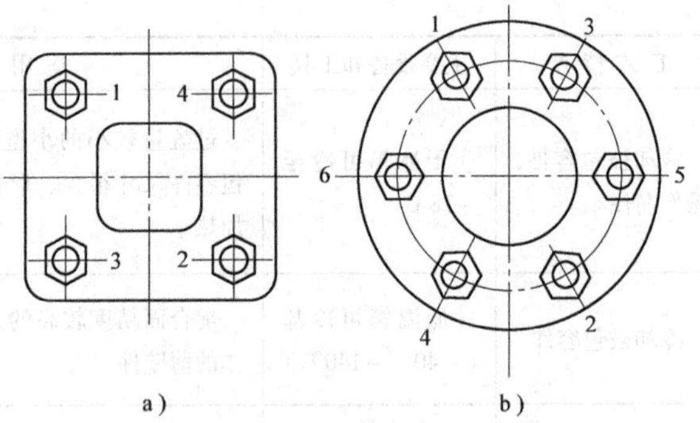

图 6-16　拧紧方形或圆形布置的成组螺母的顺序

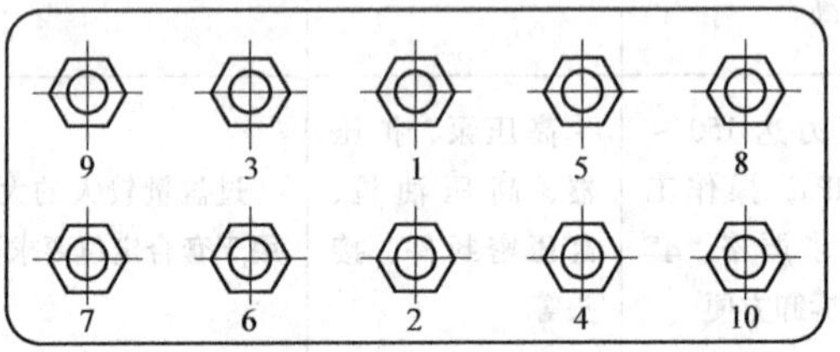

图 6-17　拧紧长方形布置的成组螺母的顺序

装轮子。轮毂上的键槽若与键配合过紧时，可修整键槽，但不能松动，键的顶面与槽底应留有间隙。

花键联接应用最多的是外径定心的矩形花键，配合形式多为间隙配合，装配后应滑动自如又不松旷。

(3) 销联接装配　装定位销时，不准用铁器强迫打入。应在其适宜的配合下，先用手推入约75%的长度后再轻轻打入。装配件要注意清除毛刺和倒角。

(4) 铆钉联接装配　用铆钉联接零件时，在被联接的零件上钻孔、插入铆钉，用顶模支持铆钉头部，另一端用锤子敲打。

3. 滚动轴承装配

滚动轴承装配若不正确，不仅会加速轴承的磨损，缩短使用寿命，而且会发生断裂和高温咬合等事故。它的装配工艺包括清洗、检查、装配与间隙的调整。

(1) 圆柱孔轴承的装配　圆柱孔轴承是指内孔为圆柱形孔的轴承，如调心球轴承、圆柱滚子轴承和角接触轴承等。这些轴承的装配方法主要取决于轴承与轴及轴承座孔的配合情况。

轴承内圈与轴为紧配合，外圈与轴承座孔为较松配合时，这种轴承的装配是先将轴承压装在轴上，然后将轴连同轴承一起装入壳体轴承座孔中。在装配时要注意导正，防止轴承歪斜，否则不仅装配困难，且会产生压痕，使轴和轴承早期损坏。压装时不允许通过滚动体传递压力。

轴承外圈与轴承座孔为紧配合，内圈与轴为较松配合时，应将轴承先压入轴承座孔中，再装轴。

轴承内圈与轴、外圈与轴承座孔都是紧配合时，可用专门安装套管将轴承同时压入轴颈和轴承座孔中。

轴承内圈与轴配合过盈较大时，可采用热装，通常用油槽加热，温度一般不超过100℃，加热时间不低于15～20min。

（2）圆锥孔轴承的装配　这种轴承一般要求有比较紧密的配合，松紧程度由轴颈压进锥形配合面的深度而定，靠装配时测量径向游隙来控制。对不可分离的轴承，其径向游隙用塞尺测量；对可分离的圆柱滚子轴承，用外径千分尺测量内圈装在轴上后的膨胀量，用其代替径向游隙减小量。

（3）圆锥滚子轴承、推力轴承、滚针轴承的装配　圆锥滚子轴承和角接触球轴承通常是成对安装。装配时要注意调整轴向游隙，用指示表检查。

安装推力轴承时，应注意区分紧圈和活圈，紧圈内孔小而活圈内孔大；应注意检查紧圈与轴线的垂直度。安装后应检查轴向游隙，不符合要求应予调整。

滚针轴承装配应注意先在滚针上涂抹稠润滑脂，然后将滚针逐个粘贴，最后一个滚针粘上后应具有一定间隙，其大小取决于结构。

（4）滚动轴承间隙的调整　滚动轴承应具有必要的间隙，弥补制造和装配偏差，保证滚动体正常运转，延长使用寿命。间隙分为径向和轴向两种，有的可调，有的不可调。径向间隙与轴向间隙存在着正比关系，轴向间隙调整好了，径向间隙也就调整好了。

间隙的调整方法有：1）垫片调整，即利用侧盖处的垫片调整，这是最常用的方法。2）螺钉调整，即利用侧盖处的螺钉调整，使用较多。3）内外套调整，当同一根轴上装有两个圆锥滚子轴承时，其轴向间隙常用内外圈进行调整，它是在轴承尚未装到轴上时进行，内外圈长度根据轴向间隙确定。

4. 密封件的装配

在机械设备使用中，由于密封失效，常出现三漏，即漏油、漏水、漏气现象。它不仅会浪费物料、降低工作效能、污染环境，而且还可能促使严重事故的发生。

密封失效的原因很多，其中主要原因之一是装配工艺不好，因此对密封件的装配工艺应引起足够的重视。

对于装配工艺的一般要求：

1）应根据不同的压力、温度、介质选用合适的密封材料。

2）装配工艺要合理，要有合适的装配松紧程度，当压紧不足时容易引起泄漏，而压紧过大则会引起发热、加速磨损，增大摩擦功率。

3）装配的位置和方向要正确，不得错位或歪斜，除O形圈外，其余各种形式的密封圈一般都是单向的起密封作用，使其唇部朝向承受介质压力的一方，由介质的压力将唇部压紧，提高密封效果。

4）密封盖的压紧程度应均匀，拧紧压盖螺钉时应注意按多次、对称位置逐个进行。

五、总装配要点

机械设备的总装配是维修过程中的最后工序，其实质是将装配好的各个部件固定在基体上，使之成为一个整体。同时，要求各个部件之间，各部件与基体导轨之间的相互位置精度达到规定的各项技术要求。

机械设备大修后的总装配与新产品的总装配有所不同。因为有些零部件经过使用已经磨损了，它们的相互位置被改变，使维修装配工作更加复杂。对于维修装配在质量上有如下一些主要要求：

1）定位用的定位销在其工作长度上应与两个零件孔的表面达到接触面的要求，保证定位。

2）主要部件在保证位置正确的前提下，应紧固可靠；固定接合面应接触严密，一般情况下应保证0.04mm塞尺不能塞入。

3）移动部件不论有载还是空载情况下，都应当做到运动灵活自如，不得有歪斜和卡涩现象，各部位无过热、异响情况。

4）机械设备工作时，所有手柄不得抖动或自行移动、脱位；手柄操纵行程应平稳，没有阻滞现象。

5）安全防护措施均应齐备，并处于良好的技术状态。

维修总装配的顺序，根据零部件磨损情况和维修方法的不同而不同。例如，卧式车床的维修装配是将磨损较严重的导轨、溜板等进行修复刮研，此后溜板箱下沉。为恢复溜板的原位置，总装配时可将溜板下导轨面喷涂，其厚度等于溜板下沉量，继而将溜板箱固定在溜板上，并以溜板箱结合面为基准，依次安装床身导轨下面的齿条等其他零件，从而保证进给箱的正确位置。

不论采用哪种装配顺序，最终必须保证机床规定的精度要求，保证各部件的接触刚性，保证本次装配工艺为下次大修创造良好的条件。

第三节　普通机械设备润滑的必备专业知识

润滑就是在相对运动的两摩擦表面之间加入润滑剂，使两摩擦面之间形成润滑膜，将原来直接接触的干摩擦表面分隔开来，变干摩擦为润滑剂分子间的摩擦，达到减少摩擦、降低磨损、延长机械设备的使用寿命的目的。

一、润滑的作用、分类

1. 润滑的作用

（1）控制摩擦降低摩擦因数　摩擦面间进行润滑后，由于润滑剂介在两摩擦面之间，将两摩擦面分开，使干摩擦变为润滑剂分子之间的摩擦，所以，摩擦面间的摩擦因数和摩擦阻力是随着摩擦面之间的润滑状态而不同的。试验证明，摩擦因数和摩擦阻力之大小是随着半干摩擦、边界摩擦、半液体摩擦和液体摩擦的顺序递减的。即使在同种润滑状态下，摩擦面间的摩擦因数也不尽相同。因为润滑剂的种类如润滑油、润滑脂、固体润滑材料等的不同，其摩擦因数也各不相同；再加上同种润滑材料中也存在着状态（如粘度等）和性质的不同，所以摩擦面间的摩擦因数是大小不一的。在实际中可以利用这些控制摩擦。

（2）减少磨损　润滑之所以能减少磨损，是由于润滑将磨损的根源，即摩擦降低到最低限度，避免了金属表面间的咬焊与撕裂磨损。在液体润滑状态下，润滑的这种作用是显而易见的。即使在边界润滑状态下，润滑也同样具有这种作用。因为在当今的润滑剂中，大多含有一定量的活性添加剂，这些添加剂在摩擦表面的凸峰产生接触时，由于温度很高，而与金属表面形成低熔点的金属化合物。这种化合物的特点，除了熔点低外，抗剪强度也低，并且还能随摩擦面滑动，起到润滑的作用。所以，也能有效地防止咬焊和撕裂磨损。

另外，液体润滑剂的清洗作用是清洗机件摩擦表面上的灰尘、磨损微粒或外来物质等杂质，对防止磨损的作用也很明显。

（3）降温冷却　降低摩擦面的温度是润滑的一个重要作用。因为在机械设备运转过程中，必须克服各摩擦面上的摩擦而做功。而消耗在克服摩擦上的功，已全部转化为热。其结果是使摩擦表面温度上升，引起金属的热变形以至达到金属熔点，使摩擦面产生粘着。摩擦热的大小是与润滑状态有关的：干摩擦热最高，液体摩擦热最小，而边界摩擦热则介于两者之间。所以润滑是减少摩擦热的有效办法。

（4）防止摩擦面锈蚀　各种机械的摩擦表面，都不可避免地要和周围介质如空气、水滴、水蒸气、腐蚀性气体及液体、灰尘、氧化物等接触，而使金属表面生锈、腐蚀而损坏。在摩擦面上有润滑剂覆盖着时，就可以防止由此而引起的锈蚀。

（5）密封作用　润滑脂是具有密封作用的润滑剂。它不仅可以防止润滑剂流失，而且还可以防止水分、杂质等的侵入。用于蒸汽机、压缩机、内燃机等的润滑油，不仅能保证润滑，而且也能保证气缸及活塞间的高度密封状态，使之在运转中不漏气。用在液压传动中的液压油，在某些元件如柱塞泵、滑阀、液压缸中，也具有密封作用。

(6) 传递动力　有不少润滑剂具有传递动力的作用。如液压传动，其动力不是由一个部件传到另一个部件，而是通过液压油传递的。齿轮在啮合时，其动力也不是在齿间直接传递，而是通过一层润滑剂。摩擦传动的无级变速器等也属这个类型。

(7) 减振作用　汽车的减震器就是用油液减震的。当汽车车体上下振动时，就带动减震器中的活塞在封闭液缸中上下移动。在活塞上下移动过程中，缸中的油液就要逆着活塞运动的方向，从活塞的一端流向另一端，通过液体的摩擦，消散车身振动，进而达到车体稳定。

所有润滑剂都有在金属表面附着的能力，且本身切应力小，所以，在摩擦面受到冲击负荷时，也都具有吸收冲击能的本能。减振是所有润滑剂共有的特性。

2. 润滑的分类

润滑的分类可视研究对象和内容的不同而不同。

(1) 根据润滑介质的形态分类

1) 气体润滑。采用空气、蒸汽或氮气、氦气等惰性气体作为润滑介质，将摩擦表面用高压气体分隔开，如重型机器的轴承、高速内圆磨头的轴承都采用了气体润滑。

2) 液体润滑。采用矿物润滑油、合成润滑油、乳化油、水等液体作为润滑介质，这是一种应用最广的润滑形式。有时也用压缩空气或蒸气将润滑油雾化后送至各润滑点润滑称之为油雾润滑。

3) 半固体润滑。半固体润滑剂是一种介于流体和固体之间的塑性状态或膏脂状态的半固体物质，它包括矿物润滑脂、合成润滑脂、动植物润滑脂等，广泛应用于轴承和垂直面的润滑。

4) 固体润滑。利用石墨、二硫化钼、二硫化钨等润滑性能良好的固体润滑剂隔离摩擦接触面，形成固体润滑膜。

(2) 润滑的一般分类

1) 润滑油、脂润滑。靠油液自身的重力流到润滑点或者用油绳、油垫、油毡等，由毛细管的虹吸作用，将油吸到润滑点；用油枪将油压入润滑点；浇油、溅油、压配式压注油、旋盖式油杯压油等，这些是普通设备润滑中应用最为广泛的方式。

2) 固体润滑。在摩擦面间放入固体润滑介质的润滑形式。多用于不能采用润滑油或润滑脂的机械设备中。

3) 动压润滑。通过轴承副轴颈的旋转，将润滑油带入摩擦表面，由于润滑油的黏性和油在轴承副中的楔形间隙形成流体动力作用而产生油压，即形成承载油膜，称为流体动压润滑。动压润滑多用在有一定速度的主轴滑动轴承(多片轴瓦)上。

4）静压润滑。将一定压力的润滑油强行压到运动摩擦副的摩擦表面间隙中，强制形成油膜，称为液体静压润滑。静压润滑多用于静压轴承、静压导轨上。

5）动、静压润滑。当轴承在起动或制动过程中时，采用静压液体润滑将轴颈浮起。当轴承副进入全速稳定运转时，则采用动压润滑。所以，这种润滑方式具备动压、静压二者的优点，大大延长了轴承的工作寿命，是近年来正在推广的一种新技术。

6）边界润滑。边界润滑是从摩擦面润滑分子间内摩擦(即液体润滑)过渡到摩擦面直接接触之间的临界状态。边界润滑剂中加入了各种极性物质，多用于重负荷齿轮传动、凸轮机构中凸轮与顶杆以及普通滑动轴承的润滑。

7）极压润滑。属于边界润滑的一种特殊情况，也就是在重载、高速、高温条件下、润滑油中的极压添加剂与金属摩擦表面发生反应生成一层化学反应膜，将两摩擦表面分隔开，达到润滑的作用。极压润滑多用于汽车齿轮、轧钢设备的齿轮、丝杠副、联轴器等。

8）自润滑。将具有润滑性能的固体润滑剂粉末与其他固体材料混合并经压制、烧结成材，或是在多孔性材料中浸入固体润滑介质，或是用固体润滑介质直接压制成材，作为摩擦表面。在整个润滑过程中，不需要再加入其他润滑剂。如用聚四氟乙烯制品做成的空气压缩机的活塞环、轴瓦、轴套等。

9）弹性流体动力润滑。弹性流体动力润滑是20世纪中期发展起来的新型润滑形式。

二、常用润滑材料

能降低摩擦阻力的介质都可以作为润滑材料。机械设备中常用气体、液体、半固体(膏状)及固体介质作为润滑材料，润滑油和润滑脂是两种常用的润滑材料。

1. 常用润滑油的品种及用途

（1）全损耗系统用油(原称“机械油”)　主要用于无特殊要求的全损耗润滑系统。按40℃的运动粘度分为共10个牌号：L—AN5、L—AN7、L—AN10、L—AN15、L—AN22、L—AN32、L—AN46、L—AN68、L—AN100、L—AN150。其中L—AN5、L—AN7为高速机械用油；L—AN32、L—AN46为普通机床用油；L—AN15、L—AN32可用于滚动轴承、滑动轴承和一般齿轮箱润滑用油。

（2）抗氧防锈液压油　按40℃的运动粘度分为共7个牌号：L—HL15、L—HL22、L—HL32、L—HL46、L—HL68、L—HL100、L—HL150。适用于环境温度0℃以上的各类机床的轴承座、齿轮箱、低压液压系统，它的使用时间比全损耗系统用油长1倍以上。

(3) 导轨油　按40℃的运动粘度分为7个牌号：32号、46号、68号、100号、150号、220号、320号。适用于各种精密机床的工作台导轨及砂轮架导轨的润滑，也可用于坐标镗床、滚齿机、龙门铣床和落地镗床导轨的润滑。

(4) 轴承油　按40℃的运动粘度分为共7个牌号：2号、3号、5号、7号、10号、15号、22号。适用于精密机床主轴的润滑，15号油还可作为液压油和精密齿轮油。例如：主轴转速在1000~3000r/min，滑动轴承半径间隙为0.002~0.006mm时用2号油；滑动轴承半径间隙为0.006~0.010mm时用5号油；滑动轴承半径间隙为0.010~0.030mm时用7号油；滑动轴承半径间隙为0.030~0.060mm时用15号油。

(5) 普通工业齿轮油　按40℃的运动粘度分为共9个牌号：50号、70号、90号、120号、150号、200号、250号、300号、350号。适用于工业设备中齿轮、蜗杆副和其他重负荷传动装置的润滑。工业齿轮油中加有抗磨、防锈等多种添加剂，可取代全损耗系统用油用于重负荷设备的润滑。

2. 常用润滑脂的品种及用途

(1) 钙基润滑脂　共分4个牌号：1号、2号、3号、4号。钙基润滑脂具有良好的抗水性和胶体安定性，适用于工作温度不超过60℃的一般机械设备的润滑。

(2) 钠基润滑脂　共分两个牌号：2号，3号。钠基润滑脂不耐水，适用于不超过120℃的机械摩擦装置，如电动机、发动机轴承的润滑。

(3) 铝基润滑脂　有较好的耐水性及金属表面的防腐蚀性，能用于潮湿的工作环境。

(4) 极压锂基润滑脂　共分4个牌号：00号、0号、1号、2号。极压锂基润滑脂内加有抗氧化剂、防锈剂等，适用于矿山、建筑、重型机械等大型设备的润滑。

3. 选用润滑油或润滑脂的原则(见表6-3)

表6-3　选用润滑油或润滑脂的一般原则

因　素	用 润 滑 脂	用 润 滑 油
温度	当温度超过120℃时，要用特殊润滑脂。当温度升高200~220℃时，再润滑的时间间隔要短	油池温度超过90℃或轴承温度超过200℃时，可采用特殊的润滑油
速度(*dn*值)	*dn*值<300000~350000，低速	*dn*值<450000~500000，高速
载荷	低到中等	各种载荷直到最大
轴承形式	不用于不对称的球面滚子止推轴承	

（续）

因 素	用润滑脂	用润滑油
壳体设计	较简易	需要较复杂的密封和供油装置
长时间不维护	可用 根据操作条件，特别要考虑温度	不可以用
集中供给（同时供给其他零部件）	不可用不能有效地传热也不能作为液压介质	可用
最低的转矩损失	较大 如果填装适当将比采用油的损失要低 >1/3 空间容积	较小 为了获得最低功率损失，应采用有清洗泵或油雾装置的循环系统 油面不能过高
污染条件	可用，正确的设计可防止污染物的侵入	可用，但要采用有过滤装置的循环系统

注：dn 值 = 轴承内径(mm) × 转速(r/min)。

对于大轴承（直径大于65mm）用 nd_m 值（d_m = 内外径的平均值）

4. 润滑油的主要质量指标

（1）粘度　粘度是指油品分子间受外力作用而发生相对运动时所产生的内摩擦阻力。粘度主要有两种表示方法：

1）动力粘度。液体中有两层面积各为 $1cm^2$ 和相距 1cm 的油液，相对移动速度为 1cm/s 时所产生的阻力，叫做动力粘度。其单位为：帕·秒(Pa·s)。

2）运动粘度。在规定的温度(40℃、50℃、100℃)下，将一定量的试油通过毛细管粘度计的毛细管所需的时间(s)，乘上毛细管粘度计的校正系数，所得值就是此试油的运动粘度，其单位为毫米^2/秒(mm^2/s)。我国的润滑油大多数采用运动粘度为单位表示。

（2）酸值　酸值是指中和 1g 润滑油中所含的有机酸所需氢氧化钾(KOH)的质量(mg)用 mgKOH/g 来表示。

（3）水分　水分表示油品中含水量的多少。以水的质量占油的质量的百分数来表示。

（4）机械杂质　它是悬浮或沉淀在润滑油中的不溶物质，如尘土、泥砂、金属粉末、砂轮粉末等。一般用溶剂释试油后测定其含量，用质量百分数来表示。

（5）凝固点　在规定的条件下，将润滑油冷却到失去流动性（将油面倾斜45°，1min 内保持不流动）的最高温度，称为油品凝固点。

（6）闪点　在规定的条件下，将润滑油加热，蒸发出的油蒸气在油面上与空气混合，在与火焰接触时产生短暂闪火的最低温度，称为油品的闪点

(一般的,对轻质油指开口闪点,对重质油指闭口闪点)。

(7) 抗氧化安定性　抗氧化安定性表示润滑油抵抗空气中氧气氧化作用的能力，它以油品中生成的沉淀物及酸值来表示。

(8) 抗乳化度　在规定条件下，使油液和水混合乳化，再在一定温度下静置，油、水完全分离所需要的时间，叫做抗乳化度。

5. 润滑油的代用和掺配

首先必须强调，要正确选用润滑油，避免代用。但是，在实际使用中，会碰上一时买不到合适润滑油的情况，如新试制(或引进)的设备，相应的新油品试制或生产未跟上，需要靠新润滑油代用来解决。如没有合适的则需考虑油品掺配。代用油确定后可临时直接使用，而掺配的油则一定要经过质量分析、取样化验、运行试用，如满足所需要油品的性能要求，才可定为代用油品。

(1) 润滑油代用原则

1) 尽量用同类油品或性能相近、添加剂类型相似的油品。

2) 粘度要相当，以不超过原用油粘度的 ±25% 为宜。一般情况，可采用粘度稍大的润滑油代替，但精密机床用液压油、轴承用油则选用粘度稍小些。

3) 质量以高代低，即选用质量高一档的油品代用，这样对设备的润滑更可靠。同时，还可以延长使用期，经济上也合算。

4) 选用代用油时，要考虑环境温度与工作温度。对于工作温度变化大的机械设备，代用油的粘温性要好一些，对低温工作的机械，选择代用油的凝固温度要低于工作温度 10℃以下，而对于高温工作的机械，则要考虑代用油的闪点要高一些，氧化安定性也要满足使用要求。

(2) 润滑油的掺配原则

1) 设备润滑油应尽量避免掺配，因为设备用了掺配油，如果出了毛病，要找原因就更困难了。除此以外，不同润滑油掺杂在一起，很难对油品质量进行精确考查。

2) 在下列情况下，油品可以掺配

① 同类产品质量基本接近，或高质量油混入低质量油仍用于原使用的机器设备。

② 需要调整油品的粘度等物理性能。采用同一油品不同牌号相互掺配，如 L—AN32 与 L—HM68 液压油掺配成 L—AN46。

③ 不同类的油，如果知道两种对混的油品都是不加添加剂的，或者其中一个是不加添加剂的，或两者都加添加剂但不起反应的，一般也可以掺配，只是掺配后对质量高的油品来说质量会有所下降。

3) 对于不了解性能的油品，如果确定需要混用，要求在混用前作混用试验(如采取拟混用的两种油 1∶1 混合搅拌均匀)，观察混用油有无异味或沉淀等现象，如果发现异味有沉淀生成，则不能混用。有条件的单位，最好测定混用前后润滑油的主要理化性能。

4）对掺配后油的使用情况要注意考查。

6. 润滑油添加剂

为了改善润滑油的性能，增强润滑油的效能。在润滑油中添加几种少量的化学物质，这种物质称为添加剂。添加剂主要是有机极性化合物和一些相对分子质量较大的聚合物。为达到应有的性能，添加剂必须能很好地溶于(或分散于)油中，在存储及使用时稳定，不易发生变化，并且不损坏其他性能。

三、润滑方法与润滑装置

当设备的润滑材料选定之后，如何采用适当的润滑方法，把润滑材料置入摩擦部位，保证摩擦部位的润滑，使润滑材料的性能真正发挥作用就显得十分重要了。采用适当的润滑方法，对保证设备润滑，防止润滑故障，延长设备的使用寿命，以及减少润滑材料消耗都有重要意义。

润滑方法，是指对设备润滑部位进行润滑时所用的方法。如集中或分散、连续或间歇、压力或无压力、循环或非循环等。润滑装置是指润滑用的装置，如油嘴、油杯、线心、油毡、油池、油泵、润滑站等。

1. 润滑方法

润滑方法的分类及其说明见表6-4。

表6-4　润滑方法分类及说明

集中润滑法	对个别配置的摩擦副靠一个多出口的润滑装置供油，该装置集中在一个适当地点加以管理
分散润滑法	每一对摩擦副由配置在润滑地点附近的各自独立和分离的装置来润滑
连续润滑	在设备整个的工作期间内，润滑油供至摩擦副始终是连续不断的
间歇润滑	经过一定时间间隔才进行一次润滑，时间间隔由加油人员或由机械装置控制
压力润滑	供送的润滑油具有一定的压力
无压润滑	靠油本身的重力或位能将油送至摩擦副进行润滑，可通过绒芯和油垫的毛细管作用实现润滑
循环润滑	对摩擦副进行润滑过的油液流回到沉淀油池(油槽)，再由专门的润滑装置将油连续不断地供送至摩擦副进行润滑，润滑油可以不断重复使用
非循环润滑	润滑装置不考虑使用过的油自动回到摩擦副中去的润滑

2. 油液润滑方法与装置

油液的润滑，一般内摩擦因数低，兼有冷却和润滑两种功能，清洗换油时不需拆开机件，应用方便。油液润滑方法、润滑装置、润滑原理及适用范围见表

6-5。

表 6-5　油液的润滑方法、润滑装置、润滑原理及适用范围

润滑方法		润滑装置	润滑原理	适用范围
分散润滑				
间歇无压润滑		带喇叭口的油孔 压配式压注油杯 旋套式注油油杯	利用簧底油壶或其他油壶将油注入孔中，油沿着摩擦表面流散，形成暂时性油膜	轻负荷或低速、间歇工作的摩擦副，如开式齿轮、链条、钢丝绳以及一些简易机械设备
间歇压力润滑		直通式压注油杯 接头式压注油杯	利用油枪加油	载荷小、速度低、间歇工作的摩擦副，如金属加工机床、汽车、拖拉机、农业机器等
连续无压润滑	油绳、油垫润滑	带油心弹簧盖油杯毛毡制的油垫	利用油绳、油垫的毛细管产生的虹吸作用向摩擦副供油	低速、轻负荷的轴套和一般机械
连续无压润滑	滴油润滑	针阀式注油油杯	利用油的自重一滴一滴地流到摩擦副上，滴落速度随油位改变	在数量不多而又容易靠近的摩擦副上，如机床导轨、齿轮、链条等部位的润滑
连续无压润滑	油环、油链、油轮润滑	套在轴颈上的油环、油链 固定在轴颈上的油轮	油环套在轴颈上作自由旋转，油轮则固定在轴颈上。这些润滑装置随轴转动，将油从油池带入摩擦副的间隙中形成自动润滑	一般适用轴颈连续旋转和旋转速度不低于 50～60r/min 的水平轴，如润滑齿轮和蜗轮减速机、高速传动轴的轴承、传动装置的轴承、电动机的轴承和其他一些机械的轴承
连续无压润滑		油池	油池润滑即飞溅润滑，由装在密封机壳中的零件的旋转运动实现	主要用来润滑减速机内的齿轮装置，齿轮圆周速度不应超过 12～14m/s
连续压力润滑	强制润滑	柱塞式油泵	靠装在机壳中的柱塞油泵的往复运动实现供油	要求油压在 1000N/cm² 以下，润滑油需要量不大而支承载荷相当大的摩擦副
连续压力润滑	强制润滑	叶片式油泵	叶片泵可装在机壳中，也可与被润滑的机械分开，靠转子和叶片转动来实现供油	要求油压在 30N/cm² 以下，润滑油需要量不太多的摩擦副、变速箱等

（续）

润滑方法		润滑装置	润滑原理	适用范围
连续压力润滑	强制润滑	齿轮泵	齿轮泵可装在机壳中，也可与被润滑的机械分开，靠齿轮旋转供油	要求油压在 100N/cm² 以下，润滑油需要量多少不等的摩擦副
	喷射润滑	喷嘴	采用油泵直接加压实现喷射	当圆周速度大于 12～14m/s，用飞溅润滑效率较低的闭式齿轮
	油雾润滑	油雾发生器凝缩嘴	以压缩空气为能源，借油雾发生器将润滑油形成油雾，随压缩空气经管道送至凝缩嘴，凝缩成较大的油滴后，再送入摩擦副实现润滑	适用高速度的滚动轴承、滑动轴承、齿轮、蜗轮、链轮及滑动导轨等各种摩擦副
集中润滑				
连续压力润滑		稀油润滑站	润滑站由油箱、油泵、过滤器、冷却器、阀等元件组成，用管子输送定量的压力油到各润滑点	主要用于金属切削机床、轧钢机等设备的大量润滑点或某些不易靠近的或靠近有危险的润滑点

3. 脂类润滑方法与装置

润滑脂用于在高压和较高温度下工作的摩擦副，也适用于具有变动载荷（即载荷的大小和方向随时间而变）、振动和冲击的机械。它的润滑装置和密封装置结构简单、不易泄漏。

润滑脂内摩擦因数高。一般在高温下工作的油脂会因流失与变质而丧失润滑性能，更换时往往需要拆开机件。脂类润滑的润滑方法、润滑装置、润滑原理及主要适用范围见表6-6。

表6-6 润滑脂的润滑方法、润滑装置、润滑原理及主要适用范围

润滑方法	润滑装置	润滑原理	主要适用范围
分散润滑			
间歇无压润滑	没有润滑装置	靠人工将润滑脂涂到摩擦表面上	用在低速粗糙机器上
连续无压润滑	设备的机壳	将适量的润滑脂填充在机壳中实现润滑	转速不超过 3000r/min、温度不超过 115℃的滚动轴承 圆周速度在 4.5m/s 以下的摩擦副、重载荷的齿轮传动和蜗杆传动、链、钢丝绳等

(续)

润滑方法	润滑装置	润滑原理	主要适用范围
分散润滑			
间歇压力润滑	旋盖式油杯 压注式油杯(直通式与接头式)	旋盖式油杯是靠旋紧杯盖而造成的压力将润滑脂压到摩擦副上 压注油杯是利用专门的带配帽的油(脂)枪将油脂压入摩擦副	旋盖式油杯一般适用于圆周速度在4.5m/s以下的各种摩擦副 压注油杯用于速度不大和负荷小的摩擦部件，以及当部件的构造要求采用小尺寸的润滑装置时用
集中润滑			
间歇压力润滑	安装在同一块板上的压注油杯	用油枪将油脂压入摩擦副	布置在不便加油部位上的各种摩擦副
压力润滑	手动干油站	利用储油器中的活塞，将润滑脂压入油泵中。当摇动手柄时，油泵的柱塞即挤压润滑脂到给油器，并输送到润滑点	用于单独设备的轴承及其他摩擦副供送润滑脂
连续压力润滑	电动干油站	柱塞泵通过电动机、减速机带动，将润滑脂从贮油器中吸出，经换向阀顺着给油主管向各给油器压送。给油器在压力作用下开始动作，向各润滑点供送润滑脂	润滑各种轧机的轴承及其他摩擦元件，也可以用于高炉、铸钢、破碎、烧结、吊车、电铲以及其他重型机械设备
	风动干油站	用压缩空气作能源，驱动风泵，将润滑脂从贮油器中吸出，经电磁换向阀，沿给油主管向各给油器压送润滑脂，给油器在具有压力的润滑脂的挤压作用下动作，向各润滑点供送润滑脂	用途范围与电动干油站一样；尤其在大型企业如冶金工厂、具有压缩空气管网设施的厂矿或电源不方便的地方等可考虑使用

（续）

润滑方法	润滑装置	润滑原理	主要适用范围
集中润滑			
连续压力润滑	多点干油泵	由传动机构（电动机、齿轮、蜗轮蜗杆）带动凸轮，通过凸轮偏心距的变化使柱塞进行径向往复运动，不停顿地定量输送润滑脂到润滑点(可以不用给油器等其他润滑元件)	用于重型机械和锻压设备的单机润滑，直接向设备的轴承座及各种摩擦副自动供送润滑脂

4. 设备润滑状态的检查

设备润滑状态的检查，包括日常润滑检查和定期润滑检查。日常润滑检查的主要内容是操作者在工作之前，检查润滑系统及润滑装置是否完善、畅通，发现缺陷应立即通知维修工排除。维修工和润滑工日常巡回检查时，有重点察看主要润滑部位是否缺油，协助操作工排除润滑缺陷和故障。定期润滑检查是由车间机动师、修理组长与润滑工逐台全面检查鉴定设备润滑状态，作出记录，对不符合要求的，通过维修或更换，使其处于良好技术状态。

1）所有润滑部位、润滑点应按润滑图表中的要求，按期、按质加油，消除缺油干磨情况。

2）所有润滑装置，如油嘴、油杯、油窗、油泵及系统管路等齐全、清洁、好用，润滑系统畅通。

3）油线、油毡齐全清洁，放置正确。

4）导轨、丝杠等重要部位干净，有薄油膜层。

5）油与切削液不变质、不混，符合使用要求。

6）不漏油。

5. 设备润滑装置的清洗和保养

设备润滑装置如油绳、油毡、油杯、过滤装置、油箱等都要保持清洁，要定期清洗。

（1）油绳、油毡的清洗　油绳、油毡都是用纯羊毛做成的，在润滑装置中起着吸油、过滤和防尘的作用。当使用到一定期限后，由于残留的脏物堵塞在羊毛纤维的毛细管中，使其润滑性能下降，必须进行清洗，恢复原有的功能。

（2）油杯的清洗　机械设备中常用的油杯有压注油杯、旋盖式油杯、旋套式注油油杯、弹簧盖油杯、针阀式注油油杯等。油杯在使用中残留的脏物渐渐增多，特别是长期残留在油杯中的润滑脂与空气接触，极易变质。一旦这些残留物进入到设备润滑部位，就会破坏正常的润滑功能。所以对油杯应进行定期清洗。

（3）过滤装置的清洗　设备润滑系统的过滤装置有网式滤油器、线隙式滤油器、纸芯式滤油器、烧结式滤油器等。过滤装置对润滑剂起着过滤作用。长期使用后，由于被过滤截流的各种杂质积存过多，堵塞过滤装置，使设备的润滑性能下降。因此，必须定期对过滤装置进行清洗。

1）网式滤油器。清洗网式滤油器用航空洗涤煤油，滤油器洗净后要用压缩空气吹干，清洗时注意勿将滤网弄破，否则必须更换新滤网才能保证过滤精度的要求。

2）线隙式滤油器。其过滤材料是用铜丝或铝丝绕制而成的，因此强度较低，杂质堵塞后很难清洗，一般要更换新的滤网。如果没有滤网备品，则可将滤油器拆下，反向通入清洗剂进行冲洗。

3）纸芯式滤油器。发现纸芯式滤油器堵塞只能更换过滤纸芯，同时将滤油器的其他部分用清洗剂仔细清洗干净。

4）烧结式滤油器。滤芯一旦堵塞，清洗十分困难，一般要更换新滤芯。也可反向通入清洗剂进行冲洗，但效果不明显。

（4）润滑系统的清洗

1）清洗用油选用 L—AN15 或 L—AN22 全损耗系统用油，若将清洗油加热到 50～60℃，则对油管内壁黏附的橡胶、积炭的清除效果更好。

2）清洗时，将润滑系统进油口通入清洗油容器中，各润滑点用油管接至清洗油回路中作为回油油路。

3）清洗时最好一边清洗一边轻敲油管，以加强清洗效果。清洗时间通常为1h。

4）不要使用煤油、酒精等作为清洗液，以免腐蚀油泵、阀类元件。

5）油箱(池)的清洗。在对润滑系统更换新油前，必须将油箱清洗干净。

第四节　台式钻床的维护保养

一、工作前

1）对所有操作手柄、开关及旋钮进行检查，看其是否在正确位置，操纵是否灵活，安全装置是否齐全、可靠。

2）按润滑要求加注润滑油（脂）。

3）接通电源，低速运转 3～5min，认定正常后才能开始进行工作。

二、工作中

1）严禁超负荷、超机床性能进行加工。

2）应停机装卸钻头，擦净锥面后，方可装钻头，且要牢靠。拆卸钻头及钻夹头时，应该用专用斜铁和铜锤轻敲卸下。

3）要正确固定工件及工装。

4）严禁带手套进行操作。

5）在机床运行中出现异常现象时，应立即停机，查明并排除故障。

三、工作台

1）必须把所有手柄都置于“停机”位置，并切断电源。

2）进行日常维护保养。

3）机床较长时间不使用，应在钻床裸露在外未涂漆表面涂上防锈油。

第五节　砂轮机的维护保养

一、砂轮的检查

（1）砂轮标记的检查　没有标记或标记不清又无法核对和确认的砂轮，不管有无缺陷，均不可使用。

（2）砂轮缺陷检查

1）目测，即用肉眼或借助其他器具察看砂轮表面有无裂纹或破损等缺陷。

2）用小木锤轻轻敲击砂轮，从声音辨别，声音清脆说明正常，声音沉闷、嘶哑则砂轮有问题。

3）砂轮的回转强度检验。

二、砂轮的安装

1）核对砂轮的特性是否符合使用要求，砂轮与主轴是否相匹配。

2）安装砂轮时，不能用力挤压，应该自由地装配到砂轮主轴上，两者间隙应适当，配合面应清洁、无杂物。

3）砂轮卡盘应左右对称，且压紧面径向宽度应相等，压紧面平直，与砂轮侧面应充分接触，装夹牢固。

4）应将一定厚度的柔性材料衬垫夹垫在卡盘与砂轮端面之间，且夹紧力应均匀牢靠。

5）紧固砂轮的松紧度应以足可带动砂轮又不产生打滑为宜，当用多个螺栓紧固大卡盘时，应以对角线成对顺序逐步均匀旋紧，严禁用加长扳手或用敲打方法加大拧紧力。

三、砂轮的平衡试验

（1）静平衡　在平衡架上进行。

（2）动平衡　借助安装在机床上的传感器，直接显示出旋转时砂轮装置的不平衡量，通过调整平衡块的位置和距离，把不平衡量控制在最小。

四、砂轮的修整

常使用的工具是金刚石笔，操作时，应将金刚石笔置于砂轮中心水平线以下1～2mm处，顺砂轮旋转方向，与水平面的倾斜角在5°～10°左右；修整时应用力均匀，速度平稳，一次修整量不能过大；修整时，操作者应站在砂轮的侧方安全位置。

修整后，砂轮应重新经回转试验后，方可使用。

五、砂轮的储运

1）在搬运、储存中，不准滚动砂轮，不可使砂轮受到强裂振动和冲击。

2）不得随意涂抹或损毁印有砂轮特性和安全速度的标志。

3）砂轮存放时间不应超过砂轮的有效期。

4）砂轮存放地应保持干燥、温度适宜，不得与其他化学品混放。

5）砂轮应按规格、形状和尺寸分类存放，严禁叠压放置。

第六节　锯床（弓锯）的维护保养

一、日常维护

1）班前应检查锯弓、滑枕等部件是否停在合理位置，压力表是否完整。

2）做好润滑工作。

3）按照操作规程起动、运转及停机。

4）若滑枕导轨面有碰撞、研伤，则应及时处理。

5）若有漏油、漏电，应及时处理。

6）检查锯条是否拉紧，锯齿是否锋利，工作完毕时，应将锯条放松。

7）检查传动齿轮防护罩等安全装置是否齐全可靠。

8）班后要做好清扫、擦洗工作。

9）做好设备的运行、保养、检修及交接班等各种记录。

二、一级保养

弓锯床累计运行 500 ~ 600h 后，应进行一次一级保养。

其保养部位有：

锯弓与滑枕、冷却系统、液压系统、电气部分。

三、二级保养

弓锯床累计运行 2500h 后，应进行一次二级保养。

其保养部位，除一级保养的部位之外，还有传动系统。

四、定期检查

锯床运转一年，应由计量人员校验压力表。

◇◇◇ 第七节　小型设备维护保养的技能训练实例

• 训练 1　过盈连接件的拆卸

拆卸过盈连接件最普遍应用的办法是拉卸，即利用顶拔器将被拆卸件拉卸出

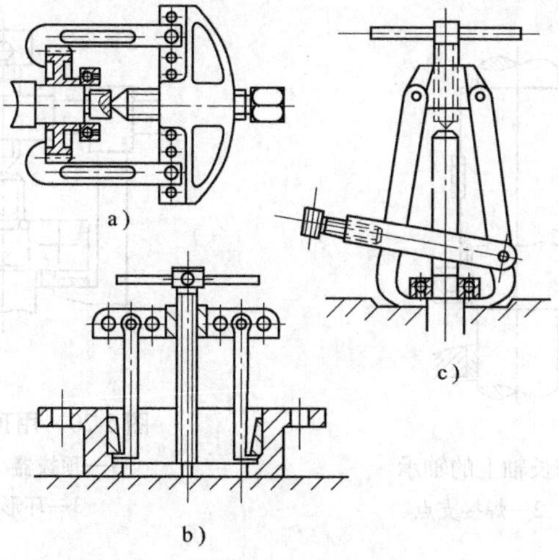

图 6-18　拆卸过盈连接件用的工具

来；在某种情况下，也可用局部加热或局部冷却将被拆卸件拆卸出来。

图6-18所示为应用顶拔器拆卸的情况。图6-18a所示是利用较大尺寸的零件一起进行拆卸。图6-18b所示是利用相邻零件的端面来拆卸的轴承，这种拆卸的困难在于轴承与相邻零件间的间隙很小，不易被抓住，就要用这种能放置局部浅槽的拆卸工具。图6-18c是拉出圆锥滚动轴承外圈用的拆卸工具。

拆卸尺寸较大的轴承或其他过盈连接零件时，为了使轴和轴承免遭破坏，要利用加热来拆卸。

● 训练2　拆卸滚动轴承

通常滚动轴承的拆卸有如下几种方法：

(1) 敲击法　从轴的末端拆卸轴承时，可在轴承下端加垫块(注意应垫着轴承内圈)，用小于轴承内径的铜棒或其他硬度较低的有色金属棒抵住轴端，然后用锤子轻轻敲击，即可拆卸。若轴承距轴端较远时，可用焊有铁圈作支点的套筒套上后，用平头錾子抵住铁圈，在铁圈上对称地施加敲击力。图6-19所示敲击法简单易行，但要注意着力点应正确，敲击力不能加在轴承的滚动体和保持架上，禁止直接用锤敲打，以免损伤轴承。

(2) 拉出法　用专用顶拔器进行拆卸。顶拔器的种类很多，通用性较大。如图6-20所示，拉杆位置可随被拉卸轴承2的直径大小任意调节，拆卸时，使顶拔器1上的顶杆螺钉和轴4中心线在一条直线上，将拉钩钩住环形件3，紧压轴承2内圈，然后缓慢旋转顶杆螺钉进行拆卸。

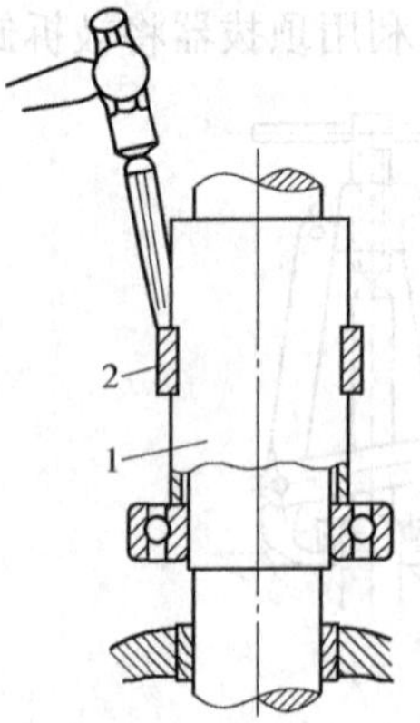

图6-19　拆卸长轴上的轴承

1—铁圈套筒　2—焊接支点

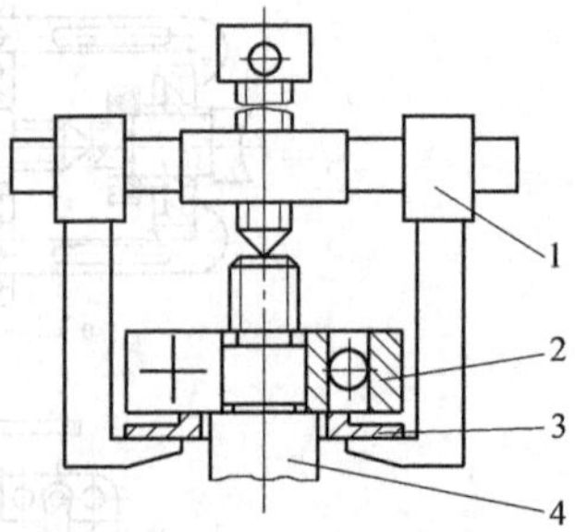

图6-20　用顶拔器拆卸轴承

1—顶拔器　2—被卸轴承

3—环形件　4—轴

(3) 推压法　从轴承组合件上拆卸过盈配合的轴承，可用压力机压出(图6-21)，其优点是工作平稳可靠。经适当改制的液压千斤顶亦可代用，如图6-22所示，一对抱轴角钢上焊四根拉杆，用螺母和一块底板联接在一起，由液压千斤顶加力拆下轴承。

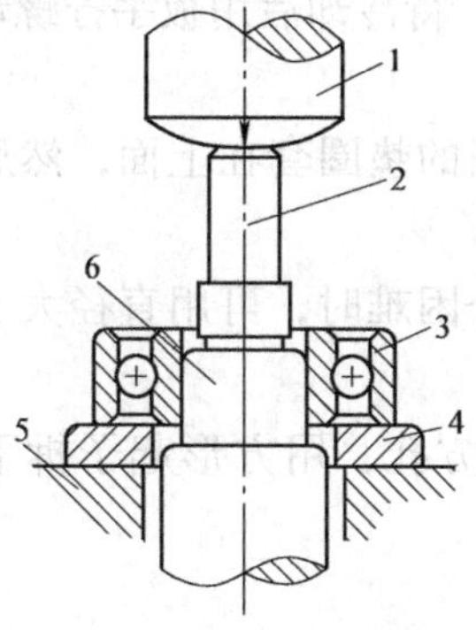

图 6-21　用压力机拆卸轴承
1—压力机压头　2—心棒　3—滚动轴承
4—衬垫　5—架子　6—轴

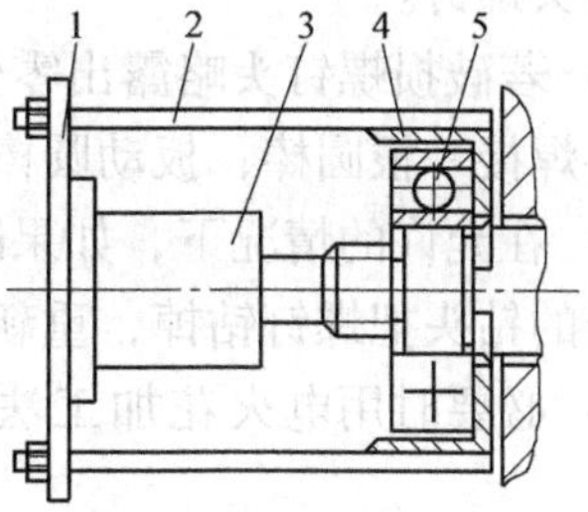

图 6-22　用液压千斤顶拆卸轴承
1—底板　2—拉杆　3—液压千斤顶
4—角钢　5—轴承

（4）热拆法　拆卸尺寸较大和过盈配合的轴承，往往还需要对轴承内圈用热油加热才能拆卸下来。在加热前，用石棉把靠近轴承的那部分轴隔离开来，防止轴受热胀大；并用顶拔器卡爪钩住轴承内圈，给轴承施加一定拉力。然后迅速将加热到 100℃左右的热油浇注在轴承圈上，待轴承套圈受热膨胀后，即可用顶拔器将轴承拉出。从轴承箱壳内拆卸轴承时，要加热轴承箱壳孔，不能加热轴承。

● 训练 3　拆卸锈蚀螺钉

1）拆卸锈蚀螺钉，用锤子振击螺母，以震散锈层。

2）将螺母往紧拧 1/4 圈，再退回来，反复进行，逐步将锈蚀的螺钉拧出。

3）还可以用煤油浸泡数十分钟后，再继续拧，直至拧出。

4）还可以使用螺栓松动剂。其中 WT—1 速效型螺栓松动剂使用较为广泛，其渗透性强，能渗入锈层；能松动螺纹尚未损坏的锈死螺钉；对金属具有良好的防锈性能。使用时将筒直立，轻轻按动塑料喷头，液体从喷嘴喷出，将液体喷在锈蚀螺钉上，10min 后即可渗入锈层，松脱组件。

● 训练 4　拆卸断头螺钉

1）在断头螺钉上钻孔，揳入一根多角的钢杆，转动钢杆，即可拧出断头螺钉。

2）在断头螺钉上钻孔，并攻螺纹(与螺钉相反扣)，借助反扣螺钉拧出断头螺钉。

3）应用螺钉取出器取出断头螺钉。

4）当断头螺钉凹入表面5mm以内时，可用一个内径比螺钉头外径稍小一点的六角螺母，放在螺钉头上，并与螺钉焊成一体，待冷却后用扳手拧螺母，便可取出断头螺钉。

5）若破损螺钉头略露出零件表面，用一适当的垫圈套在上面，然后在断头上倾斜焊接一根圆棒，扳动圆棒将螺钉拧出。

6）在允许的情况下，如果断头螺钉拆卸十分困难时，可用直径大于破损螺钉大径的钻头把螺钉钻掉，重新攻螺纹。

7）必要时用电火花加工法，在螺钉上打出方孔，用方形起子拆下断头螺钉。

• 训练5　拆卸键联接

（1）平键　一般采用錾子冲击键的一端，然后铲出。配合较紧的键可在键上钻孔、攻螺纹，用螺钉拉出。对于可以破坏的键，可在键上焊螺钉，然后用拔销器拔出。

（2）楔键　拆卸的关键是克服楔键两个接触面间的静摩擦力，所以需要撞击，可用锤子和冲子之类的过渡物猛击键的小端，即可卸下楔键。

（3）钩头键　可直接用拉卸器钩出，若不带钩且配合紧密，可在大端钻、攻螺纹孔，然后拔出。

• 训练6　拆卸销联接

销联接的拆卸可用小于其直径的冲子冲出(锥销应冲小头)。带内螺纹的销可用拔销器或螺钉拔出。带外螺纹的销可与螺母一起打出或加热后拔出。确实取不出的销可钻掉，但不允许破坏销孔。

• 训练7　销联接装配

1. 圆柱销联接的装配(图6-23)

（1）要点

1）必须保证被联接零件相互间的位置精度。

2）必须保证圆柱销在销孔中有0.01mm左右的过盈量。

3）必须保证圆柱销外圆与销孔的接触精度。装不通孔销钉时，应磨出排气孔。

（2）步骤

1）读装配图。在图6-23中，圆柱销与销孔配合为过盈配合，销孔表面粗糙度 $Ra0.8\mu m$。

2）准备装配工具、量具。选取锉刀、锤子各一把，铜棒一根，ϕ10mm 圆柱铰刀一把，ϕ9.9mm 钻头一支，游标卡尺、千分尺各一把。

3）检查装配零件。用千分尺测量圆柱销直径为 ϕ10.013mm。

4）装配

① 经测量合格后，用锉刀去除圆柱销倒角处的毛刺。

② 按图样要求将两个联接件经过精确调整，使位置度达到允差之内并叠合在一起装夹，在钻床上钻 ϕ9.9mm 孔。

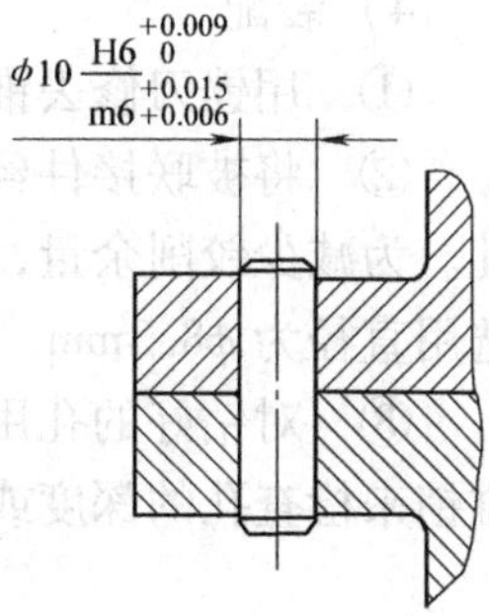

图 6-23 圆柱销联接

③ 对已钻好的孔用手铰刀铰孔，铰孔表面粗糙度值达 Ra0.8μm。

④ 用煤油清洗销孔，并在销子表面涂上 L-AN32 全损耗系统用油，将铜棒垫在销子端面上，用锤子将销子敲入孔中，如图 6-24 所示。

5）检查销联接装配。按装配图装配关系、配合要求，自检圆柱销联接是否合格。

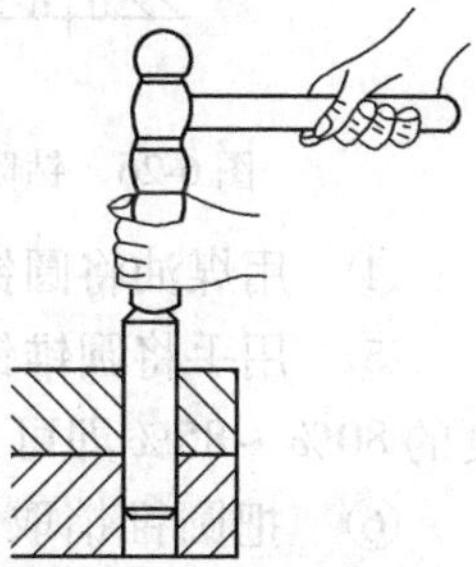

图 6-24 敲入销子

（3）注意事项

1）当圆柱销起定位作用时，必须将被联接件相互位置精确调整到允差范围之内，然后叠合在一起装夹，进行钻孔和铰孔。

2）装配时，不要用锤子猛力敲击销子端头，以免将销子端部胀大后，增加装配难度。

2. 圆锥销联接的装配(图 6-25)

（1）要点

1）锥销与销孔的配合必须有过盈。

2）锥销与销孔的表面接触率要大于 75%。

3）锥销的大小端应保持少量的长度露出销孔表面。

（2）步骤

1）读装配图。在图 6-25 中，锥销小头直径为 ϕ8mm，锥销长度为 50mm。

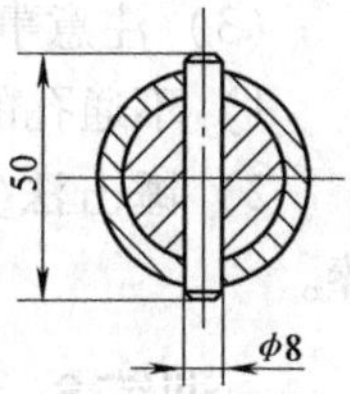

图 6-25 圆锥销联接

2）准备装配工具、量具。选取锉刀、锤子各一把，ϕ8mm 锥铰刀一支，铰杠一件，铜棒一根，ϕ7.9mm 钻头一支，游标卡尺、千分尺各一把。

3）检查装配零件。用千分尺测量圆锥销小端直径是否正确。

4）装配

① 用锉刀修去锥销表面的毛刺。

② 将被联接件经过精确位置度调整后叠合在一起装夹，然后在钻床上钻孔。为减少铰削余量，可将销孔钻成阶梯孔，小端首选钻头直径 ϕ7. 9mm，依次选用直径为 ϕ8. 3mm、ϕ8. 6mm 的钻头并计算好钻孔深度，如图 6-26 所示。

③ 对钻好的孔用手铰刀铰孔。铰孔时，加注适合的切削液，并用相配的圆锥销来检查孔的深度或在铰刀上作出标记，如图 6-27 所示。

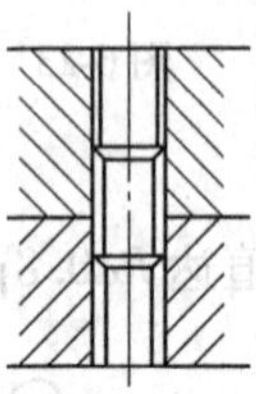

图 6-26 钻阶梯孔

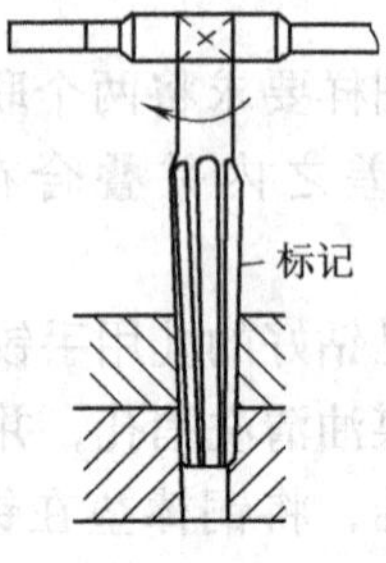

图 6-27 作出标记

④ 用煤油将圆锥孔和圆锥销清洗干净。

⑤ 用手将圆锥销推入圆锥孔中进行试装。检查圆锥孔深度。深度占锥销长度的 80% ~85% 即可，如图 6-28 所示。

⑥ 把圆锥销取出、擦净，表面涂 L-AN32 全损耗系统用油，用手将圆锥销推入圆锥孔中，再用铜棒敲击圆锥销端面，直至压实，产生过盈。圆锥销的倒角部分应伸出在所联接的零件平面外。

5）检查装配。按装配图要求自检圆锥销装配是否合格。

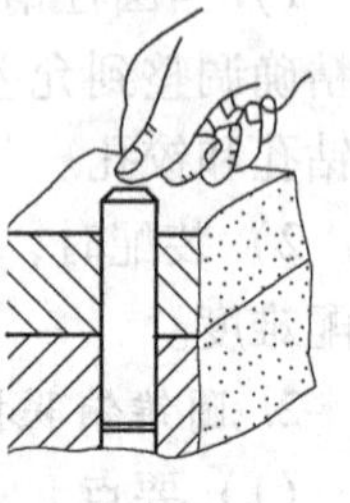

图 6-28 检查深度

（3）注意事项

1）不通孔的锥销应带螺纹孔，以备拆卸之用。

2）锤击法实现锥销过盈时，不要将销头打变形，用力要适当，或垫以铜棒。

• 训练 8 过盈连接装配

1. 锤击法进行圆柱面过盈连接的装配(图 6-29)

（1）要点

1）装配前孔端、轴端应倒角。

2）配合表面应涂润滑油；锤击时，应在工件的锤击部位垫上软金属垫。

3）锤击力要均匀，沿四周对称施加，不要使零件产生偏斜。

(2) 步骤

1) 读装配图。铜套和工件的配合为 ϕ30H7/n6。

2) 准备装配工具、量具。选取锤子、垫板、锉刀和千分尺各一把,内径指示表一件。

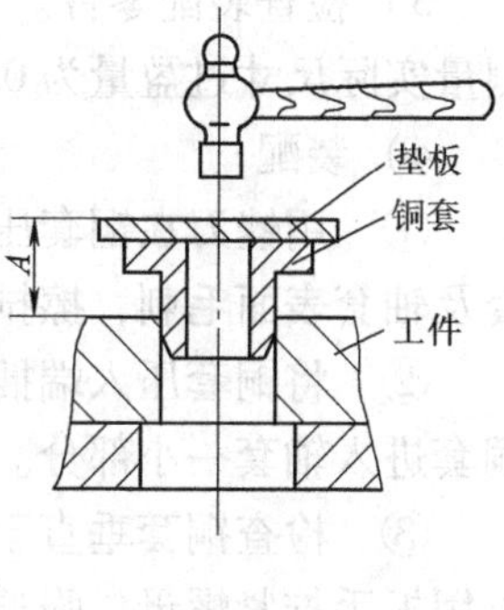

图 6-29 铜套锤击压入

3) 检查装配零件。用千分尺测量铜套外径,用内径指示表测量工件孔径,测得实际过盈量为 0.025mm,配合表面粗糙度值达 *Ra*0.8μm。

4) 装配

① 用锉刀在铜套压入端外圆修出角度为 5°~7°,宽 3mm 的倒角。去除铜套、工件表面毛刺、擦干净,并在铜套外圆上涂润滑油。

② 将铜套压入端插入工件孔,放正,将垫板放在铜套端面上、摆平,如图 6-29 所示。用锤子轻轻锤击垫板,锤击时,锤击力不要偏斜,保持四周 *A* 尺寸的一致,锤击四周。

5) 检查。按装配要求,检查是否合格。

(3) 注意事项

1) 当圆柱表面壁厚较薄,且配合长度较长时,为防止压入时套的变形,可采用专用辅具装配。

2) 当圆柱表面的过盈量过大时,应在压机上进行装配或选用温差法进行装配。

3) 压入产生歪斜时,一定要校正后继续装配,不可在歪斜状态下强行装配。

2. 圆柱面过盈连接的压合装配(图 6-30)

(1) 要点

1) 配合表面应具有较低的表面粗糙度值,铜套压入端外圆要修出导入角。

2) 压入过程必须连续,速度不宜太快,一般为 2~4mm/s(不应超过 10mm/s)。

3) 压入时,必须保证孔和轴的中心线一致,不允许存在倾斜现象。

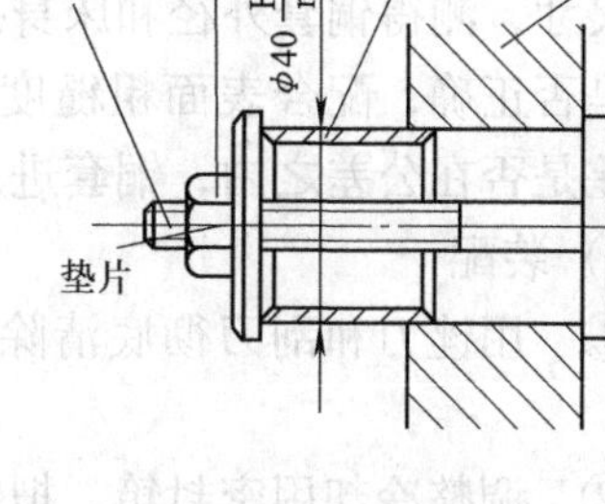

图 6-30 铜套压入

(2) 步骤

1) 读装配图。铜套和轴套的配合为 ϕ40H7/n6。

2) 准备装配工具、量具。选取图 6-30 中压入铜套辅具一套,锉刀、扳手和千分尺各一把,内径指示表一件,铜棒一根。

3）检查装配零件。用千分尺测量铜套外径，用内径指示表测量轴套内径，测量实际尺寸过盈量为0.03mm，配合面表面粗糙度值达 $Ra0.8\mu m$。

4）装配

① 用锉刀在铜套压入端外圆修出角度为5°~7°，宽3mm的倒角。除去铜套及轴套表面毛刺，擦拭干净后，在铜套外圆涂润滑油。

② 将铜套压入端插入轴套内，用铜棒轻轻在铜套端面四周均匀地锤击，使铜套进入轴套一小部分。

③ 检查铜套垂直于轴套端面后，装上螺栓、螺母、垫片，如图6-30所示。再用扳手拧紧螺母，强迫铜套慢慢的被压入至装配位置。

5）检查装配。拆掉压套辅具，按装配图位置要求，自检装配是否合格。

（3）注意事项　对于细长件或薄壁件压入时，要特别细心，以防止发生变形和损坏，当压入法装配确有困难时，应改用温差法装配。

3. 温差法进行圆柱面过盈连接装配(图6-31)

（1）要点

1）冷却铜套，要使其产生足够的收缩量。

2）装配铜套，动作要准确、迅速，否则会使装配进行到一半时卡住，造成废品。

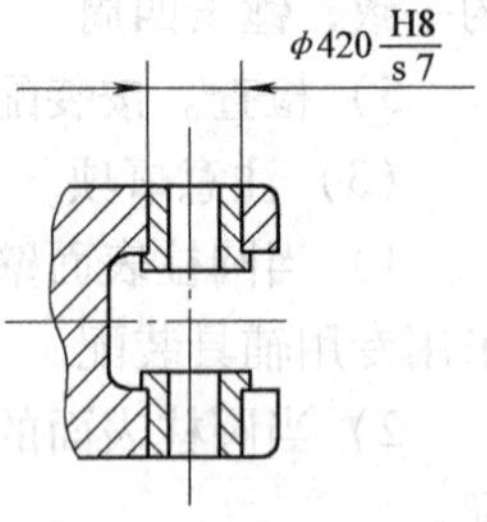

图6-31　铜套装配

（2）步骤

1）读装配图。铜套在床身孔中的配合为 $\phi420H8/s7$。

2）准备装配用工具、辅具、量具。选取内径指示表、外径千分尺各一件、锤子一把，垫板一件，锉刀、刮刀各一把，干冰5瓶，冷却用密封箱辅具一套。

3）检查装配零件。用千分尺检查铜套外径尺寸，用内径指示表测量床身孔内径尺寸，测得铜套外径和床身孔内径实际过盈量应为0.18mm。检查其他配合尺寸是否正确，配合表面粗糙度值应达 $Ra0.8\mu m$，检查床身孔与铜套的几何形状误差是否在公差之内，铜套进入端外径车有适当的导入锥。

4）装配

① 用锉刀和刮刀彻底清除铜套外径和床身孔配合表面的毛刺，并擦拭干净。

② 调整冷却用密封箱，把铜套放入箱内，通入干冰，充分冷却。

③ 准备好垫板、锤子、起重工具等。

④ 起重工配合，取出铜套，对正方向，摆正位置，迅速插入床身铜套孔内，用垫板垫住铜套端面，再用锤子四周均匀用力锤击垫板，压铜套至装配位置。

⑤　用同样方法，装配另一铜套入床身另一铜套孔内。

5）检查装配。按装配图装配要求自检装配是否合格。

（3）注意事项

1）装配前，要作好充分准备。了解装配关系，测准零件实际过盈量，准备好装配工具，冷确至正确温度以得到正确的收缩量。

2）压入时，不要将套端打变形或打出毛刺。

4. 螺纹拉紧法进行圆锥面过盈连接的装配(图 6-32)

（1）要点

1）螺母拧紧的程度，要保证使配合表面产生足够的过盈量。

2）配合表面粗糙度值应达 $Ra0.8\mu m$，要保证接触面积达 75% 以上。

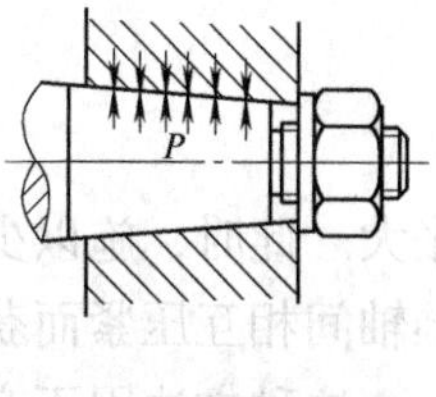

图 6-32　靠螺纹拉紧的过盈连接

（2）步骤(图 7-29)

1）读装配图。轴、孔的联接为靠螺纹拉紧的圆锥面过盈连接。

2）准备装配工具。选取活扳手、游标卡尺、内孔刮刀、细锉刀各一把，调好的红丹粉适量。

3）检查装配零件。用游标卡尺检查装配零件各配合尺寸是否正确，目测装配表面粗糙度值应达 $Ra0.8\mu m$。

4）装配

①　用细锉刀、刮刀去除零件配合表面毛刺，将配合表面擦干净后，在轴的外锥侧母线上涂一条薄而匀的红丹粉。

②　将涂过红丹粉的外锥面插入内锥孔中，压紧后，轻转 30°～40°角度，反复一、二次，取出轴外锥，检查锥体接触状况，应在 75% 以上的素线上有研痕，若锥体接触不良，应在磨床上配磨外锥面至接触要求。

③　擦净外锥配合表面，涂润滑油后装于锥孔，装上垫片，拧上螺母后再用活扳手拧紧螺母，使轴、孔获得足够的过盈。

5）检查装配。按装配要求自检装配是否合格。

（3）注意事项

1）配合表面必须十分清洁，在配合前应加油润滑。

2）被包容件外锥小端直径应小于包容件内锥小端直径适当的量，以便于装配。

5. 靠液压胀大内孔的过盈连接装配(图 6-33)

将手动泵产生的高压油经管路送进轴颈或孔颈上专门开出的环形槽中，由于锥孔与锥轴面贴合在一起，使环形槽形成一个密封的空间，高压油进入后，将孔

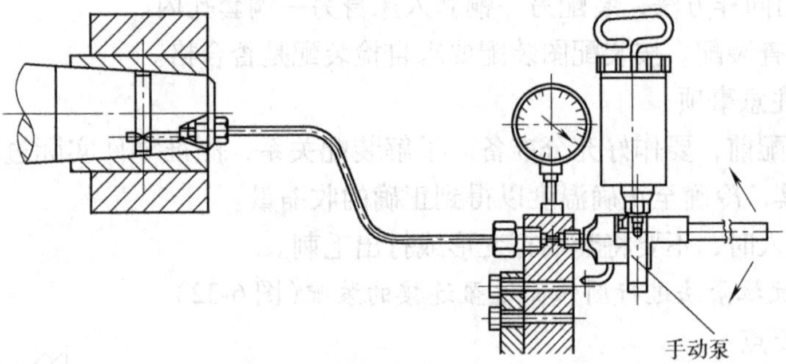

图6-33 靠液压涨大内孔的过盈连接

胀大。此时，施以少量的轴向力，使轴和孔相对轴向位移，撤掉高压油，锥孔和锥轴间相互压紧而获得过盈配合。

这种方法因不产生温差的变化，因而对材料的内部组织无影响。常用于配合精度较高的配合。

（1）要点

1）必须保证配合面的几何形状误差、表面粗糙度在公差范围内，使贴合后的轴与孔间环形槽内形成密封空间，产生高压油，以使锥形孔产生足够的扩大量。

2）轴、孔间要有足够的相对轴向位移。

（2）步骤

1）读装配图。轴、孔的联接为靠液压涨大内孔的圆锥面过盈连接。

2）准备装配工具。选取“打压”工具一套，如图6-33所示。选取游标卡尺一把、磨石一块、红丹粉适量、锤子一把、铜棒一根。

3）检查装配零件。用游标卡尺检查零件各配合表面尺寸是否正确，目测配合表面粗糙度值应达 $Ra0.8\mu m$。

4）装配

① 擦净轴和孔的配合表面，在轴的外锥母线上涂薄而均匀的红丹粉，并将外锥插入内锥孔中，压紧，反复转动30°~40°，取出外锥零件，根据研痕判断锥体接触良好。若接触精度超差，采用配磨外锥方法，修配至要求。

② 擦净轴和孔的配合表面，将轴的外锥装入孔的内锥中贴紧，在轴的油管接口处，如图6-33所示，接入液压打压工具。

③ 扳动手动泵手柄，使手动泵产生的高压油进入轴和孔贴合后在轴的环形槽中形成的密封空间。

④ 用铜棒在孔的锥体小直径端施加小的轴向力，使轴相对孔在轴向产生一定的位移。

⑤　撤掉手动泵液压打压工具。

5）检查装配。按装配图装配要求，用手抽动轴检查装配是否合格。

（3）注意事项

1）手动泵打压时，锥孔的涨量有限，不要压力过高，200MPa 以上即可。

2）内锥孔、外锥面在清理毛刺时，不要用锉刀等工具划出沟痕，以防锥面贴合后，配合不严，产生泄漏。

6. 将包容件加热使内孔胀大的过盈连接装配(图 6-34)

热胀法即对包容件加热后，使内孔胀大，套入被包容件待冷却收缩后，使两配合面获得要求的过盈量。

这种方法的过盈量可比压合法大一倍，而且过盈连接的表面粗糙度不影响它的结合强度。所以在重载零件的接合中，或当接合中的零件材料具有不同的线胀系数而其部件将受到高温作用时，往往采用此法。

（1）要点

1）包容件加热后，要保证足够的胀量。

2）装配时，动作要迅速、准确。

（2）步骤

1）读装配图。包容锥孔与轴的外锥配合为过盈配合，配合零件材料 45 钢。

2）准备装配工具。选取加热炉一台，游标卡尺一把。

3）检查装配零件。用游标卡尺校验零件的各配合尺寸正确，目测配合表面粗糙度值达 $Ra0.8\mu m$。

4）装配

①　去除包容孔、轴外锥表面毛刺，擦净外锥配合表面。

②　将包容零件放入加热炉油中浸泡。打开加热炉开关，定加热温度 80 ~ 100℃，加热。

③　作好加热后装配的各项准备工作。从炉中取出包容零件，迅速、准确地擦净配合表面，套入被包容外锥至装配位置后，冷却。

④　关闭加热炉开关。

5）检查装配。按装配图装配要求，用手抽动轴应不动，装配合格。

（3）注意事项

1）包容件的加热要根据零件的尺寸和加热炉的具体情况确定。中小型零件可用电炉加热，也可浸在油中加热，大型零件可利用感应加热或乙炔火焰加热。

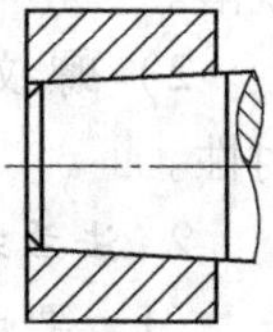

图 6-34　热胀法装配

包容件的热膨胀量可用下式计算

$$\Delta d = \alpha_l (t_2 - t_1) d$$

式中　Δd——热胀量(mm)；

α_l——包容件的线胀系数(1/℃)，钢料 $\alpha_l = 11 \times 10^{-6}$/℃；

t_2——加热温度(℃)；

t_1——环境温度(℃)；

d——内孔直径(mm)。

2) 加热温度一般控制在80～120℃范围内。

• 训练9 管接头装配

1. 螺纹管接头联接的装配(图6-35)

(1) 要点

1) 管子、接头的螺纹要完好，螺纹表面要清洁。

2) 螺纹管接头联接装配时，必须在螺纹间加填料，如白铅油加麻或聚四氟乙烯薄膜，以保证管道的密封性。

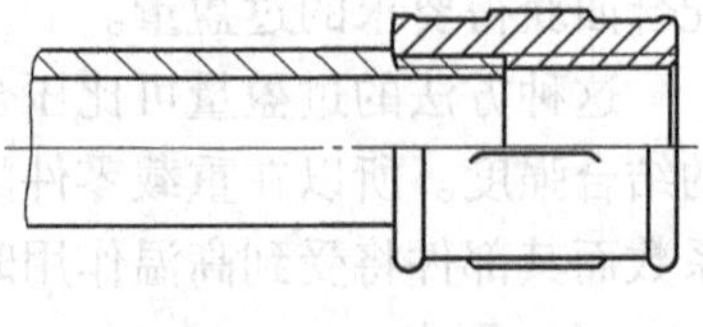

图6-35 螺纹管接头联接

(2) 步骤

1) 读图。在图6-35中，钢管与接头以管螺纹形式联接。

2) 准备装配工具、量具。选取管钳子一把，聚四氟乙烯薄膜适量，台虎钳一把，游标卡尺一把。

3) 检查装配零件。用卡尺检查钢管和接头螺纹配合尺寸正确。

4) 装配

① 去除钢管和接头螺纹表面毛刺，洗净螺纹表面杂物，擦拭干净后，在钢管螺纹表面缠绕聚四氟乙烯薄膜。

② 将钢管夹持在台虎钳钳口中，夹紧。用手将接头套入钢管螺纹，并拧入一牙至二牙，再用管钳卡住接头外径，顺时针拧紧接头至装配要求。

5) 自检。按装配要求自检螺纹管接头联接装配是否满足要求。

6) 装配结束，清理工作场地。

(3) 注意事项

1) 螺纹接头联接处填料的卷绕方向要注意，避免螺纹旋入时填料松散脱落。

2) 螺纹管接头装配时，要拧到位，以保证联接后的管道具有足够的密封性。

2. 法兰式管接头联接的装配(图6-36)

(1) 要点

1) 法兰盘联接管道，在两法兰盘中间必须垫衬垫。

2) 法兰盘端面要与管子轴线垂直，两个法兰盘及石棉垫要同心。法兰盘端面要平行。

3）联接螺栓要对角、依次、逐渐地拧紧。

（2）步骤

1）读图。在图6-36a中，法兰盘以对焊的方法固定在管子上。

2）准备装配工具、辅具。选取活扳手两把，剪刀一把，划规一件，石棉纸衬板适量。

3）检查装配零件。自检法兰盘与管子对焊端口的倒角尺寸正确，衬垫材质适合。

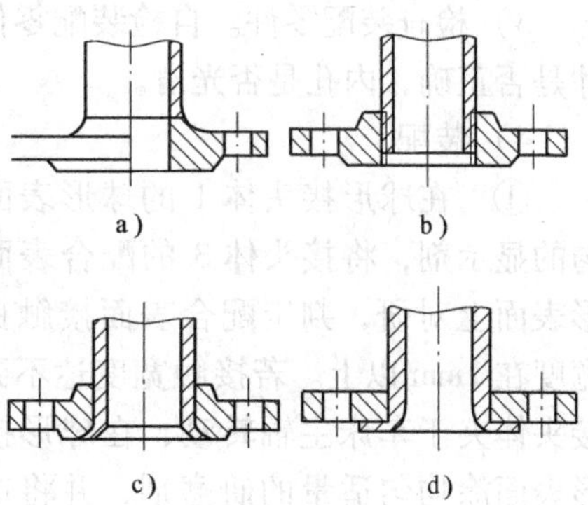

图6-36　法兰式管接头联接

4）装配

① 配合焊工，按装配图要求，摆正位置，分别将两个法兰盘焊固在两根管子口端。

② 在石棉垫板上，用划针划出法兰盘端面的内外圆，并在外圆周一处留出余量，供剪衬垫板把手。

③ 在石棉垫板上用剪刀剪划的内孔、外圆及垫板把手。

④ 将两个法兰盘端面靠近，摆正衬垫位置，将螺栓穿入法兰盘光孔，拧上螺母，轻轻将两个法兰盘带紧，手扶垫板把手，调整垫板位置及两个法兰盘相互位置，用活扳手对角、依次、逐渐地拧紧联接螺母。

5）自检装配。按装配要求自检装配是否满足条件要求。

（3）注意事项

1）焊接法兰盘与管道时，应保持法兰盘端面平整，管壁光滑。

2）当管道中心发生扭曲或相交时，两法兰盘端面应平行并同心。

3）衬垫内孔尺寸不要小于管道内壁直径，以免影响管道通径流量。

3. 球形管接头联接的装配（图6-37）

（1）要点

1）接头的密封球面应进行配研，涂色检查时，其接触面宽度不应小于1mm。

2）联接螺母要拧紧。

（2）步骤

1）读图。图6-37所示为球形管接头管道联接。

2）准备装配工具、辅具。选取活扳手两把，调好的研磨剂适量，选用车床一台，显示剂适量。

3）检查装配零件。自检装配零件各配合尺寸是否正确，内孔是否光滑。

4）装配

① 在球形接头体1的球形表面涂薄而均匀的显示剂，将接头体3的配合表面扣压在球形表面上对研，判定配合表面接触良好，接触宽度在1mm以上。若接触宽度达不到要求，将接头体夹于车床主轴转动，在球形接头体的球形表面涂均匀适量的研磨剂，并将球形表面压在转动的接头体配合表面内对研至接触要求。

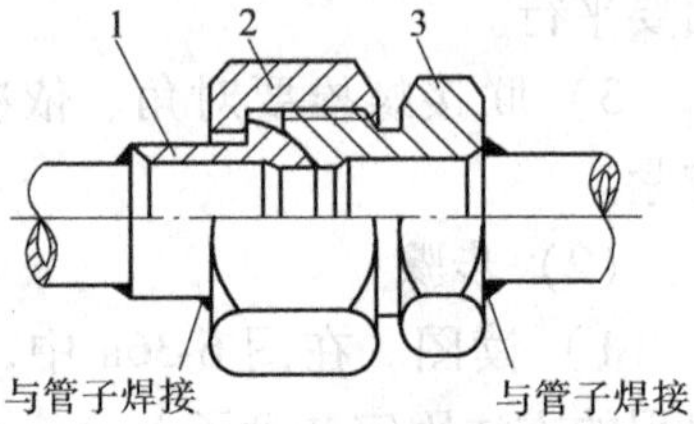

图6-37 球形管接头联接
1—球形接头体 2—联接螺母
3—接头体

② 配合焊工，摆正位置，将球形接头体和接头体分别与管子焊接。

③ 清洗装配零件，擦净配合表面，按图6-37装配关系，联接球形接头体和接头体，并拧紧联接螺母，保证足够的密封性。

5）自检装配。按装配图装配关系自检装配是否满足要求。

（3）注意事项　球形管接头装配时，联接螺母必须拧到位，但不宜用力过大。

4. 卡套式管接头联接的装配(图6-38)

（1）要点

1）装配前，对装配件要进行检查，保证零件精度合格，并将零件清洗干净。

2）装配后，联接螺母要拧紧到位。

（2）步骤

1）读图。图6-38所示为卡套式管接头联接。

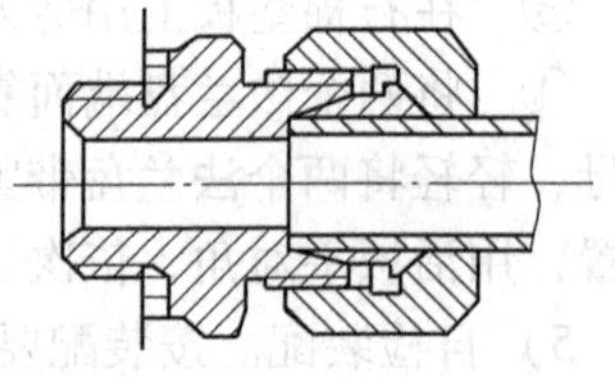

图6-38 卡套式管接头联接

2）准备装配工具、量具。选取活扳手两把，游标卡尺一把，锉刀一把。

3）检查装配零件。用卡尺准确测量卡套式管接头零件各配合尺寸正确，管子外径尺寸在公差之内。

4）装配

① 用锉刀去除装配零件表面毛刺，清洗干净并擦干零件配合表面。

② 用卡套套住管子口径外端，再套入联接螺母，按装配图要求，拧紧联接螺母。

5）自检装配。按装配图装配关系自检装配是否满足要求。

（3）注意事项　卡套式管接头装配时，拧紧联接螺母，不要盲目过大用力，以防联接螺纹损坏。

5. 扩口薄壁管接头联接的装配(图6-39)

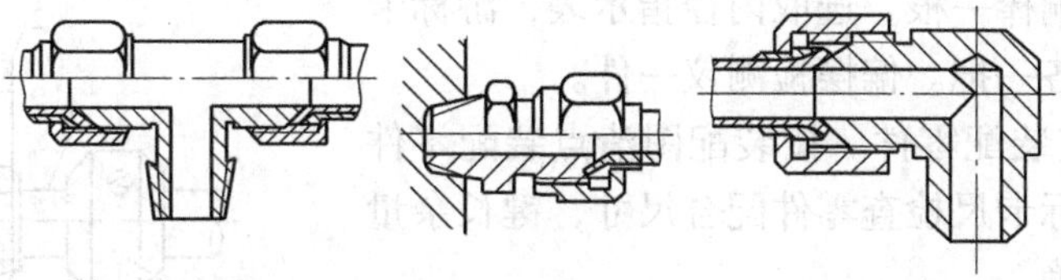

图 6-39　扩口薄壁管接头联接

(1) 要点

1) 扩口必须规整，以保证配合紧密。

2) 联接螺母要拧紧。

(2) 步骤

1) 读图。接头和纯铜管的联接为扩口薄壁管接头联接。

2) 准备装配工具、量具。选取锥孔扩口工具一套，活扳手一把，游标卡尺一把。

3) 检查装配零件。用游标卡尺检查管接头。纯铜管规格、尺寸正确。

4) 装配

① 将纯铜管在热处理炉中(或气焊火焰中)“退火”。

② 将“退火”后的纯铜管管端夹入锥孔扩口器中扩口，保证扩口表面平整、规整。

③ 按装配图中装配关系，套入扩口管套、联接螺母，并将纯铜管锥口压在管接头配合表面上，用手拧紧联接螺母后，再用活扳手拧紧联接螺母。

5) 自检。按图检查装配是否满足要求。

(3) 注意事项　薄壁管的扩口表面不要用锉刀柄等非专用工具弯形，避免装配后结合面压合不严产生泄漏。

• 训练 10　带传动装配

1. 带轮与轴的装配

带轮与轴的装配包括带轮孔与轴的配合，带轮的定位及键与键槽的配合。

(1) 要点

1) 带轮与轴组装后，带轮的径向和轴向圆跳动必须合格。

2) 键与轴槽、键与孔槽配合的松紧程度要适当。

(2) 步骤　以图 6-40 所示的带轮 2 与轴 1 的装配为例。

1) 读图及装配工艺。V 带轮 2 与轴 1 为平键联接，带轮 2 在轴上的轴向位置由轴端的垫圈 3、螺母 5 及开口销 4 确定。

2) 准备装配工具、量具、辅具。选取 300mm、250mm 活扳手、平锉刀、锤子各一把，铜棒一根。选取内径指示表，游标卡尺、千分尺各一把。偏摆检测仪一件。

3）检查装配零件。按装配图清点装配零件数量。用游标卡尺检查零件配合尺寸，键长余量尺寸是否正确。

4）装配

① 用煤油清洗零件，用锉刀去除毛刺。用内径指示表测量V带轮2孔径，用千分尺测量轴1配合轴径，测得带轮孔与轴间过盈量为0.004μm。

② 按轴上键槽尺寸，用锉刀配锉平键两端圆弧部至要求，并将平键用铜棒敲入轴上的键槽中，底面靠严。

③ 用布擦净装好平键的V带轮轴和带轮孔，并在配合表面涂润滑油。

④ 将带轮平放在带孔的平台上，再把带轮轴上的平键对准带轮孔内键槽，进行初步装配，并用铜棒敲击带轮轴的端部，使轴与孔紧密配合，接触深度为2～3mm，此时，目测检查平键与键槽装配的准确性合格(若不合格应拆下重装,直至合格为止)，如图6-41所示。

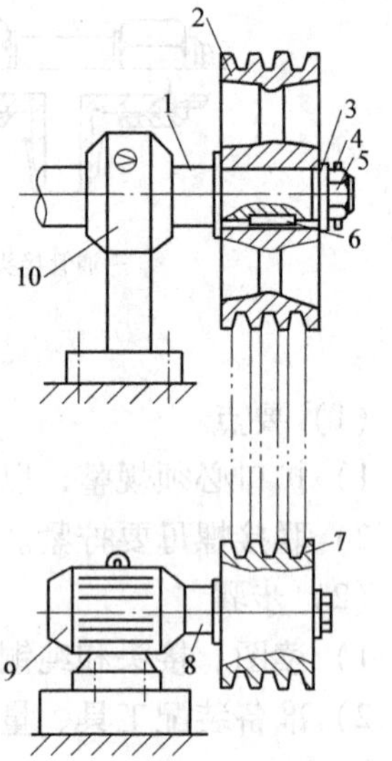

图6-40　带轮与轴的装配

1—轴　2、7—带轮　3—垫圈

4—开口销　5—螺母　6—平键

8—轴　9—电动机　10—轴承座

⑤ 对初装合格的轴和带轮可用铜棒、锤子将轴敲击到位，并将其搬到台虎钳上夹紧，装入垫圈，再将螺母装入轴上，并拧紧，如图6-42所示。

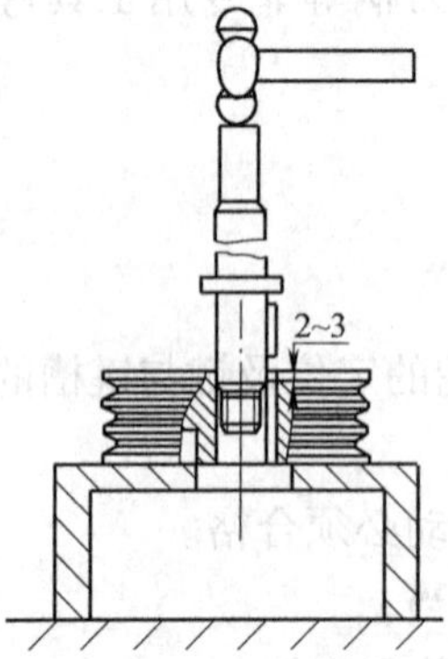

图6-41　初装

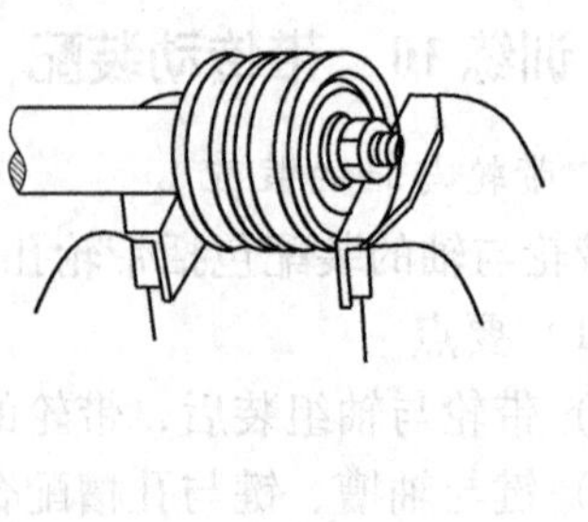

图6-42　夹紧

⑥ 将装配完的带轮组件，搬到钻床工作台的机用台虎钳上，使六角螺母的一个侧平面与钻轴垂直后，夹紧。在六角螺母的平面中心钻出ϕ4.5mm通孔，孔

的中心必须垂直并通过带轮轴的轴线。将 ϕ4mm 开口销插入钻好的孔内，并将开口销的开口处扳开弯曲。

⑦ 把装配好的带轮组件装夹在偏摆检测仪上，分别用指示表抵住带轮端面和带轮外圆，用手转动带轮组件，观察带轮的径向圆跳动和轴向圆跳动分别在 $(0.0025\sim0.0005)D$ 和 $(0.0005\sim0.0001)D$ 之内。其中，D 为带轮直径，如图 6-43 所示。

⑧ 将已装配的大带轮组固定在轴承座上，如图 6-44 所示。

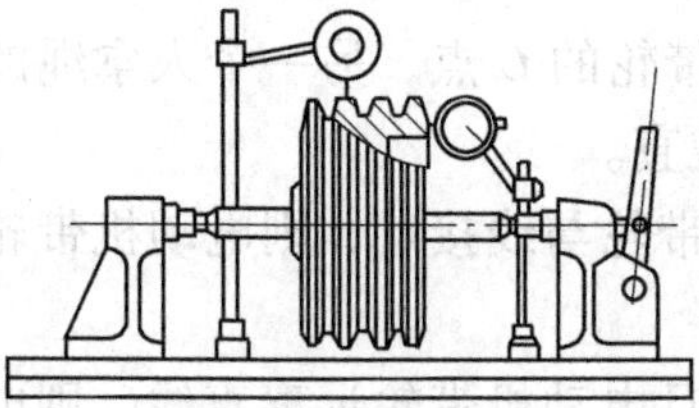

图 6-43　检测圆跳动

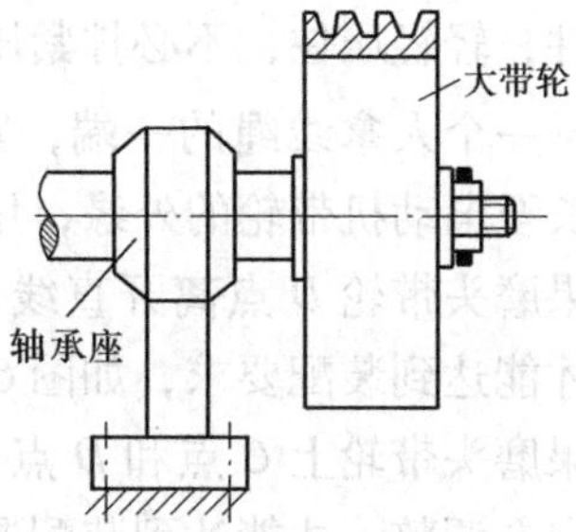

图 6-44　固定大带轮

5）自检。按装配工艺及技术要求自检带轮与轴的装配是否满足要求。

6）装配结束，整理工作场地。

（3）注意事项

1）带轮孔与轴的配合尺寸不合格，可用磨削、刮削等方法进行修复后再装配，不要强装。

2）键与键槽的配合必须满足要求，必要时，可对轮孔键槽进行修整。

3）对于轮孔与轴过盈量较大，采用压入法装配后，需要检查带轮（直径较大的）径向圆跳动和轴向圆跳动是否超差。

4）重量较大或转数较高的轮轴装配后，要进行平衡处理。

2. 两带轮相对位置调整

两带轮的相对位置，需要靠调整来确定。两带轮轴向位置偏移或倾斜角超差，将引起带的张紧程度不均而使磨损加快。

（1）要点

1）带轮装配后，位置应固定。

2）带轮装配后，其相对位置必须进行检查，不满足要求的要进行调整。

3）装配后，必须保证两带轮的中心在同一平面内。

（2）步骤　以图 6-45 所示磨头两带轮相对位置的调整为例。

1）读图。大带轮是从动磨头带轮，安装在磨头主轴上。小带轮是主动轮，安装在电动机轴头上。电动机由四个长螺杆支承固定。

2）准备调整工具、辅具。选取活扳手两把，1.5m长线绳一根。

3）检查带轮相对位置。

① 按装配图给定的位置，先用活扳手固定好磨头带轮。

② 按装配图给定的位置，装上电动机带轮组件，轻轻压住，不必拧紧压紧螺母。

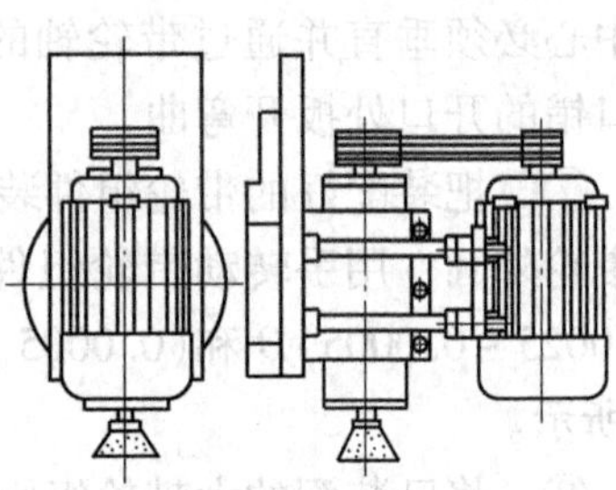

图6-45 带传动端面磨头

③ 一个人拿线绳的一端，紧靠在磨头带轮的C点，另一个人拿绳的另一端，延长至电动机带轮的外缘，用力将线绳拉直。

如果磨头带轮D点离开直线，且电动机带轮与线接触，则电动机带轮应向右移动才能达到装配要求，如图6-46所示。

如果磨头带轮上C点和D点与线绳接触且电动机带轮远离直线，则电动机带轮应向左调整，才能达到装配要求，如图6-47所示。

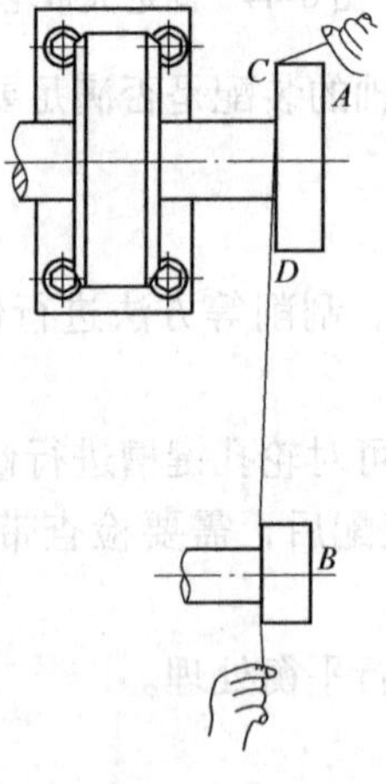

图6-46 检测（一）

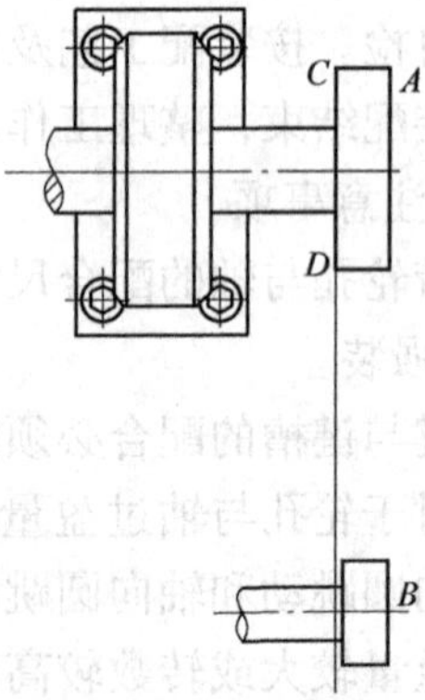

图6-47 检测（二）

如果磨头带轮上C点和D点与线绳接触，且电动机带轮上有一点F与线绳接触，另一点远离直线，这时两带轮的轴线为不平行，如图6-48所示。

4）调整。用活扳手松开四个压紧螺母，按检测确定的电动机带轮调整方向与调整量调整电动机组件至位置要求，用活扳手将四个压紧螺母拧紧。如果两带轮轴线不平行，则需根据检测的角度误差方向及误差量，调整支承螺杆上相应锁定螺母的位置至两轴平行，再重新拧紧压紧螺母。

5）自检。按调整要求自检调整是否合格。

（3）注意事项

1）带轮相对位置误差要选择适合调整的带轮进行调整。

2）两带轮应调整至两带轮中间平面应重合，其倾斜角和轴向偏移量不得超过规定要求。一般倾斜角要求不超过1°。

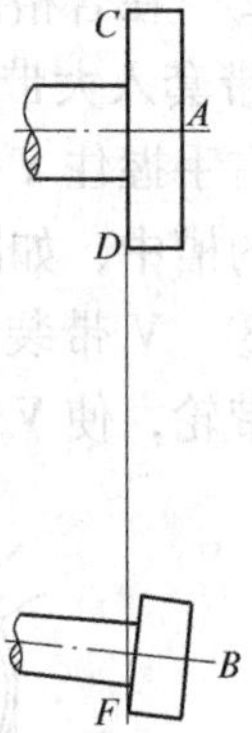

图6-48　检测（三）

3. V带的安装

（1）要点

1）应将带轮中心距调小后，再装入V带。

2）V带不可陷入槽底或凸出槽外。

3）V带的张紧力要调整得适中。

（2）步骤　以机床主轴箱带传动机构中的V带安装为例，如图6-49所示。

1）读图。V带组共4根V带，两带轮的中心距为a。

2）准备安装工具。选取250mm、300mm活扳手各一把，一字螺钉旋具、锤子各一把。

3）检查安装零件。从4根V带中任取一根，并将其自由地挂入大、小带轮的某一带轮槽中，用手握住挂在带轮上的V带的另一端用力向外拉，目测V带在带轮槽中的位置。图6-50a所示情况为合格。

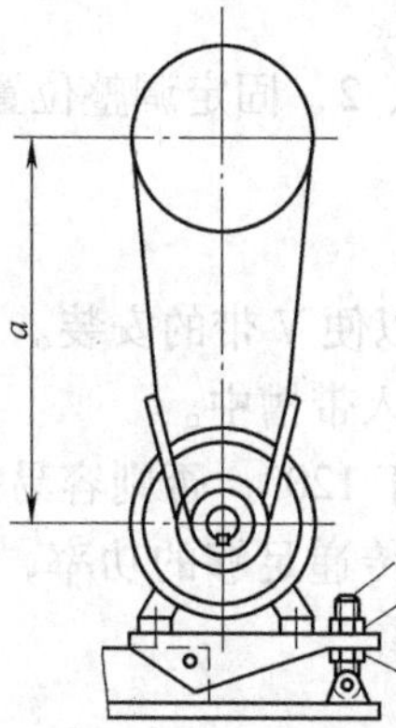

图6-49　带传动机构

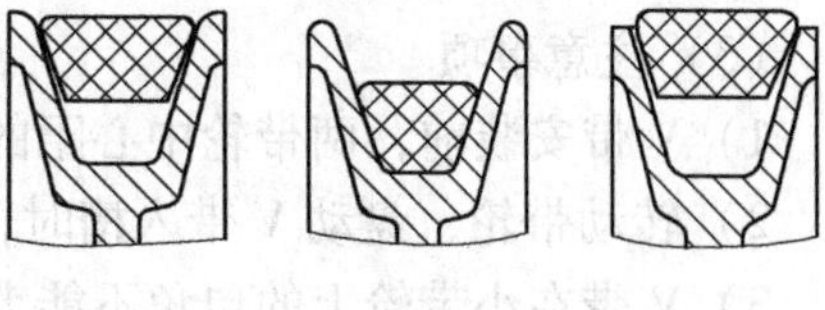

图6-50　V带在带轮中的位置
a）合格　b）不合格　c）不合格

4）装配

①　在图6-49中，先用活扳手松开调整螺母1，并且松开拧出一段长度，再用扳手卡住调整螺母2，按逆时针方向旋转，使电动机向上移，从而缩小两带轮的中心距a。

② 在合格的V带中取一条，先将V带套在小带轮最外端第一个槽中，再将V带套入大带轮最外端的第一个槽的边缘上，用左手按住V带，防止V带滑出。右手握住V带往上拉，在拉力的作用下，V带顺着转动的方向即可进入大带轮的槽中，如图6-51所示。

③ V带装入带轮后，用一字螺钉旋具撬起大带轮(或小带轮)上的V带，转动带轮，使V带进入大带轮(或小带轮)的第二个槽中，如图6-52所示。

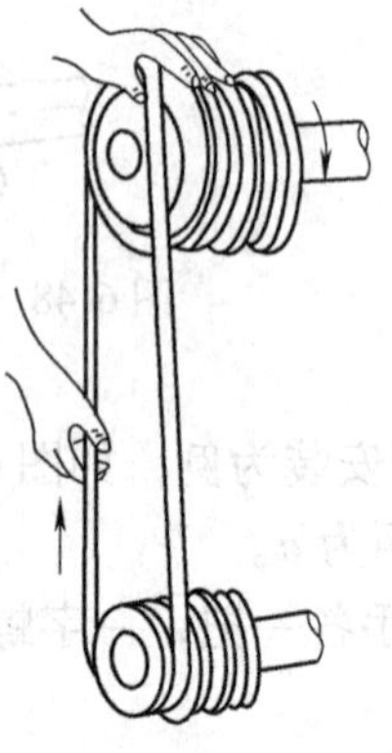

图6-51 盘入V带

图6-52 撬入二槽

④ 重复步骤③，将第1根V带拨到两个带轮的最后一个槽中。

⑤ 重复步骤②~④，将其他3根V带装入带轮上。

⑥ 调整张紧力，达到所需要求。拧紧调整螺母1、2，固定调整位置。

5) 自检。按技术条件自检是否安装合格。

(3) 注意事项

1) V带安装前，两带轮中心距的缩小量要充分，以便V带的安装。

2) 转动带轮，盘动V带入槽时，要防止手指被挤入带槽中。

3) V带在小带轮上的包角不能太小，一般不能小于120°，否则容易打滑。

4) 两带轮间的张紧力要适当。张紧力过小，不能传递足够的功率，张紧力太大，会加大V带、轴和轴承的磨损，并降低传动效率。

4. 传动带张紧力的调整

在带传动机构中，都设计有调整张紧力的拉紧装置。这些装置可以增大两轮中心距，调整张力。也可以利用张紧轮调整传动带的张紧力。

(1) 要点

1) 判断张紧力是否合适的方法是用大拇指按压V带切边的中间处，能将V带按下15mm左右即为合适。

2) 用弹簧秤在V带切边的中间加一个力F，使V带在力F的作用点下垂一

段距离 d。合适的张紧力可以得到相应的下垂距离 d，并按以下近似公式算得

$$d = \frac{A}{50}$$

式中 d——V 带下垂距离(mm)；

A——两轴中心距(mm)。

各型 V 带应加的作用力 F 可参照表 6-7。

表 6-7 加于 V 带上的作用力

V 带型号	O	A	B	C	D	E	F
作用力 F/N	6	9	15	25	52	75	125

(2) 步骤 以图 6-49 所示的传动带张紧力的调整为例。

1) 读图。调整的方法是利用增大两带轮中心距，使传动带得到张紧。

2) 准备调整工具。选取 250mm、300mm 活扳手各一把。

3) 检查调整部件。V 带轮及 V 带是否安装完毕，是否符合装配技术条件。

4) 调整

① 在图 6-49 中，用活扳手卡住调整螺母 2，按顺时针方向旋转，使电动机向下移，从而增大两带轮的中心距，张紧 V 带组。

② 用大拇指按压张紧后 V 带切边的中间处，能按下 15mm 左右即可，如图 6-53 所示。

③ 在图 6-49 中，用活扳手卡住调整螺母 1，顺时针扳动，压紧电动机底座板。

5) 自检。最终复查调整后的 V 带组各条 V 带的张紧力是否满足调整要求。

图 6-53 V 带的张紧程度

(3) 注意事项

1) 同一带轮上的几根带的实际长度要尽量一致。

2) 同一带轮组上不允许新旧带混合使用，以防张紧力不均。

• 训练 11 油绳、油毡、油杯、油箱的清洗

(1) 油绳、油毡的清洗步骤

1) 拆卸。将油绳、油毡从装置上仔细拆下。特别是羊毛毡做成的油封，拆卸时极易损坏，必须小心操作。

2) 挤干。用手挤干残留油液。

3）浸泡。将油绳、油毡置于盛有清洗液的容器内浸泡24h。一般使用的清洗液有航空洗涤煤油、工业酒精等。

4）挤干。将浸泡后的油绳、油毡捞出后用手挤干；再浸入清洗液中使之吸满清洗液；再捞出挤干，如此反复多次，直至挤不出脏物为止。

5）浸泡。将挤干的油绳、油毡放在与润滑时品牌相同的润滑油中浸泡。

6）安装。将已充分吸收润滑油的油绳、油毡重新安装在装置上。

（2）油杯的清洗步骤

1）从设备上将油杯仔细拧下(除压配式压注油杯外)。因为油杯螺纹部分处于颈部，易折断，故操作时应小心谨慎。

2）清除油杯中的残油、残渣。

3）用清洗剂反复清洗，清洗剂可为油剂，也可为水剂。

4）仔细擦净清洗剂，特别是水剂清洗剂。因为残留的清洗剂会使新加入的润滑剂变质。

5）将洗净的油杯重新安装到设备上。

6）安装好的油杯应立即注入所要求品牌的润滑剂。

（3）油箱(池)的清洗程序

1）放油。先将油箱中的陈油放出，再用其他工具将油箱中的残留物全部清理干净。

2）清洗。清洗油箱一般采用水剂清洗剂，注意要避免在清洗中留有死角。

3）擦拭。将清洗后的油箱擦拭干净。

4）注入新油。

复习思考题

1. 设备拆卸的一般原则包括哪些？
2. 设备拆卸前应作哪些准备？
3. 设备拆卸有哪些方法？
4. 设备装配有哪些要求？
5. 试述清洗液的种类及其特点。
6. 清洗零件有哪些方法？
7. 试述装配工艺过程。
8. 设备的装配有哪些方法？
9. 试述紧固连接的装配要点。
10. 试述各种滚动轴承的装配要点。
11. 试述设备总装配的要点。

12. 试述润滑油（脂）的分类及其用途。
13. 常用的润滑方法有哪些？
14. 常用的润滑装置有哪些？
15. 试述台式钻床的维护保养方法。
16. 试述砂轮机的维护保养方法。
17. 试述锯床的维护保养方法。

试　题　库

◈◈◈ 知识要求试题

一、判断题（对打√，错打×）

1. 台虎钳是用来夹持工件的通用夹具。（　）

2. 将台虎钳安装到钳台上时，固定钳身的钳口必须处于钳台边缘以里。（　）

3. 液压千斤顶的工作原理是：在一个较小的面积上作用较小的力，可以在较大的面积上获得较大的液压作用力。（　）

4. 风动砂轮常用来清理工件的飞边、毛刺，去除材料多余的余量，修光工件表面，修磨焊缝和齿轮倒角等工作。（　）

5. 风钻常用来钻削工件上不便在机床上加工的大孔。（　）

6. 风铲是靠压缩空气为动力，驱动风铲气缸内的冲击机件使铲子产生冲击作用。（　）

7. 起重杆又称抱杆或桅杆，是一种最常用、最简单又非常重要的起重工具。（　）

8. 滑轮是用于支承挠性件并引导其运动的起重工具。（　）

9. 定滑轮不能改变力的方向。（　）

10. 绞磨是一种人力牵引，提升的机械。（　）

11. 100V 是安全电压之一。（　）

12. 当空气干燥和条件较好时，则安全电压采用 6V 或 12V。（　）

13. 当在特别潮湿的地方时，则安全电压选用 36V。（　）

14. 机床照明灯的电压一般采用 6V。（　）

15. 保护接地就是将正常情况下不带电的金属外壳与大地用导线连接。（　）

16. 保护接零就是把金属外壳与零线用导线连接。（　）

17. 台式钻床底座工作面的平面度：在 300mm 测量长度上，其公差为

0. 10mm。 ( )

18. 台式钻床工作台面的平面度：在 300mm 测量长度上，其公差为 0. 10mm（只许凸）。 ( )

19. 台式钻床回转工作台的轴向圆跳动；当回转工作台直径为 300mm 时，其公差为 0. 008mm。 ( )

20. 台式钻床主轴外锥的径向圆跳动公差为 0. 0015mm。 ( )

21. 较大的车间没必要设置专用的砂轮机房。 ( )

22. 当砂轮机的砂轮直径≤200mm 时，则砂轮装上法兰后应先进行静平衡。 ( )

23. 砂轮法兰盘直径不得小于被安装砂轮直径的 1/3。 ( )

24. 砂轮防护罩的开口角度在主轴水平面以上，其最大开口角度不得超过 180°。 ( )

25. 当砂轮直径 >150mm 时，则砂轮机必须设置可调托架。 ( )

26. 砂轮与托架之间的距离应小于被磨工件最小外形尺寸的 1/5。 ( )

27. 砂轮机的外壳必须设有良好的接地保护装置。 ( )

28. 安装砂轮时，螺母不得上的过松或过紧，使用前必须检查螺母是否松动。 ( )

29. 砂轮机的使用者在使用砂轮机时，可以不戴防护镜。 ( )

30. 在使用砂轮机时，可以单手持工件进行磨削。 ( )

31. 在使用砂轮架刃磨时，刀具应略低于砂轮中心位置。 ( )

32. 台式钻床工作台升降时，应夹紧手柄。 ( )

33. 钻孔时，可以用手拿着工件钻孔。 ( )

34. 使用台式钻床时，务必带手套。 ( )

35. 在用台式钻床钻孔时，变换主轴转速和进给量时，可以不停机。 ( )

36. 对于卧式带锯床，应将水平仪放置在工作台面中央位置进行检测。 ( )

37. 对于卧式圆锯床，水平仪应靠近导轨的中间位置，按纵向和横向放置进行检测。 ( )

38. 划线盘是用来找正工件的位置及划线的工具。 ( )

39. 铸件、锻件常用酒精溶液加蓝色漆片作涂色剂。 ( )

40. 已加工表面常用石灰水作涂色剂。 ( )

41. 划线基准应与设计基准一致。 ( )

42. 配划基准是配划工件的装配基准。 ( )

43. 划线时，工件上用来确定其他点、线、面位置所依据的点、线、面称为划线基准。 ( )

44. 在用万能分度头进行差动分度时，选定的假定等分数可大于也可小于实际等分数。（ ）

45. 在使用万能分度头进行简单分度时，也必须使用交换齿轮。（ ）

46. 固定式锯弓可以安装几种不同规格长度的锯条。（ ）

47. 锯条通常使用碳素工具钢、合金工具钢或渗碳钢冷轧并经淬火制成。（ ）

48. 锯条上锯齿的排列形式通常做成交叉形和波浪形两种。（ ）

49. 粗齿锯条适于锯割硬材料和薄材料。（ ）

50. 细齿锯条适于锯割软材料和厚材料。（ ）

51. 安装锯条时，锯齿必须向后。（ ）

52. 在安装锯条时，锯条平面要保持与锯弓中心平面平行。（ ）

53. 推锉法是将锉刀放横，双手握锉，顺着工件推锉刀进行锉削。（ ）

54. 顺向锉削法是顺着工件的一个方向推锉进行锉削。（ ）

55. 交叉锉法是锉刀在与工件中心线成45°~50°角的两个方向上交叉进行锉削。（ ）

56. 待加工表面即指工件上经刀具切削后产生的表面。（ ）

57. 切削速度就是指在切削加工时，刀具切削刃选定点相对于工件的主运动的瞬时速度。（ ）

58. 增大刀具的前角，容易断屑。（ ）

59. 增大刀具的前角，可减小切削力的三个分力。（ ）

60. 刀具的后角越大，切削刃越锋利。（ ）

61. 刀具的后角越大，散热体积增大。（ ）

62. 刀具的主偏角选大值，可减小切削力。（ ）

63. 刀具的主偏角选小值，则可延长刀具寿命。（ ）

64. 刀具采用负刃倾角可避免刀尖受冲击。（ ）

65. 錾子的回火是利用錾身上部原有的热量进行的。（ ）

66. 当錾子的刃口呈黄色时，全部放入水中冷却叫淬黄火。（ ）

67. 当錾子的刃口呈蓝色时，全部放入水中冷却叫淬蓝火。（ ）

68. 錾子在淬火时，一般都选用淬黄火。（ ）

69. 錾子的楔角一般选用30°~50°。（ ）

70. 錾子一般用优质低碳钢锻成，经淬火回火处理、刃磨后使用。（ ）

71. 錾子刃磨时，左手拇指和食指握錾柄，使其沿砂轮表面全宽作往复直线移动。（ ）

72. 錾子刃磨时，两切削面应交换着刃磨，以保证切削刃两侧对称。（ ）

73. 麻花钻表面分成三部分，即柄部、颈部和工作部分。（ ）

74. 快换夹头，用在钻孔时，不停机的情况下更换钻夹头。（ ）
75. 钻套用于装夹锥柄钻头。（ ）
76. 用麻花钻扩孔，应适当增大钻头外刃边处的后角。（ ）
77. 在孔口表面加工出圆柱形、圆锥形的埋头孔或锪平孔口端面的加工叫锪孔。（ ）
78. 在用机用丝锥攻通孔螺纹时，一般都是用切削部分较长的头锥一次攻出。（ ）
79. 手用丝锥一般用合金工具钢或轴承钢制造。（ ）
80. 板牙切削部分一面磨损后，不能换另一面使用。（ ）
81. 圆锥管螺纹板牙，它是在端面的单面制成切削锥，可以双面使用。（ ）
82. 零件加工后实际测量所得的尺寸称之为公称尺寸。（ ）
83. 上极限尺寸减其公称尺寸的代数差称之为下极限偏差。（ ）
84. 公差等于上极限偏差减去下极限偏差。（ ）
85. 零线上方为负偏差。（ ）
86. 公差带的大小由标准公差确定。（ ）
87. 标准公差等级从 IT01 ~ IT18 依次升高。（ ）
88. 标准公差等级中 IT01 最为粗糙。（ ）
89. 当公差带位于零线上方时，基本偏差为上极限偏差。（ ）
90. 孔的基本偏差代号采用小写字母。（ ）
91. 基孔制的孔为基准孔。（ ）
92. 基轴制的轴为基准轴。（ ）
93. 选用公差带的顺序是一般→常用→优先。（ ）
94. 塞规是用来检测轴的。（ ）
95. 环规是用来检测孔的。（ ）
96. 绝对误差只能是正值。（ ）
97. 相对误差是有单位的数。（ ）
98. 绝对误差只能反映同一尺寸的测量精度。（ ）
99. 相对误差可以评定不同尺寸的测量精度。（ ）
100. 显示剂红丹粉多用于黑色金属的刮削。（ ）
101. 显示剂普鲁士蓝油用于刮削铜、铝工件。（ ）
102. 显示剂酒精用于刮削超精平板。（ ）
103. 平面刮刀不能用来刮削外曲面。（ ）
104. 三角刮刀是用来刮削内曲面的。（ ）
105. 制造研磨工具的材料，除应具备组织结构致密、均匀、有较高的稳定

性和耐磨性外，还要有较好的嵌存磨料的性能。 ( )

106. 棕刚玉磨料适于粗精研磨钢、铸铁、黄铜。 ( )

107. 机械零件表面越粗糙，其表面粗糙度值就越高。 ( )

108. 表面粗糙度的评定参数中，最常用的是轮廓算术平均偏差 *Ra*。 ( )

109. *Ra* 值越小，零件表面质量要求低。 ( )

110. 比较样板是通过视觉和触觉评定机械加工表面粗糙度的测量工具。 ( )

111. 台式钻床主运动的传递路线是电动机→主动V带轮→主轴。 ( )

112. 当改变V带在两个带轮中的相对位置，即可变换台式钻床主轴的不同转速。 ( )

113. 台式钻床除有手动进给之外，还有机动进给。 ( )

114. 在检查台式钻床V带的松紧程度时，其松紧以大拇指感觉富有弹性为宜。 ( )

115. 电动砂轮机是由电动机轴直接带动砂轮的。 ( )

116. 单相手电钻的电源电压是380V。 ( )

117. 三相手电钻的电源电压是36V。 ( )

118. 立式钻床没有自动进给装置。 ( )

119. 立式钻床的三星式进给手柄，用它可以选择机动进给、手动进给、超越进给和攻螺纹进给。 ( )

120. 游标卡尺只能直接量出零件的外直径。 ( )

121. 如果游标卡尺的游标的零线恰好与尺身某刻度对正，则该尺身刻线的读数就是被测尺寸。 ( )

122. 外径千分尺用来测量外圆直径及长度尺寸。 ( )

123. 指示表可以检验机床精度和测量工件的尺寸、形状和位置误差。 ( )

124. 塞尺是用来检验两个相结合面之间间隙大小的片状量规。 ( )

125. 带传动不适于长距离的传动。 ( )

126. 主动轴和从动轴平行，两轮的旋转方向相反的平带传动为开口传动。 ( )

127. 主动轴和从动轴平行，两轮的旋转方向相反的平带传动为交叉传动。 ( )

128. 带与带轮接触弧所对的圆心角即为平带传动的包角。 ( )

129. 平带的外周长度即为带长。 ( )

130. V带传动其工作面为一个侧面。 ( )

131. V带传动时，V带安装在相应的轮槽内时，与槽底相接触。 ( )

132. V带的楔角均为60°。（　）

133. V带截面积越大，传递的功率越小。（　）

134. V带轮槽的槽角应比V带的楔角略大。（　）

135. 同步带的齿形分两种，即梯形齿和圆弧形齿。（　）

136. 同步带的工作原理就是齿轮与齿条的传动。（　）

137. 摩擦轮传动易于实现无级变速。（　）

138. 摩擦轮传动可以保持精确的传动比。（　）

139. 圆柱形平摩擦轮传动中，小轮是用木材制成的。（　）

140. 圆柱形槽摩擦轮传动中，大轮是用木材制成的。（　）

141. 平面连杆机构可实现多种运动形式的变换和多种运动规律的输出。（　）

142. 最常用的平面连杆机构是具有四个构件低副机构，称之为铰链四杆机构。（　）

143. 在铰链四杆机构中，固定不动的构件称之为连杆。（　）

144. 在铰链四杆机构中，能绕固定铰链摆动的连架杆称之为曲柄。（　）

145. 曲柄摇杆机构能够将主动件整周的回转运动转换为从动件的往复摆动。（　）

146. 具有两个曲柄的铰链四杆机构称之为双曲柄机构。（　）

147. 连杆与机架的长度相等且两个曲柄长度相等的双曲柄机构称之为平行四边形机构。（　）

148. 具有两个摇杆的铰链四杆机构称之为双摇杆机构。（　）

149. 滚动轴承的滚动体在内、外圈的滚道间既作自转又作公转。（　）

150. 滚动轴承通常是外圈固定不动。（　）

151. 滚动轴承通常是内圈固定不动。（　）

152. 滚动轴承按照滚动轴承所受载荷不同，可分为三大类。（　）

153. 仅承受径向载荷的滚动轴承称之为推力轴承。（　）

154. 仅承受轴向载荷的滚动轴承称之为向心轴承。（　）

155. 滚动轴承内圈与轴颈的配合采用基轴制。（　）

156. 滚动轴承外圈与轴承座孔的配合采用基孔制。（　）

157. 为了防止轴承在工作时受轴向力而发生移动，轴承在轴上或壳体上都应加以轴向固定。（　）

158. 在装配滚动轴承时，可以用锉刀锉轴承的配合表面。（　）

159. 滚动轴承不必紧贴在轴肩或孔肩上。（　）

160. 键联接的作用之一就是实现周向固定，并传递转矩。（　）

161. 键联接的作用之一就是实现零件的轴向固定或轴向滑动。（　）

162. 松键联接的特点是靠键的侧面来传递转矩，只对轴上的零件作周向固定。 ( )

163. 紧键联接的特点是键与键槽的侧面之间有一定的间隙，键的上下两面是工作面。 ( )

164. 普通楔键的两侧面是工作面。 ( )

165. 普通平键的上下面是工作面。 ( )

166. 半圆键的工作面是两侧面。 ( )

167. 一对切向键可以传递双向转矩。 ( )

168. 设备的拆卸程序与装配程序相反。 ( )

169. 热装零件要利用加热来拆卸。 ( )

170. 直接拆卸轴孔装配件时，通常要坚持用多大力装配，就应该基本上用多大力拆卸的原则。 ( )

171. 煤油是化学清洗液。 ( )

172. 煤油和柴油同工业汽油相比，清洗能力不及工业汽油，但比工业汽油使用安全。 ( )

173. 滚动轴承清洗完毕后，如不立即装配，应涂油包装。 ( )

174. 滚动轴承在未清洗到一定程度之前，最好不要转动。 ( )

175. 凡需组合装配的部件，必须先把结合面清洗干净，涂上润滑油后才能进行装配。 ( )

176. 机床的滑动面未清洗前，不得移动它上面的任何部件。 ( )

177. 过盈连接的装配就是将较小尺寸的被包容件（例如轴）装入较大尺寸的包容件（例如套）中。 ( )

178. 拧紧多个螺母时，必须按一定顺序进行，并分多次逐步拧紧。 ( )

179. 滚动轴承内圈与轴为紧配合，外圈与轴承座孔为较松配合时，这种轴承的装配是先将轴承压装在轴上，然后将轴连同轴承一起装入壳体轴承座孔中。 ( )

180. 滚动轴承外圈与轴承座孔为紧配合，内圈与轴为较松配合时，应将轴承先压入轴承座孔中，再装轴。 ( )

181. 钙基润滑脂适用于工作温度不超过60℃的一般机械设备的润滑。 ( )

182. 钠基润滑脂适用于矿山、建筑、重型机械等大型设备的润滑。 ( )

183. 台式钻床可以带手套进行操作。 ( )

184. 使用台式钻床，应停机装卸钻头。 ( )

185. 没有标记或标记不清，又无法核对和确认的砂轮，不管有无缺陷，均不可使用。 ( )

186. 用小木锤轻轻敲击砂轮，若声音沉闷、嘶哑，则说明砂轮正常。 ( )

187. 安装砂轮时，应该用力挤压将其安装到砂轮主轴上。 ( )

188. 紧固砂轮的松紧度应以足可带动砂轮又不产生打滑为宜。 ( )

189. 在紧固砂轮大卡盘的多个螺栓时，应逐个地紧固每一个螺栓。 ( )

190. 操作者在修整砂轮时，应站在砂轮的正面。 ( )

191. 砂轮经修整后，砂轮应重新经回转试验后，方可使用。 ( )

192. 砂轮在搬运、储存中，不得随意涂抹或损毁印有砂轮特性和安全速度的标志。 ( )

193. 班前，应检查锯床的锯条是否拉紧，锯齿是否锋利。工作完毕后，应将锯条放松。 ( )

194. 拆卸过盈连接件最普遍应用的办法是拉卸。 ( )

195. 拆卸尺寸较大的轴承或其他过盈连接零件时，为了使轴和轴承免遭破坏，要利用加热来拆卸。 ( )

196. 拉出法拆卸滚动轴承就是用专用的顶拔器进行拆卸。 ( )

197. 推压法拆卸滚动轴承就是用压力机将过盈配合的轴承压出。 ( )

二、选择题（将正确答案的序号填入括号内）

1. 钳桌高度约（ ）mm。

A. 500 ~ 600　　B. 600 ~ 700

C. 700 ~ 800　　D. 800 ~ 900

2. 手拉葫芦起吊高度一般不超过（ ）m。

A. 1　　B. 2

C. 3　　D. 4

3. 手拉葫芦起吊重量最大可达（ ）t。

A. 10　　B. 20

C. 30　　D. 40

4. 摇臂钻床的摇臂能绕立柱回转（ ）。

A. 90°　　B. 180°

C. 270°　　D. 360°

5. 木质起重杆起重高度一般不超过（ ）m。

A. 10　　B. 8

C. 6　　D. 4

6. 木质起重杆起重量通常在（ ）t 以下。

A. 2　　B. 3

C. 4　　D. 5

7. 一般来说，以滑轮直径为钢丝绳直径的（　　）倍为宜。

A. 4　　B. 8

C. 16　　D. 32

8. 安全电压等级分为（　　）种。

A. 2　　B. 3

C. 4　　D. 5

9. 机床照明灯的电源电压一般采用（　　）V。

A. 6　　B. 12

C. 24　　D. 36

10. 当在特别潮湿的地方时，则安全电压选用（　　）V。

A. 6　　B. 12

C. 24　　D. 36

11. 台式钻床主轴回转轴线对底座工作面的垂直度：在横向平面内，300mm长度上其公差为（　　）mm。

A. 0. 1　　B. 0. 01

C. 0. 001　　D. 0. 0001

12. 台式钻床主轴回转轴线对工作台面的垂直度：在纵向平面内，指示表测头两触点间的距离为300mm时，其公差为（　　）mm。

A. 0. 1　　B. 0. 2

C. 0. 3　　D. 0. 4

13. 台式钻床主轴套筒移动对底座工作面的垂直度：在横向平面内，100mm长度上其公差为（　　）mm。

A. 0. 04　　B. 0. 05

C. 0. 06　　D. 0. 07

14. 台式钻床主轴套筒移动对工作台面的垂直度，100mm长度上其公差为（　　）mm。

A. 0. 7　　B. 0. 07

C. 0. 007　　D. 0. 0007

15. 当在砂轮机正面设置防护挡板时，其高度应不低于（　　）m。

A. 1　　B. 1.5

C. 1. 8　　D. 2

16. 当砂轮直径≥（　　）mm时，则砂轮装上法兰后应先进行静平衡。

A. 100　　B. 200

C. 300　　D. 400

17. 砂轮法兰盘直径不得小于被安装砂轮直径的（　　）。

A. 1/3　　B. 1/4

C. 1/5　　D. 1/6

18. 当砂轮磨损到直径比法兰盘直径大（　　）mm 时，应更换新砂轮。

A. 5　　B. 10

C. 15　　D. 20

19. 在砂轮与法兰盘之间应加装软垫，其直径应大于卡盘直径（　　）mm。

A. 0.5　　B. 1

C. 1.5　　D. 2

20. 在砂轮与法兰盘之间应加装软垫，其厚度为（　　）mm。

A. 0.5 ~1　　B. 1 ~1.5

C. 1 ~2　　D. 1 ~3

21. 当砂轮机防护罩在主轴水平以上开口大于等于（　　）时，必须设置挡屑屏板。

A. 10°　　B. 20°

C. 30°　　D. 40°

22. 砂轮圆周表面与挡板的间隙应小于（　　）mm。

A. 3　　B. 4

C. 5　　D. 6

23. 砂轮与托架之间的距离应小于被磨工件最小外形尺寸的 1/2，但最大不应超过（　　）mm。

A. 2　　B. 3

C. 4　　D. 5

24. 砂轮机必须有牢固合适的防护罩，托架距砂轮不得超过（　　）mm。

A. 2　　B. 3

C. 4　　D. 5

25. 砂轮安装好后，一定要试运转（　　）min。

A. 1 ~2　　B. 2 ~3

C. 3 ~4　　D. 4 ~5

26. 开动砂轮机时，必须等（　　）s，待转速稳定后方可磨削。

A. 20 ~30　　B. 30 ~40

C. 40 ~60　　D. 10 ~20

27. 万能分度头主轴除安装成水平位置外，还可在（　　）之间内任意倾斜。

A. 0° ~45°　　B. -6° ~90°

C. 0°~90° D. -1°~90°

28. 粗齿锯条的齿距为（　　）mm。

A. 0.5~1.0 B. 1.0~1.4

C. 1.4~1.8 D. 1.8~2.0

29. 中齿锯条的齿距为（　　）mm。

A. 0.4 B. 0.8

C. 1.2 D. 2

30. 细齿锯条的齿距为（　　）mm。

A. 0.4 B. 0.4~0.8

C. 0.8~1 D. 1~2

31. 锉削精度可高达（　　）mm左右。

A. 0.1 B. 0.01

C. 0.001 D. 0.0001

32. 1号锉纹，用于粗锉刀，其齿距为（　　）mm。

A. 0.2~0.16 B. 0.33~0.25

C. 0.77~0.42 D. 2.3~0.83

33. 刀具主要角度有（　　）个。

A. 3 B. 4

C. 5 D. 6

34. 材料为T8工具钢的錾子在淬火时，应把錾子切削部位放到炉中加热到（　　）。

A. 300~500℃ B. 500~700℃

C. 750~780℃ D. 800~900℃

35. 把錾子切削刃部位放到炉中加热到750~780℃，保持一定时间后取出，迅速垂直地放入冷水中，插入深度为（　）mm。

A. 2~4 B. 4~6

C. 6~8 D. 8~10

36. 当錾子选用淬黄火时，刃口的硬度在（　　）HRC之间。

A. 50~60 B. 60~70

C. 70~75 D. 75~80

37. 当錾子选用淬蓝火时，刃口的硬度在（　　）HRC之间。

A. 30~35 B. 45~50

C. 50~60 D. 60~65

38. 錾子的楔角一般选用（　　）。

A. 30°~40° B. 40°~50°

C. 50°~60° D. 60°~70°

39. 錾削碳钢和合金材料时，錾子的楔角为（　　）。

A. 30°~40° B. 40°~50°

C. 50°~60° D. 60°~70°

40. 錾削软金属（如低碳钢）材料时，錾子的楔角为（　　）。

A. 30°~50° B. 50°~60°

C. 60°~70° D. 70°~80°

41. 在錾削过程中，后角保持（　），最为恰当。

A. 3°~5° B. 5°~8°

C. 8°~11° D. 11°~14°

42. 高速钢钻头淬火硬度达（　　）HRC。

A. 45~55 B. 62~68

C. 70~75 D. 75~80

43. 用麻花钻扩孔，扩前孔径为（　）倍的扩孔直径。

A. 0.3~0.5 B. 0.5~0.7

C. 0.7~1 D. 0.2~0.3

44. 用扩孔钻扩孔，扩前孔径为（　）倍的扩孔直径 。

A. 0.5 B. 0.7

C. 0.9 D. 1.1

45. 标准扩孔钻有（　　）个以上的刀齿。

A：二 B. 三

C. 四 D. 五

46. 扩孔的切削速度一般为钻孔的（　）。

A. 1/2 B. 1/3

C. 1/4 D. 1/5

47. 扩孔的进给量为钻孔的（　）倍。

A. 0.5~1 B. 1~1.5

C. 1.5~2 D. 2~2.5

48. 一般锪削速度是钻削速度的（　）。

A. 1/2~1/3 B. 1/3~1/4

C. 1/4~1/5 D. 1/5~1/6

49. 用高速钢铰刀在钢料上铰孔时，切削速度为（　　）m/min。

A. 3~5 B. 6~8

C. 8~12 D. 12~15

50. 用高速钢铰刀在钢料上铰孔时，进给量为（　　）mm/r。

A. 0. 1　　B. 0. 2

C. 0. 3　　D. 0. 4

51. 用高速钢铰刀在铸铁上铰孔时，切削速度为（　　）m/min。

A. 5　　B. 10

C. 15　　D. 20

52. 用高速钢铰刀在铸铁上铰孔时，进给量为（　　）mm/r。

A. 0. 2　　B. 0. 4

C. 0. 6　　D. 0. 8

53. 国家标准规定标准公差等级分为（　　）级。

A. 5　　B. 10

C. 15　　D. 20

54. 国家对孔和轴分别规定了（　　）种基本偏差。

A. 8　　B. 18

C. 28　　D. 38

55. 国家标准对配合规定了（　　）种基准制。

A. 2　　B. 3

C. 4　　D. 5

56. 检测的标准温度是（　　）。

A. 20℃　　B. 22℃

C. 24℃　　D. 26℃

57. 检测过程中，按检测条件的规定，测量力应为（　　）N。

A. 0　　B. 1

C. 2　　D. 3

58. 经研磨加工的表面尺寸误差可控制在（　　）mm 范围内。

A. 0. 1 ~0. 5　　B. 0. 01 ~0. 05

C. 0. 001 ~0. 005　　D. 0. 0001 ~0. 0005

59. 经研磨加工的表面粗糙度值一般可达（　　）μm。

A. 0. 8 ~0. 5　　B. 0. 08 ~0. 05

C. 0. 008 ~0. 005　　D. 0. 008 ~0. 0005

60. 当要研磨的孔径为 150 ~275mm，材料为铸铁时，内孔余量为（　　）mm。

A. 0. 08 ~0. 1　　B. 0. 1 ~0. 2

C. 0. 2 ~0. 3　　D. 0. 3 ~0. 4

61. 粗糙表面，其表面特征为微见加工痕迹，*Ra* 应≤（　　）μm。

A. 5　　B. 10

C. 15　　D. 20

62. 光表面，其表面特征为不可辨加工痕迹方向，*Ra* 应≤（　）μm。

A. 0.32　　B. 0.43

C. 0.53　　D. 0.63

63. Z4012 台式钻床主轴转速有（　）级。

A. 2　　B. 3

C. 4　　D. 5

64. 三相手电钻的电源电压为（　）V。

A. 110　　B. 220

C. 380　　D. 460

65. 单相手电钻的电源电压为（　）V。

A. 110　　B. 220

C. 380　　D. 460

66. 指示表内的测量杆和齿轮的齿距是（　）mm。

A. 0.325　　B. 0.425

C. 0.525　　D. 0.625

67. 平带半交叉传动，通常主动轴和从动轴在空间成（　）交叉。

A. 90°　　B. 120°

C. 150°　　D. 175°

68. 平带传动一般要求包角≥（　）。

A. 100°　　B. 120°

C. 150°　　D. 170°

69. 通常平带的传动比应≤（　）。

A. 2　　B. 3

C. 4　　D. 5

70. V 带楔角均为（　）。

A. 30°　　B. 40°

C. 50°　　D. 60°

71. 通常 V 带传动的传动比应 =（　）。

A. 4　　B. 5

C. 7　　D. 9

72. V 带传动，小带轮的包角通常应≥（　）。

A. 90°　　B. 120°

C. 130°　　D. 145°

73. 同步带传动比较大，可达（　）。

A. 6 ~ 10　　B. 10 ~ 12

C. 12 ~ 20　　D. 8 ~ 11

74. 变传动比的摩擦轮传动中，钢球无级变速机构的钢球，在整个圆周上有（　　）个。

A. 3　　B. 4

C. 5　　D. 6

75. 按照滚动轴承所承受载荷不同，可分为（　　）大类。

A. 二　　B. 三

C. 四　　D. 五

76. 轴承代号由（　　）段组成。

A. 三　　B. 四

C. 五　　D. 六

77. 热套法装配轴承，其热油的温度不超过（　　）。

A. 70 ~ 80℃　　B. 80 ~ 90℃

C. 90 ~ 100℃　　D. 100 ~ 110℃

78. 滚动轴承常用的装配方法有（　　）种。

A. 一　　B. 二

C. 三　　D. 四

79. 切向键是由一对具有（　　）斜度的楔键沿斜面拼合而成。

A. 1∶50　　B. 1∶100

C. 1∶200　　D. 1∶300

80. 若要传递双向转矩时，须用两组切向键，互成（　　）角。

A. 100° ~ 120°　　B. 120° ~ 135°

C. 135° ~ 145°　　D. 145° ~ 160°

81. 台式钻床在工作前，应接通电源，低速运转（　　）min，确定正常后才能开始进行工作。

A. 1 ~ 2　　B. 2 ~ 3

C. 3 ~ 5　　D. 5 ~ 10

82. 在用金刚石笔修整砂轮时，应将金刚石笔置于砂轮中心水平线以下（　　）mm 处。

A. 1 ~ 2　　B. 2 ~ 3

C. 3 ~ 4　　D. 4 ~ 5

83. 对于弓锯床累计运行（　　）h，应进行一次二级保养。

A. 25　　B. 250

C. 2500　　D. 25000

84. 弓锯床运转（　　）年，应由计量人员校验压力表。

A. 1　　B. 2

C. 3　　D. 4

85. 拆卸尺寸较大的轴承或其他过盈连接零件时，为了使轴和轴承免遭破坏，要利用（　　）来拆卸。

A. 冷却　　B. 加热

C. 击卸　　D. 顶拔器

86. 热拆法拆卸滚动轴承就是先用顶拔器卡爪钩住轴承内圈，并给轴承施加一定拉力，然后迅速将加热到（　　）左右的热油浇注在轴承圈上，待轴承套圈受热膨胀后，即可用顶拔器将轴承拉出。

A. 50℃　　B. 100℃

C. 150℃　　D. 200℃

87. 在调整 V 带张紧力时，用拇指按压张紧后 V 带切边的中间处，能按下（　　）mm 左右说明张紧力合适。

A. 5　　B. 10

C. 15　　D. 20

◈◈◈ 技能要求试题

一、锉削燕尾样板

1. 考件图样（见图1）

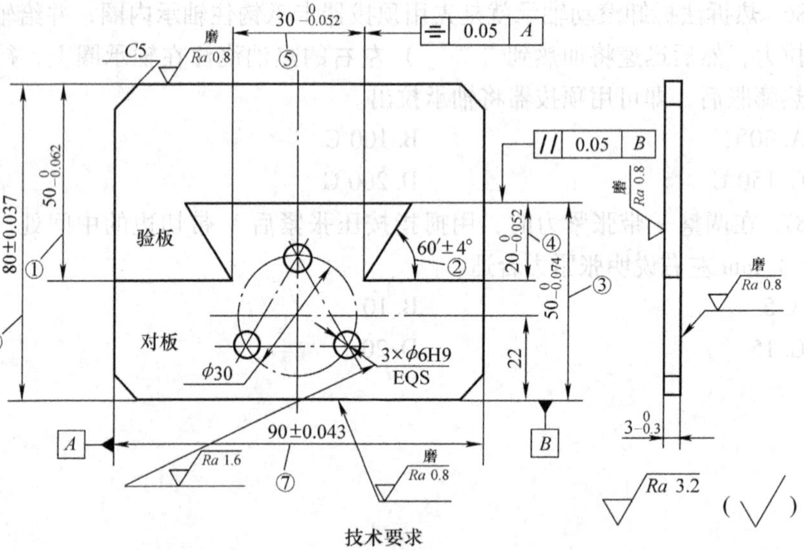

技术要求

1. 对板与验板吻合时，其最大间隙单边应不大于0.05且不允许倒角。
2. 3个ϕ6等分误差不大于0.2。

图1　燕尾锉削样板

2. 准备要求

1）燕尾样板坯料一件，尺寸及技术要求如图2所示，材料45钢。

2）机修钳工完成此题目所需的设备、工具、夹量及量具一整套。

3. 考核内容

（1）考核要求

1）主要考核处：①、②、③、④、⑤、⑥、⑦及对板燕尾对称度、对板燕尾平行度、单边间隙。

2）一般考核处：除主要考核处之外、各处及等分孔、划线。

3）操作姿势的正确性。

4）使用工、夹及量具的正确性。

（2）时间定额（6h）

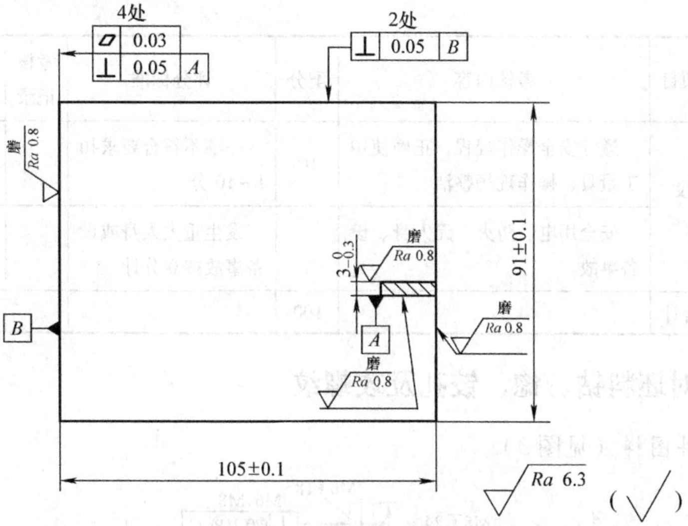

图2 燕尾锉削样板备料

(3) 安全文明生产

1) 正确执行安全技术操作规程。

2) 按企业有关文明生产的规定，做到工作场地整法，工件、工具摆放整齐。

4. 配分、评分标准（表1）

表1 配分、评分标准

序号	作业项目	考核内容	配分	评分标准	考核记录	扣分	得分
	主要项目	尺寸 $50^{\ 0}_{-0.062}$ mm	10	一处超差扣5分			
		角度 60°±4′	10	一处超差扣5分			
		尺寸 $50^{\ 0}_{-0.074}$ mm	4	一处超差扣2分			
		尺寸 $20^{\ 0}_{-0.052}$ mm，$30^{\ 0}_{-0.052}$ mm	6	一处超差扣3分			
		对称度 0.05mm	5	一处超差扣5分			
		平行度 0.05mm	5	一处超差扣5分			
		单边配合间隙 0.05mm	25	一处超差扣5分			
		尺寸（80±0.037）mm	5	一处超差扣5分			
		（90±0.043）mm	4	一处超差扣4分			
	一般项目	3×ϕ6H9	3	一处超差扣3分			
		3×ϕ6H9 等分误差 0.2mm	3	一处超差扣1分			
		铰孔 Ra1.6μm	3	一处超差扣1分			
		锉削面 Ra3.2μm	7	一处超差扣0.5分			

（续）

序号	作业项目	考核内容	配分	评分标准	考核记录	扣分	得分
	安全文明生产	遵守安全操作规程，正确使用工量具，操作现场整洁	10	一项不符合要求扣1~10分			
		安全用电、防火、无人身、设备事故		发生重大人身或设备事故按0分计			
	分数合计		100				

二、对坯料钻、锪、铰孔及攻螺纹

1. 考件图样（见图3）

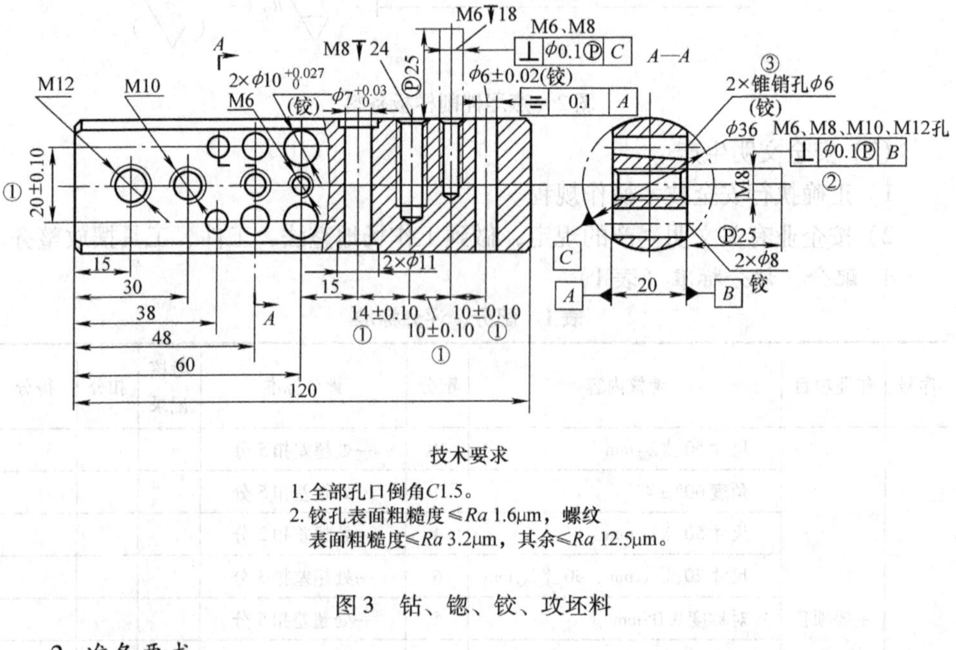

技术要求

1. 全部孔口倒角C1.5。
2. 铰孔表面粗糙度≤*Ra* 1.6μm，螺纹表面粗糙度≤*Ra* 3.2μm，其余≤*Ra* 12.5μm。

图3　钻、锪、铰、攻坯料

2. 准备要求

1）备料：毛坯尺寸为φ36mm×120mm×20mm，尺寸及技术要求如图4所示，材料35钢。

2）机修钳工完成此题目所需的设备、工具、夹具及量具一整套。

3. 考核内容

（1）考核要求

1）主要考核处：①、②、③处。

2）一般考核处：除主要考核处之外各处。

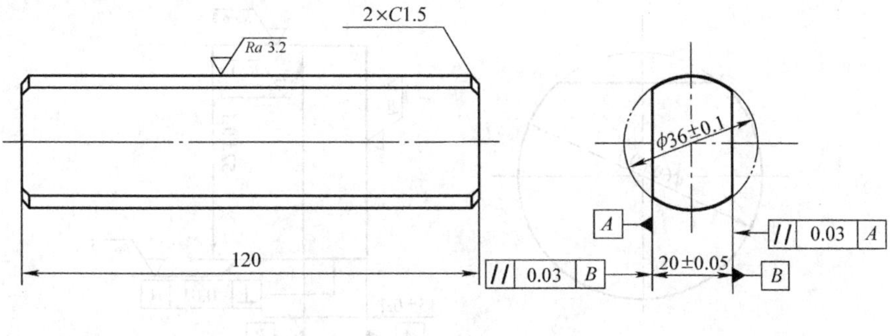

图4　坯料

3）操作姿势的正确性。

4）使用设备、工、夹及量具的正确性。

（2）时间定额（3h）

（3）安全文明生产

1）正确执行安全技术操作规程。

2）按企业有关文明生产的规定，做到工作场地整洁，工件、工具摆放整齐。

4. 配分、评分标准（略）

三、锉、锯、錾三角块

1. 考核图样（如图5）

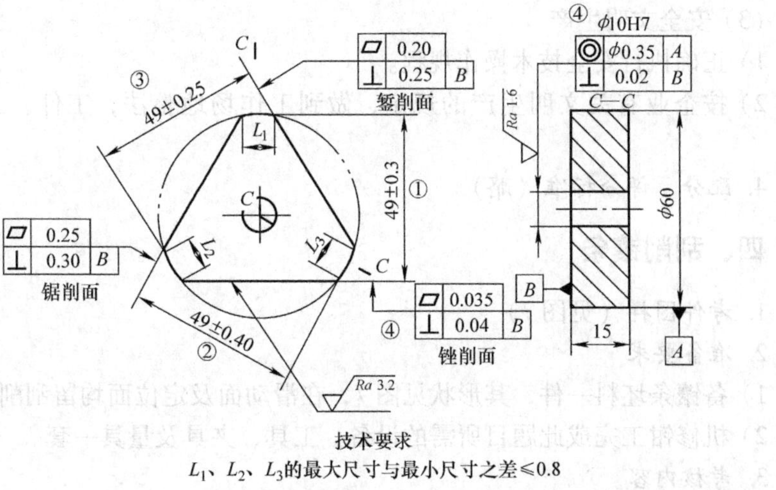

图5　锉、锯、錾削三角块

2. 准备要求

1）备三角块坯料，尺寸及技术要求如图6所示，材料35钢。

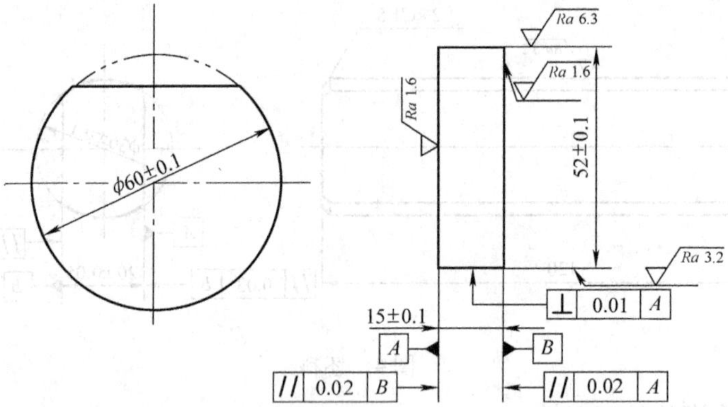

图6　三角块坯料

2）机修钳工完成此题目所需的设备、工具、夹具及量具一整套。

3. 考核内容

（1）考核要求

1）主要考核处：①、②、③、④及三弦长之差。

2）一般考核处：除主要考核处之外各处。

3）操作姿势的正确性。

4）使用设备，工、夹及量具的正确性。

（2）时间定额（3h）

（3）安全文明生产

1）正确执行安全技术操作规程。

2）按企业有关文明生产的规定，做到工作场地整法，工件、工具摆放整齐。

4. 配分、评分标准（略）

四、刮削镶条

1. 考件图样（见图7）

2. 准备要求

1）备镶条坯料一件，其形状见图7，在滑动面及定位面均留刮削余量。

2）机修钳工完成此题目所需的设备、工具、夹具及量具一套。

3. 考核内容

（1）考核要求

1）主要考核处为镶条滑动面。

2）一般考核处为镶条定位面。

3）操作姿势的正确性。

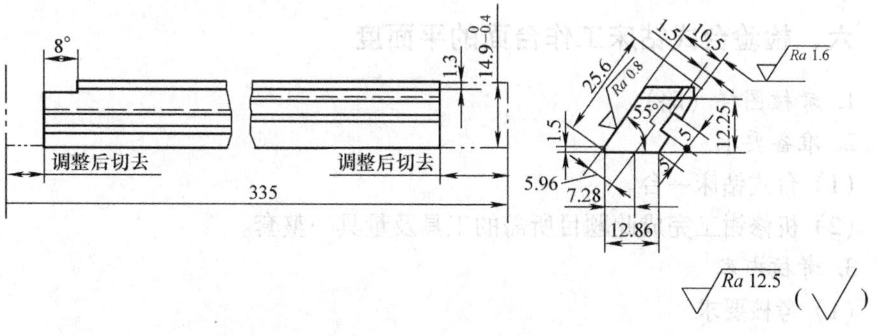

图7　镶条

4）刮研方法的正确性。

（2）时间定额（4h）

（3）安全文明生产

1）正确执行安全技术操作规程。

2）按企业有关文明生产的规定，做到工作场地整洁，工件、工具摆放整齐。

4. 配分、评分标准（略）

五、检验台式钻床主轴回转轴线对工作台面的垂直度

1. 考件图样（略）

2. 准备要求

1）台式钻床一台。

2）机修钳工完成此题目所需的工具及量具一整套。

3. 考核内容

（1）考核要求

1）技术要求：在横向平面和纵向平面内，垂直度误差不超过0.10mm/300mm。

2）检验方法的正确性。

3）使用工具及量具的正确性。

（2）时间定额（0.5h）

（3）安全文明生产

1）正确执行安全技术操作规程。

2）按企业有关文明生产的规定，做到工作场地整法，工件、工具摆放整齐。

4. 配分、评分标准（略）

六、检验台式钻床工作台面的平面度

1. 考核图样（略）

2. 准备要求

(1) 台式钻床一台。

(2) 机修钳工完成此题目所需的工具及量具一整套。

3. 考核内容

(1) 考核要求

1) 技术要求：在300mm测量长度上平面度误差不超过0.05mm（平或凹）。

2) 检验方法的正确性。

3) 使用工具及量具的正确性。

(2) 时间定额（0.5h）

(3) 安全文明生产

1) 正确执行安全技术操作规程。

2) 按企业有关文明生产的规定，做到工作场地整洁，工件、工具摆放整齐。

4. 配分、评分标准（略）

七、操作台式钻床

1. 考核图样（略）

2. 准备要求

1) 台式钻床一台，需钻孔的工件一件。

2) 机修钳工完成此题目所需的工具、夹具及量具一整套。

3. 考核内容

(1) 考核要求

1) 调整塔轮V带的位置，选择主轴合适的转速。

2) 调整头架上下位置。

3) 钻孔操作的正确性。

(2) 时间定额（1h）

(3) 安全文明生产

1) 正确执行安全技术操作规程。

2) 按企业有关文明生产的规定，做到工作场地整洁，工件、工具摆放整齐。

4. 配分、评分标准（略）

八、操作手拉葫芦

1. 考核图样（略）

2. 准备要求

1）手拉葫芦一件，与手拉葫芦吊起重量相当的工件一件。

2）起吊所用工具一套。

3. 考核内容

（1）考核要求

1）捆绑工件的正确性。

2）操作步骤的正确性。

（2）时间定额（0.5h）

（3）安全文明生产

1）正确执行安全技术操作规程。

2）按企业有关文明生产的规定，做到工作场地整洁，工件、工具摆放整齐。

4. 配分、评分标准（略）

九、拆卸、清洗及装配主轴轴承

1. 考核图样（略）

2. 准备要求

1）高精度磨具一套。

2）机修钳工完成此题目所需图样、设备、工具及清洗盘（盛有煤油）和擦布等。

3. 考核内容

（1）考核要求

1）拆卸方法的正确性。

2）清洗方法的正确性。

3）装配方法的正确性。

（2）时间定额（2h）

（3）安全文明生产

1）正确执行安全技术操作规程。

2）按企业有关文明生产的规定，做到工作场地整洁，工件、工具摆放整齐。

4. 配分、评分标准（略）

十、砂轮机砂轮的安装

1. 考核图样（略）

2. 准备要求

1）砂轮机一台，砂轮一件，柔性衬垫一件。

2）机修钳工完成此题目所需的工具一套。

3. 考核内容

（1）考核要求　安装砂轮操作步骤的正确性。

（2）时间定额（1h）

（3）安全文明生产

1）正确执行安全技术操作规程。

2）按企业有关文明生产的规定，做到工作场地整洁，工件、工具摆放整齐。

4. 配分、评分标准。

◈◈◈ 模拟试卷样例

一、判断题（对打√，错打×，每题1分，共40分。）

1. 定滑轮不能改变力的方向。（ ）

2. 100V 是安全电压之一。（ ）

3. 液压千斤顶的工作原理是：在一个较小的面积上作用较小的力，可以在较大的面积上获得较大的液压作用力。（ ）

4. 台式钻床主轴外锥的径向圆跳动，公差为0.0015mm。（ ）

5. 砂轮与托架之间的距离应小于被磨工件最小外形尺寸的1/5。（ ）

6. 钻孔时，可以用手拿着工件钻孔。（ ）

7. 配划基准是配划工件的装配基准。（ ）

8. 在使用万能分度头进行简单分度时，也必须使用交换齿轮。（ ）

9. 安装齿条时，锯齿必须向后。（ ）

10. 交叉锉法是锉刀在与工件中心线成45°～50°角的两个方向上交叉进行锉削。（ ）

11. 刀具的后角越大，切削刃越锋利。（ ）

12. 錾子在淬火时，一般都选用淬黄火。（ ）

13. 快换夹头用在钻孔时，可以在不停机的情况下更换钻夹头。（ ）

14. 板牙切削部分一面磨削后，不能换另一面使用。（ ）

15. 公差等于上极限偏差减去下极限偏差。（ ）

16. 基孔制的孔为基准孔。（ ）

17. 相对误差是有单位的数。（ ）

18. 显示剂红丹粉多用于黑色金属的刮削。（ ）

19. 表面粗糙度的评定参数中，最常用的是轮廓算术平均偏差 Ra。（ ）

20. 改变V带在两个带轮中的相对位置，即可变换台式钻床主轴的不同转速。（ ）

21. 游标卡尺只能直接量出零件的外直径。（ ）

22. V带的楔角均为60°。（ ）

23. 摩擦轮传动可以保持精确的传动比。（ ）

24. 在铰链四杆机构中，固定不动的构件称之为连杆。（ ）

25. 滚动轴承通常是内圈固定不动。（ ）

26. 键联接的作用之一就是实现周向固定，并传递转矩。（ ）

27. 一对切向键可以传递双向转矩。（ ）

28. 热装零件要利用加热来拆卸。（ ）

29. 煤油是化学清洗液。（ ）

30. 在滚动轴承装配时，可以用锉刀锉轴承的配合表面。（ ）

31. 过盈连接的装配就是将较小尺寸的被包容件（例如轴）装入较大尺寸的包容件（例如套）。（ ）

32. 滚动轴承外圈与轴承座为紧配合，内圈与轴为较松配合时，应将轴承先压入轴承座孔中，再装轴。（ ）

33. 钙基润滑脂适用于工作温度不超过60℃的一般机械设备的润滑。（ ）

34. 没有标记或标记不清，又无法核对和确认的砂轮，不管有无缺陷，均不可使用。（ ）

35. 安装砂轮时，应该用力挤压将其安装到砂轮主轴上。（ ）

36. 滚动轴承不必紧贴在轴肩或孔肩上。（ ）

37. 松键联接的特点是靠键的侧面来传递转矩，只对轴上的零件作周向固定。（ ）

38. 曲柄摇杆机构能够将主动件整周的回转运动转换为从动件的往复摆动。（ ）

39. V带截面面积越大，传递的功率越小。（ ）

40 主动轴和从动轴平行，两轮的旋转方向相反的平带传动为交叉传动。（ ）

二、选择题(将正确答案的序号填入括号内,每题2分,共60分。)

1. 钳桌高度约（ ）mm。

A. 500~600　　B. 600~700

C. 700~800　　D. 800~900

2. 木质起重杆起重高度一般不超过（ ）m。

A. 10　　B. 8

C. 6　　D. 4

3. 安全电压分（ ）种。

A. 2　　B. 3

C. 4　　D. 5

4. 机床照明灯的电源电压一般采用（ ）V。

A. 6　　B. 12

C. 24　　D. 36

5. 台式钻床主轴回转轴线对底座工作面的垂直度：在横向平面内，300mm 长度内其公差为（　　）mm。

A. 0.1　　B. 0.01

C. 0.001　　D. 0.0001

6. 当在砂轮机正面设置防护挡板时，其高度应不低于（　　）m。

A. 1　　B. 1.5

C. 1.8　　D. 2

7. 砂轮法兰盘直径不得小于被安装砂轮直径的（　　）。

A. 1/3　　B. 1/4

C. 1/5　　D. 1/6

8. 当砂轮磨损到直径比法兰盘直径大（　　）mm 时，应更换新砂轮。

A. 5　　B. 10

C. 15　　D. 20

9. 万能分度头主轴除安装成水平位置外，还可在（　　）之间内任意倾斜。

A. 0°～45°　　B. －6°～90°

C. 0°～90°　　D. －1°～90°

10. 粗齿锯条的齿距为（　　）mm。

A. 0.5～1　　B. 1.0～1.4

C. 1.4～1.8　　D. 1.8～2.0

11. 用扩孔钻扩孔，扩前孔径为（　　）倍的扩孔直径。

A. 0.5　　B. 0.7

C. 0.9　　D. 1.1

12. 用高速钢铰刀在钢料上铰孔时，进给量为（　　）mm/r。

A. 0.1　　B. 0.2

C. 0.3　　D. 0.4

13. 国家标准对配合规定了（　　）种基准制。

A. 2　　B. 3

C. 4　　D. 5

14. 检测的标准温度是（　　）。

A. 20℃　　B. 22℃

C. 24℃　　D. 26℃

15. 当要研磨的孔径为 150～275mm 时，材料为铸铁时，内孔余量为（　　）mm。

A. 0.08～0.1　　B. 0.1～0.2

C. 0.2～0.3　　D. 0.3～0.4

16. 粗糙表面，其表面特征为微见加工痕迹，Ra 应≤（　）μm。

A. 5　　B. 10

C. 15　　D. 20

17. 三相手电钻的电源电压为（　）V。

A. 110　　B. 220

C. 380　　D. 460

18. V 带楔角均为（　）。

A. 30°　　B. 40°

C. 50°　　D. 60°

19. 变传动比的摩擦轮传动中，钢球无级变速机构的钢球，在整个圆周上有（　）个。

A. 3　　B. 4

C. 5　　D. 6

20. 按照滚动轴承所承受载荷不同，可分为（　）大类。

A. 二　　B. 三

C. 四　　D. 五

21. 轴承代号由（　）段组成。

A. 三　　B. 四

C. 五　　D. 六

22. 通常平带的传动比应≤（　）。

A. 2　　B. 3

C. 4　　D. 5

23. 台式钻床在工作前，应接通电源，先低速运转（　）min，认定正常后才能开始进行工作。

A. 1~2　　B. 2~3

C. 3~5　　D. 5~10

24. 在用金刚石笔修整砂轮时，应将金刚石笔置于砂轮中心水平线以下（　）mm 处。

A. 1~2　　B. 2~3

C. 3~4　　D. 4~5

25. 弓锯床累计运行（　）h 后，应进行一次二级保养。

A. 25　　B. 250

C. 2500　　D. 25000

26. 在錾削过程中，后角保持（　）最为恰当。

A. 3°~5°　　B. 5°~8°

C. 8° ~11°　　D. 11° ~14°

27. 扩孔的切削速度一般为钻孔的（　　）。

A. 1/2　　B. 1/3

C. 1/4　　D. 1/5

28. 锉削精度可高达（　　）mm 左右。

A. 0. 1　　B. 0. 01

C. 0. 001　　D. 0. 0001

29. 通常 V 带传动的传动比应≤（　　）。

A. 4　　B. 5

C. 7　　D. 9

30. 在调整 V 带张紧力时，用拇指按压张紧后 V 带切边的中间处，能按下（　　）mm 左右说明张紧力合适。

A. 5　　B. 10

C. 15　　D. 20

答案部分

◈◈◈ 知识要求试题答案

一、判断题

1. √ 2. × 3. √ 4. √ 5. × 6. √ 7. √ 8. √ 9. × 10. √ 11. ×
12. × 13. × 14. × 15. √ 16. √ 17. × 18. × 19. × 20. × 21. ×
22. × 23. √ 24. × 25. √ 26. × 27. √ 28. √ 29. × 30. × 31. ×
32. × 33. × 34. × 35. × 36. √ 37. √ 38. √ 39. × 40. × 41. √
42. √ 43. √ 44. √ 45. × 46. × 47. √ 48. √ 49. × 50. × 51. ×
52. √ 53. √ 54. √ 55. √ 56. × 57. √ 58. × 59. √ 60. √ 61. ×
62. √ 63. √ 64. √ 65. √ 66. √ 67. √ 68. × 69. × 70. × 71. √
72. √ 73. √ 74. √ 75. √ 76. × 77. √ 78. √ 79. √ 80. √ 81. ×
82. × 83. × 84. × 85. × 86. √ 87. × 88. × 89. × 90. × 91. √
92. √ 93. × 94. × 95. × 96. × 97. × 98. √ 99. √ 100. √ 101. √
102. √ 103. × 104. √ 105. √ 106. √ 107. √ 108. √ 109. × 110. √
111. × 112. √ 113. × 114. √ 115. √ 116. × 117. × 118. × 119. √
120. × 121. √ 122. √ 123. √ 124. √ 125. × 126. × 127. √ 128. √
129. × 130. × 131. × 132. × 133. × 134. × 135. √ 136. √ 137. √
138. × 139. × 140. × 141. √ 142. √ 143. × 144. × 145. √ 146. √
147. √ 148. √ 149. √ 150. √ 151. × 152. √ 153. × 154. × 155. ×
156. × 157. √ 158. × 159. × 160. √ 161. √ 162. √ 163. √ 164. ×
165. × 166. √ 167. × 168. √ 169. √ 170. √ 171. × 172. √ 173. √
174. √ 175. √ 176. √ 177. × 178. √ 179. √ 180. √ 181. √ 182. ×
183. × 184. √ 185. √ 186. × 187. × 188. √ 189. × 190. × 191. √
192. √ 193. √ 194. √ 195. √ 196. √ 197. √

二、选择题

1. D　2. C　3. B　4. D　5. A　6. D　7. C　8. D　9. D　10. B　11. A　12. A
13. D　14. B　15. C　16. B　17. A　18. B　19. D　20. C　21. C　22. D　23. B
24. D　25. B　26. C　27. B　28. C　29. C　30. C　31. B　32. D　33. D　34. C
35. B　36. A　37. B　38. D　39. C　40. A　41. B　42. B　43. B　44. C　45. B
46. A　47. C　48. A　49. C　50. D　51. B　52. D　53. D　54. C　55. A　56. A
57. A　58. C　59. A　60. A　61. D　62. A　63. D　64. C　65. B　66. D　67. A
68. C　69. D　70. B　71. C　72. B　73. C　74. D　75. B　76. A　77. B　78. C
79. B　80. B　81. C　82. A　83. C　84. A　85. B　86. B　87. C

模拟试卷样例答案

一、判断题

1. × 2. × 3. ✓ 4. × 5. × 6. × 7. ✓ 8. × 9. × 10. ✓ 11. ✓
12. × 13. ✓ 14. × 15. × 16. ✓ 17. × 18. ✓ 19. ✓ 20. ✓ 21. ×
22. × 23. × 24. × 25. × 26. ✓ 27. × 28. ✓ 29. × 30. × 31. ×
32. × 33. ✓ 34. ✓ 35. × 36. × 37. ✓ 38. ✓ 39. × 40. ✓

二、选择题

1. D 2. A 3. D 4. D 5. A 6. C 7. A 8. B 9. B 10. C 11. C 12. D
13. A 14. A 15. A 16. D 17. C 18. B 19. D 20. B 21. A 22. D 23. C
24. A 25. C 26. B 27. A 28. B 29. C 30. C

参考文献

[1] 劳动和社会保障部，中国就业培训技术指导中心．机修钳工（初级技能　中级技能　高级技能）[M]．北京：中国劳动社会保障出版社，2003.
[2] 杨炳荣，朱彬祥．钳工入门 [M]．杭州：浙江科学技术出版社，1996.
[3] 张忠狮．机修钳工操作技法与实例 [M]．上海：上海科学技术出版社，2011.
[4] 江潮．机械基础 [M]．北京：化学工业出版社，2009.
[5] 杨黎明．机械原理 [M]．北京：高等教育出版社，2008.
[6] 周湛学，赵小明，雒运强．图解机械零件精度测量及实例 [M]．北京：化学工业出版社，2009.
[7] 应去非．机电设备安全操作及保养规程汇编 [M]．北京：机械工业出版社，2006.
[8]《职业技能鉴定教材》编审委员会，《职业技能鉴定指导》编审委员会．机修钳工（初级、中级、高级）[M]．北京：中国劳动出版社，1997.
[9] 劳动和社会保障部教材办公室．机修钳工（初级、中级、高级）[M]．北京：中国劳动社会保障出版社，2003.

机修钳工需学习下列课程：

初级：机械识图、机械基础(初级)、电工常识、机修钳工(初级)

中级：机械制图、机械基础(中级)、机修钳工(中级)

高级：机械基础(高级)、机修钳工(高级)

技师、高级技师：机修钳工(技师、高级技师)

国家职业资格培训教材

内容介绍：深受读者喜爱的经典培训教材，依据最新国家职业标准，按初级、中级、高级、技师(含高级技师)分册编写，以技能培训为主线，理论与技能有机结合，书末有配套的试题库和答案。所有教材均免费提供PPT电子教案，部分教材配有VCD实景操作光盘(注:标注★的图书配有VCD实景操作光盘)。

读者对象：本套教材是各级职业技能鉴定培训机构、企业培训部门、再就业和农民工培训机构的理想教材，也可作为技工学校、职业高中、各种短训班的专业课教材。

- 机械识图
- 机械制图
- 金属材料及热处理知识
- 公差配合与测量
- 机械基础(初级、中级、高级)
- 液气压传动
- 数控技术与AutoCAD应用
- 机床夹具设计与制造
- 测量与机械零件测绘
- 管理与论文写作
- 钳工常识
- 电工常识
- 电工识图
- 电工基础
- 电子技术基础
- 建筑识图
- 建筑装饰材料
- 车工(初级★、中级、高级、技师和高级技师)
- 铣工(初级★、中级、高级、技师和高级技师)
- 磨工(初级、中级、高级、技师和高级技师)
- 钳工(初级★、中级、高级、技师和高级技师)
- 机修钳工(初级、中级、高级、技师和高级技师)
- 锻造工(初级、中级、高级、技师和高级技师)
- 模具工(中级、高级、技师和高级技师)
- 数控车工(中级★、高级★、技师和高级技师)
- 数控铣工/加工中心操作工(中级★、高级★、技师和高级技师)
- 铸造工(初级、中级、高级、技师和高级技师)
- 冷作钣金工(初级、中级、高级、技师和高级技师)
- 焊工(初级★、中级★、高级★、技师和高级技师★)
- 热处理工(初级、中级、高级、技师和高级技师)
- 涂装工(初级、中级、高级、技师和高级技师)
- 电镀工(初级、中级、高级、技师和高级技

师）
◆ 锅炉操作工（初级、中级、高级、技师和高级技师）
◆ 数控机床维修工（中级、高级和技师）
◆ 汽车驾驶员（初级、中级、高级、技师）
◆ 汽车修理工（初级★、中级、高级、技师和高级技师）
◆ 摩托车维修工（初级、中级、高级）
◆ 制冷设备维修工（初级、中级、高级、技师和高级技师）
◆ 电气设备安装工（初级、中级、高级、技师和高级技师）
◆ 值班电工（初级、中级、高级、技师和高级技师）
◆ 维修电工（初级★、中级★、高级、技师和高级技师）
◆ 家用电器产品维修工（初级、中级、高级）
◆ 家用电子产品维修工（初级、中级、高级、技师和高级技师）
◆ 可编程序控制系统设计师（一级、二级、三级、四级）
◆ 无损检测员（基础知识、超声波探伤、射线探伤、磁粉探伤）
◆ 化学检验工（初级、中级、高级、技师和高级技师）
◆ 食品检验工（初级、中级、高级、技师和高级技师）
◆ 制图员（土建）
◆ 起重工（初级、中级、高级、技师）
◆ 测量放线工（初级、中级、高级、技师和高级技师）
◆ 架子工（初级、中级、高级）
◆ 混凝土工（初级、中级、高级）
◆ 钢筋工（初级、中级、高级、技师）
◆ 管工（初级、中级、高级、技师和高级技师）
◆ 木工（初级、中级、高级、技师）
◆ 砌筑工（初级、中级、高级、技师）
◆ 中央空调系统操作员（初级、中级、高级、技师）
◆ 物业管理员（物业管理基础、物业管理员、助理物业管理师、物业管理师）
◆ 物流师（助理物流师、物流师、高级物流师）
◆ 室内装饰设计员（室内装饰设计员、室内装饰设计师、高级室内装饰设计师）
◆ 电切削工（初级、中级、高级、技师和高级技师）
◆ 汽车装配工
◆ 电梯安装工
◆ 电梯维修工

变压器行业特有工种国家职业资格培训教程

丛书介绍：由相关国家职业标准的制定者——机械工业职业技能鉴定指导中心组织编写，是配套用于国家职业技能鉴定的指定教材，覆盖变压器行业5个特有工种，共10种。

读者对象：可作为相关企业培训部门、各级职业技能鉴定培训机构的鉴定培训教材，也可作为变压器行业从业人员学习、考证用书，还可作为技工学校、职业高中、各种短训班的教材。

◆ 变压器基础知识
◆ 绕组制造工（基础知识）
◆ 绕组制造工（初级 中级 高级技能）
◆ 绕组制造工（技师 高级技师技能）
◆ 干式变压器装配工（初级、中级、高级技能）

◆ 变压器装配工(初级、中级、高级、技师、高级技师技能)
◆ 变压器试验工(初级、中级、高级、技师、高级技师技能)
◆ 互感器装配工(初级、中级、高级、技师、高级技师技能)
◆ 绝缘制品件装配工(初级、中级、高级、技师、高级技师技能)
◆ 铁心叠装工(初级、中级、高级、技师、高级技师技能)

国家职业资格培训教材——理论鉴定培训系列

丛书介绍：以国家职业技能标准为依据，按机电行业主要职业(工种)的中级、高级理论鉴定考核要求编写，着眼于理论知识的培训。

读者对象：可作为各级职业技能鉴定培训机构、企业培训部门的培训教材，也可作为职业技术院校、技工院校、各种短训班的专业课教材，还可作为个人的学习用书。

车工(中级)鉴定培训教材
车工(高级)鉴定培训教材
铣工(中级)鉴定培训教材
铣工(高级)鉴定培训教材
磨工(中级)鉴定培训教材
磨工(高级)鉴定培训教材
钳工(中级)鉴定培训教材
钳工(高级)鉴定培训教材
机修钳工(中级)鉴定培训教材
机修钳工(高级)鉴定培训教材
焊工(中级)鉴定培训教材
焊工(高级)鉴定培训教材
热处理工(中级)鉴定培训教材
热处理工(高级)鉴定培训教材
铸造工(中级)鉴定培训教材
铸造工(高级)鉴定培训教材
电镀工(中级)鉴定培训教材
电镀工(高级)鉴定培训教材
维修电工(中级)鉴定培训教材
维修电工(高级)鉴定培训教材
汽车修理工(中级)鉴定培训教材
汽车修理工(高级)鉴定培训教材
涂装工(中级)鉴定培训教材
涂装工(高级)鉴定培训教材
制冷设备维修工(中级)鉴定培训教材
制冷设备维修工(高级)鉴定培训教材

国家职业资格培训教材——操作技能鉴定实战详解系列

丛书介绍：用于国家职业技能鉴定操作技能考试前的强化训练。特色：

- 重点突出，具有针对性——依据技能考核鉴定点设计，目的明确。
- 内容全面，具有典型性——图样、评分表、准备清单，完整齐全。
- 解析详细，具有实用性——工艺分析、操作步骤和重点解析详细。
- 练考结合，具有实战性——单项训练题、综合训练题，步步提升。

读者对象：可作为各级职业技能鉴定培训机构、企业培训部门的考前培训教材，也可供职业技能鉴定部门在鉴定命题时参考，也可作为读者考前复习和自测使用的复习用书，还可作为职业技术院校、技工院校、各种短训班的专业课教材。

车工(中级)操作技能鉴定实战详解
车工(高级)操作技能鉴定实战详解
车工(技师、高级技师)操作技能鉴定实战详解
铣工(中级)操作技能鉴定实战详解
铣工(高级)操作技能鉴定实战详解
钳工(中级)操作技能鉴定实战详解
钳工(高级)操作技能鉴定实战详解
钳工(技师、高级技师)操作技能鉴定实战详解
数控车工(中级)操作技能鉴定实战详解
数控车工(高级)操作技能鉴定实战详解
数控车工(技师、高级技师)操作技能鉴定实战详解
数控铣工/加工中心操作工(中级)操作技能鉴定实战详解
数控铣工/加工中心操作工(高级)操作技能鉴定实战详解
数控铣工/加工中心操作工(技师、高级技师)操作技能鉴定实战详解
焊工(中级)操作技能鉴定实战详解
焊工(高级)操作技能鉴定实战详解
焊工(技师、高级技师)操作技能鉴定实战详解
维修电工(中级)操作技能鉴定实战详解
维修电工(高级)操作技能鉴定实战详解
维修电工(技师、高级技师)操作技能鉴定实战详解
汽车修理工(中级)操作技能鉴定实战详解
汽车修理工(高级)操作技能鉴定实战详解

技能鉴定考核试题库

丛书介绍：根据各职业(工种)鉴定考核要求分级编写，试题针对性、通用性、实用性强。

读者对象：可作为企业培训部门、各级职业技能鉴定机构、再就业培训机构培训考核用书，也可供技工学校、职业高中、各种短训班培训考核使用，还可作为个人读者学习自测用书。

机械识图与制图鉴定考核试题库
机械基础技能鉴定考核试题库
电工基础技能鉴定考核试题库
车工职业技能鉴定考核试题库
铣工职业技能鉴定考核试题库
磨工职业技能鉴定考核试题库
数控车工职业技能鉴定考核试题库
数控铣工/加工中心操作工职业技能鉴定考核试题库
模具工职业技能鉴定考核试题库
钳工职业技能鉴定考核试题库
机修钳工职业技能鉴定考核试题库
汽车修理工职业技能鉴定考核试题库
制冷设备维修工职业技能鉴定考核试题库
维修电工职业技能鉴定考核试题库
铸造工职业技能鉴定考核试题库
焊工职业技能鉴定考核试题库
冷作钣金工职业技能鉴定考核试题库
热处理工职业技能鉴定考核试题库
涂装工职业技能鉴定考核试题库

机电类技师培训教材

丛书介绍：以国家职业标准中对各工种技师的要求为依据，以便于培训为前提，紧扣职业技能鉴定培训要求编写。加强了高难度生产加工，复杂设备的安装、调试和维修，技术质量难题的分析和解决，复杂工艺的编制，故障诊断与排除以及论文写作和答辩的内容。书中均配有培训目标、复习思考题、培训内容、试题库、答案、技能鉴定模拟试卷样例。

读者对象：可作为职业技能鉴定培训机构、企业培训部门、技师学院培训鉴定教材，也可供读者自学及考前复习和自测使用。

公共基础知识
电工与电子技术
机械制图与零件测绘
金属材料与加工工艺
机械基础与现代制造技术
技师论文写作、点评、答辩指导
车工技师鉴定培训教材
铣工技师鉴定培训教材
钳工技师鉴定培训教材
焊工技师鉴定培训教材
电工技师鉴定培训教材
铸造工技师鉴定培训教材
涂装工技师鉴定培训教材
模具工技师鉴定培训教材
机修钳工技师鉴定培训教材
热处理工技师鉴定培训教材
维修电工技师鉴定培训教材
数控车工技师鉴定培训教材
数控铣工技师鉴定培训教材
冷作钣金工技师鉴定培训教材
汽车修理工技师鉴定培训教材
制冷设备维修工技师鉴定培训教材

特种作业人员安全技术培训考核教材

丛书介绍：依据《特种作业人员安全技术培训大纲及考核标准》编写，内容包含法律法规、安全培训、案例分析、考核复习题及答案。

读者对象：可用作各级各类安全生产培训部门、企业培训部门、培训机构安全生产培训和考核的教材，也可作为各类企事业单位安全管理和相关技术人员的参考书。

起重机司索指挥作业
企业内机动车辆驾驶员
起重机司机
金属焊接与切割作业
电工作业
压力容器操作
锅炉司炉作业
电梯作业
制冷与空调作业
登高作业

读者信息反馈表

亲爱的读者：

您好：感谢您购买《机修钳工(初级)第2版》（吴全生　主编）一书。为了更好地为您服务，我们希望了解您的需求以及对我社教材的意见和建议，愿这小小的表格在我们之间架起一座沟通的桥梁。另外，如果您在培训中选用了本教材，我们将免费为您提供与本教材配套的电子课件。

姓　名		所在单位名称			
性　别		所从事工作(或专业)			
通信地址				邮　编	
办公电话		移动电话			
E-mail		QQ			

1. 您选择图书时主要考虑的因素(在相应项后面画√)
   出版社　(　　)内容　(　　)价格　(　　)其他：________
2. 您选择我们图书的途径(在相应项后面画√)
   书目　(　　)书店　(　　)网站　(　　)朋友推介　(　　)其他：________

希望我们与您经常保持联系的方式：

□ 电子邮件信息　□ 定期邮寄书目　□ 通过编辑联络　□ 定期电话咨询

您关注(或需要)哪些类图书和教材：

您对本书的意见和建议(欢迎您指出本书的疏漏之处)：

您近期的著书计划：

请联系我们——
地　　址　北京市西城区百万庄大街22号　机械工业出版社技能教育分社
邮　　编　100037
社长电话　(010)88379083　88379080
传　　真　(010)68329397
营销编辑　(010)88379534　88379535
免费电子课件索取方式：
网上下载　www.cmpedu.com
邮箱索取　jnfs@cmpbook.com